JN324570

新装版
微積分の根底をさぐる

稲葉三男 著

現代数学社

まえがき

　大学の数学教科書というものは、すでに整理されたことがらについて定義し、定理を述べ、そしてその証明を与える、という調子であって、初学者にはよりつきにくいものである．このようなのが、しかもこのようなし方で採り上げられたのはどうしてか、というような初学者の素朴な問いには答えてくれない．ひたすら証明の厳密なことのみを誇るあまり、微分積分の素朴なすがたを見失いがちで、しばしば現実の応用面から遊離しやすく、はては実際方面からの数学無用論を誘発しかねない．そこで、著者としては、むしろ微分積分の素朴なすがたを探し求めて、これを掘り下げてゆくことにした．さらに、現代数学の視点から眺め直して、さまざまな内容の統合化を試みることにした．そのあげくには、在来の大学教科書に対して、内容の採り上げ方と取り扱い方を「伝習的」として批判せざるをえない場面に出会うことにもなる．ここに、「伝習的」というのは、むかしからの単なる受け伝えに止まって、なんらの批判的な反省にも欠けることの意味である．

　このようなわけで、編集部の最初の期待からは程遠い、いわば反逆の書となってしまったわけである．掘り下げ方がまだ十分でないような点も見出されるであろうが、それは今後の課題として読者のご協力を乞うしだいである．

著　者

まえがき

1. 関数・写像 ……………………………………………………………… 6
　1. 関数のアイデアのとらえ方 …………………………………………… 6
　2. 関数と写像とは同じものか，異なるものか ………………………… 7
　3. 関数と写像としてとらえることの効用 ……………………………… 9
　4. 関数の等しいことや異なることは ………………………………… 11

2. ε-δ 論法の意味 ……………………………………………………… 16
　1. 変数 x と元 x との別は ……………………………………………… 16
　2. プリミティブな極限の掘り下げ …………………………………… 17
　3. ε-δ 論法への移り行き ……………………………………………… 19
　4. ε-δ 論法の掘り下げ ………………………………………………… 21
　5. 極限の位相的な側面 ………………………………………………… 23

3. ε-δ 論法の手法 ……………………………………………………… 26
　1. ε-δ 論法には一般定理が必要ないか ……………………………… 26
　2. 基本的定理とその素朴な証明法 …………………………………… 27
　3. ε-δ 論法の簡単な手法 ……………………………………………… 30
　4. ε-δ 論法の少しこみいった手法 …………………………………… 32
　5. ε-δ 論法の変形形式 ………………………………………………… 33

4. 関数の連続 ……………………………………………………………… 35
　1. プリミティブなアイデアから定義へ ……………………………… 35
　2. プリミティブなアイデアと定義とのくいちがい ………………… 36
　3. ε-δ 論法の形式から位相的表現に ………………………………… 38
　4. 位相的表現の効能は ………………………………………………… 40
　5. なんのための連続か ………………………………………………… 41

5. 論理記号 ∀ と ∃ ……………………………………………………… 44
　1. 記号 ∀, ∃ の由来 …………………………………………………… 44
　2. 略記号からの脱皮へ ………………………………………………… 45
　3. 論理記号としての協定（申合せ）の規定 ………………………… 47
　4. 論理記号としての機能は …………………………………………… 48
　5. 単なる表現記号から演算記号への進化 …………………………… 50

6. 微分係数 ... 52
1. 平均変化率と変化率は微分係数とはどのようにかかわっているか ... 52
2. 近似式との関連 ... 53
3. 微分係数の別な定義づけ ... 55
4. 微分係数の具体的・現実的意味 ... 57
5. 微分 dx, dy の意味 ... 59

7. 導関数 ... 61
1. 微分係数と導関数とは異なるものか同じものか ... 61
2. 導関数の記号からおこるまぎれ ... 62
3. 合成関数の微分公式の表現 ... 64
4. 合成関数の微分公式の証明の一般的なし方 ... 65
5. 微分公式の表現 ... 67

8. 指数関数・対数関数 ... 70
1. 悩ませる指数関数の定義 ... 70
2. 指数関数の記述的定義 ... 71
3. 自然底 e の記述的定義 ... 73
4. 記述的定義の有用性は ... 75
5. 一般の底 a の指数関数・対数関数 ... 76

9. 曲線 ... 79
1. これまでの曲線の「定義」は ... 79
2. これまでの曲線の「定義」で困ったことは ... 80
3. 写像の観点から眺めた曲線の定義 ... 83
4. 素朴な曲線のイメージのさらに深い掘り下げ ... 85
5. 素朴な曲線のアイデアの解析化 ... 87

10. 平均値定理 ... 89
1. 平均値定理での関数 f の連続の区間と微分可能の区間のくいちがい ... 89
2. 平均値定理の前提定理の必要の有無と条件強化の是非 ... 90
3. 平均値定理の関係式での ξ または θ の値を求めることは ... 92
4. 平均値定理の別名と別形式 ... 94
5. 無限小増加の定理ともいうべきものは ... 95

11. 不定形の極限 ... 98
1. 不定形という用語の意味 ... 98
2. ロピタルの定理の条件は ... 99
3. ロールの定理,平均値定理,コーシーの定理の図形的な関連 ... 101
4. ε-δ 論法からの解放の試み ... 104
5. 伝習的教科書への批判 ... 106

12. テーラーの定理 ……… 108
1. テーラーの定理の関係式の項の形はどうして……… 108
2. テーラーの定理の積分形式 ……… 109
3. テーラーの定理の o 形式 ……… 111
4. テーラーの定理の3形式での条件・結論の比較 ……… 113
5. テーラーの定理の適用範囲の拡張は ……… 115

13. テーラーの定理の諸形式の使い分け ……… 117
1. 諸形式の使分けの必要は ……… 117
2. 使い分けはことがらが局所的か大域的かによる ……… 119
3. θ 形式が有力な場合 ……… 120
4. o 形式が有力な場合 ……… 122
5. 剰余項のいろいろの形式は ……… 124

14. 不定積分 ……… 126
1. 不定積分の定義が教科書ごとにくいちがっていては ……… 126
2. 不定積分の公式にまつわるパラドックス ……… 127
3. 伝習的な積分公式からどのような誤りがおこるか ……… 129
4. 微分の逆としての不定積分からはじまる学習体系は ……… 131
5. 残る問題点は ……… 133

15. 定積分 ……… 135
1. 定積分の存在の証明はなんのためなのか ……… 135
2. 微分の逆としての不定積分が「求められない」ときは ……… 136
3. 定積分の存在に関する定理の承認のあり方 ……… 138
4. 存在定理の証明の分析 ……… 139
5. 定積分の定義のあり方 ……… 141

16. 広義の積分 ……… 143
1. 広義の積分はなんのために導入されるか ……… 143
2. 閉じてない図形の面積の定義は ……… 144
3. 閉じてない図形の面積の定義から特異積分の定義に ……… 146
4. 有界でない図形の面積の定義から無限積分の定義に ……… 148
5. 広義の積分のさまざま ……… 150

17. 特殊な積分 ……… 153
1. 不定積分が求められない特殊な積分の値を求める前に ……… 153
2. 広義の積分の存在の判定は ……… 154
3. 広義の積分の値をひとつひとつ求めようとすることは ……… 156
4. ふつうの積分と広義の積分とのちがいは ……… 158
5. 広義の積分の存在の一般の判定は ……… 160

18. 曲線弧の長さ ……… 163
1. ふつうの教科書での曲線弧の長さの定義と公式 ……… 163
2. 公式の導き方の問題点やとりつきにくさ ……… 164
3. 曲線弧の長さの素朴なアイデアをさぐる ……… 166
4. 曲線弧の長さの素朴なアイデアの展開 ……… 168
5. ふつうの教科書の「伝習性」を批判する ……… 170

19. 2変数関数 ……… 172
1. 2変数関数のむずかしさの根源は ……… 172
2. 2変数関数の定義域のための要請は ……… 173
3. さまざまな領域 ……… 175
4. 開領域の条件はどうして必要なのか ……… 177
5. 1変数関数と2変数関数との共通面をみるには ……… 178

20. 2変数関数の微分 ……… 181
1. 1変数関数の微分と共通の観点から眺めよう ……… 181
2. 手はじめにある方向に沿っての変化率 ……… 182
3. 1変数関数の微分係数 $f'(a)$ に相応するものは ……… 184
4. 全微分可能が微分可能とどんな共通性をもつか ……… 186
5. 全微分可能の周辺をさぐる ……… 188

21. 2変数関数の高階微分 ……… 190
1. まず手はじめに ……… 190
2. 1変数関数の場合の2回微分可能に対応するもの ……… 191
3. 2回全微分可能のための条件 ……… 193
4. テーラーの定理（$n=2$ の場合の）の成立 ……… 195
5. 3階以上の高階への発展性は ……… 196

22. 重積分 ……… 199
1. 2変数関数の定積分の定義はどんな方向に ……… 199
2. 閉区間での定積分の定義 ……… 200
3. 有界閉領域での定積分の定義 ……… 202
4. より一般的な定積分の定義は ……… 204
5. 一般的な定積分の定義の効用は ……… 206

23. 広義の重積分 ……… 209
1. R^2 での積分の定義の第一歩 ……… 209
2. R^2 での積分の定義の妥当性を確かめる ……… 210
3. 定符号でない関数の R^2 での積分 ……… 212
4. いわゆる特異積分の定義 ……… 214
5. 条件収束と絶対収束との区別は ……… 216

24. 累次積分 ……………………………………………………… 218
1. 二重積分と累次積分が一致するのは …………………… 218
2. 累次積分が存在しても二重積分が存在しない場合 …… 219
3. 期待している関係式が成り立つためには ……………… 221
4. 厳密な証明は実解析学の領域で ………………………… 223
5. 定符号ではない一般の関数の場合 ……………………… 224

25. 2変数関数の幾何 ……………………………………………… 227
1. 表題の2変数関数の幾何の意味は ……………………… 227
2. グラフについての情報を与えるものは ………………… 228
3. 接平面の具体的意味は …………………………………… 230
4. 曲面の曲面積は内接多面体の表面積の極限とならない … 232
5. 曲線弧の長さの定義と曲面の曲面積の定義の統合 …… 234

26. 線積分 ………………………………………………………… 237
1. 線積分はなんのために導入されたか …………………… 237
2. いくつもの線積分のあるわけは ………………………… 239
3. 線積分するときの曲線 C の向きは …………………… 240
4. グリーンの定理の公式(1)に対する違和感 …………… 242
5. 微分積分のベクトル化には ……………………………… 244

27. 面積分 ………………………………………………………… 247
1. 面積分はなんのために導入されたか …………………… 247
2. いろいろの面積分のあるわけは ………………………… 248
3. 面積分での曲面の向きつけは …………………………… 251
4. 面積分の公式のベクトル化は …………………………… 252
5. ストークスの定理の公式のベクトル化は ……………… 254

28. 一般解の怪奇 ………………………………………………… 257
1. 微分方程式の一般解の定義は …………………………… 257
2. 一般解はいくつもあることになるが …………………… 258
3. 一階の場合に二つの母数を含む解があるが …………… 261
4. さらに困った解の異変 …………………………………… 262
5. 問題点は求積法にもある ………………………………… 264

29. 一般解を追放しよう ………………………………………… 267
1. 微分方程式の一般解を追放したいけれど ……………… 267
2. 一般解を追放する根拠をさぐってみる ………………… 268
3. 一般解の導入を解剖してみる …………………………… 269
4. 微分方程式の定義域の明示を義務づけたい …………… 271
5. 一般的解を追放したあとの始末は ……………………… 273

索 引 …………………………………………………………… 276

1 関数・写像

関数は微分積分の主対象である．関数などはわかりきっているなどと簡単に片づけないで，掘り下げて考察して，もう一度見直してみることにしよう．

1. 関数のアイデアのとらえ方

——関数をもう一度見直すということは，どうしたらよいのか．

見直すにはいろいろな観点があるだろう．たとえば，数学史的に関数のアイデアの変遷を調べてゆくことも，一つの見直し方であろう．しかし，それにはいろいろと文献を引用しなければならないし，めんどうなことでもあるし，一般の読者にはたいくつなことでもあろう．ところが，最近は数学教育の現代化といって，小学校・中学校でも関数を取り扱うことになっている．それで，小学校から大学までの教科書で，関数がどのように取り扱われているか，を調べてみるほうが手っ取り早くもあるし，一番身近かに感じられるであろう．

——しかし，数学教育の現代化が行われているというからには，関数の取り扱い方もすっかり現代化されて，一色になっているのではないか．

現代化で一色になってしまう気づかいはない．殊に，大学の一般教養の教科書は，1974年現在，古風のまま残存しているものも多く，高等学校の教科書は，新しい学習指導要領で新しく書き直されたというけれど，現代化は必ずしも徹底しているものでなく，現代化のメッキの下から古風な考え方が露出されていることも多い．このような事態はわたくしたちにとっては大へんつごうのよいことである．

——前置きはそのくらいにして，いよいよ具体的なはなしに入ってはどうか．

第1に，y が x の「解析的式」で表わされるとき，y は x の関数である，というのである．ここで，「解析的式」の定義を述べようとすることは，うっとうしいことでもあり，実りの少ないことでもあるから，読者の直観に委ねることにしよう．このような表現は，18世紀最大の数学者の一人である**オイラー**（L. Euler）によるものといわれているが，微分積分の発明された17世紀にすでに芽生えていたようである．このごろの新しく書き直された高等学校の教科書にもこのような考え方がうかがわれるのである．

このような関数のアイデアも，2次関数

$$y = ax^2 + bx + c \quad (a, b, c \text{ は定数}) \tag{1}$$

や関数

$$y = \frac{1}{x} \tag{2}$$

の場合には，いっこうにさしつかえないであろう．しかし，微分積分が発明されたころには，応用上の必要もあったことであろう，**サイクロイド**——一つの円が直線 g 上をすべることなく転がるときに，円周上の定点Pがえがく曲線——が取り扱われていた．直線 g を x 軸にとり，定点Pが g 上にあるときの位置を原点にとると，サイクロイド上の点の座標 (x, y) は次のように与えられる．

$$x=a(\theta-\sin\theta), \quad y=a(1-\cos\theta) \tag{3}$$

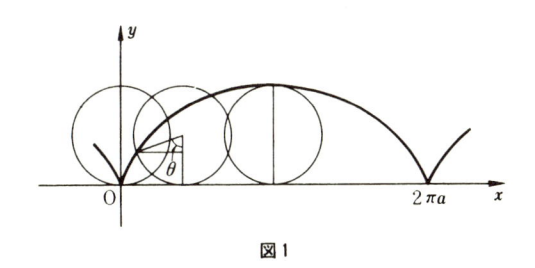

図1

ここに，a は円の半径で，θ は円が転がったときの回転角である．(3)から θ を消去して，y を x の解析的式で表現しようとしても，できる見込みもない．困ったことではある．それで，(3)をもって θ を**媒介変数**とする**媒介方程式**とよぶことで妥協することになる．

第2には，変化する数量 x, y があって，x が変化するにともなって，y が変化するとき，y は x の関数であるといって，記号 $y=f(x)$ で表わすというのである．第1のとらえ方があまりにも原始的で，式表示に止まるものであるのに対して，第2のとらえ方は運動的な観点に立っているので，直観的に理解し易く，そして応用にも適している．特に，変化率というときはピッタリする．

第3のとらえ方は，関数を写像としてとらえるのである．すでに中学校で，写像という用語を用いることなしで，具体的な関数を写像としてとらえることを学ぶことになっている．高等学校になってからは，写像という用語を正式に用いて，より一般的・より抽象的に学ぶことになっている．関数のアイデアの現代化というところである．

——関数を写像としてとらえることが現代化ならば，微分積分では写像一辺倒でやってゆけばよいのか．

写像一辺倒でやってゆくことは理想的であるが，そうなるとすべてが現代化した表現でないと困るわけである．それでは，微分積分は初学者になじみにくくなって，困ったことになるであろう．現実的には，第2と第3のとらえ方を併用してゆくほうが賢明であろう．

2. 関数と写像とは同じものか，異なるものか

——関数を写像としてとらえることになったというが，関数すなわち写像とみるべきか，それとも関数は写像の一種としてみるべきか．

このような質問は愚問とも思われるし，またまじめな質問とも思われる．事実，これに答える定説はないようである．このことを考えてみるために，写像の定義を復習してみることにし

よう．

　集合Xと集合Yとは同一の集合であっても，異なった集合であっても，いずれでもよい．集合Xの各元xに集合Yのちょうど一つの元yを対応させる規則(手続き)fをXからYへの**写像**といい，記号

$$f: X \to Y$$

で表わす．このときのYの元yはfのxでの**値**またはfによるxの**像**といい，記号$f(x)$で表わす．このことがらを記号

$$f: x \mapsto y \quad (x \in X, y \in Y)$$

または

$$f: x \mapsto f(x) \quad (x \in X)$$

で表わすこともある．このときの集合Xを写像fの**定義域**といい，集合Yを写像fの**終域**という．わき道になることであるが，終域Yをfの**値域**とよぶ人も少なくない．また，値域という用語は写像fの像$f(x)$の全体$f(X)=\{y; y=f(x), x \in X\}$を指していうことも多い．それぞれに理由はあるのだけれども，わたくしたちは値域を後者の意味にとっておくことにしよう．

　ところで，写像と関数との区別のことになるが，微分積分に出てくるふつうの関数$y=f(x)$の場合は，定義域Xは実数全体の集合，すなわち，数直線$\boldsymbol{R}$またはその部分集合Dで，終域Yはやはり$\boldsymbol{R}$またはその部分集合であって，たとえば

$$f: D \to \boldsymbol{R} \quad (D \subset \boldsymbol{R})$$

のように表わされる．2変数関数$u=f(x,y)$の場合は，定義域Xは座標平面$\boldsymbol{R}^2$またはその部分集合Dで，終域Yは$\boldsymbol{R}$またはその部分集合であって，たとえば

$$f: D \to \boldsymbol{R} \quad (D \subset \boldsymbol{R}^2)$$

または

$$f: (x,y) \mapsto u \quad ((x,y) \in D \subset \boldsymbol{R}^2, u \in \boldsymbol{R})$$

のように表わされる．このように，終域が数直線$\boldsymbol{R}$またはその部分集合であるような写像を特に関数とよぶ人も少なくない．これに対して，写像すなわち関数としている人も多い．たとえば，関数解析などで，function on vectors to vectorsということも多い．これは，正しくいうと，ベクトル空間またはその部分集合からベクトル空間への写像ということである．こんな風に，関数と写像との間に区別をつけたり，差別を考えなかったり，人さまざまである．

　――関数と写像とが区別されたり，されなかったりしては，取り扱い上困ることはないものだろうか．

　本質的には，取り扱い上困ることはないであろう．なぜならば，写像fは定義域X，終域Yおよび対応の規則fが明示されてはじめてはっきりと定義されたことになるものであり，関数もまた，写像としてとらえる限り，同じく定義域X，終域Yおよび対応の規則fが明示されてはじめてはっきり定義されたことになるのであるから，関数というよび方をしようと，写像というよび方をしようと，本質的にはまぎれのおこる気づかいはないわけである．関数と写像との差異を気にすることは実りの少ないことである．それどころか，ベクトルからベクトルへの

関数(写像)に対しても，ふつうの関数
$$f: D \to \boldsymbol{R} \quad (D \subset \boldsymbol{R})$$
の微分と同じような微分が研究されている．このような分野は Advanced calculus とよばれる．(Advanced calculus の適訳は見当らない．)

3. 関数を写像としてとらえることの効用

——関数を写像としてとらえることによってどんな効用があるのだろうか．新しい学習指導要領に基いて書かれた新しい高等学校教科書のうちには，写像がとり入れられたけれど，それだけに終っているものがある．それなら，高等学校の生徒の学習負担を増加するだけの効用しかないように思われるが．

そのような教科書なら，おそらく関数を解析的式としてとらえていることであろう．そして，現代化のよそおいをしてみせるために，写像を付け加えたことであろう．それでは，高等学校の生徒が余分にしかも無益に学習させられることであろう．このような教科書では，関数の定義域とは関数を表わす解析的式が意味をもつ最大の範囲であるとするであろう．したがって，「関数

$$y = \frac{1}{x-1} \tag{4}$$

の定義域をいえ」という種類の問題も提出されるであろう．しかし，写像のアイデアに従うと，話題を提供する語り手は，定義域X，終域Yおよび対応の規則fを相手にはっきりと明示してはじめて，写像fを語ることになるのである．それなのに，語り手がこれら明示すべき3者のいずれかを語ることなしで，これを聞き手にいわせようとすることはすこぶる理に合わないことである．たとえば，関係式(4)によって定義される関数(写像)を考えるとき，問題の情況によっては，$[2, \infty) = \{x \in \boldsymbol{R} \mid x \geq 2\}$ とするとき，写像

$$f: [2, \infty) \to \boldsymbol{R}$$

が問題になることもあるだろう．このときは，定義域は $[2, \infty)$ となるわけである．

高等学校や大学の一般教養の従来の数学教科書では，ほとんどが定義域なしの関数について語っている．これは，関数を写像としてとらえる現代化の理念からはほど遠いものといえるであろう．そのために，大学の一般教養の数学教科書のうちには，序論の章で理論的厳密性を大いに誇りながらも，積分のところで理論的欠陥を露出するようなミスを犯している．このことについては，稿を改めて述べる機会もあるでしょう．

——関数には定義域を明示すべきであることはよくわかったが，定義域の明示を省略しては絶対にいけないものか．

関数の定義域を明示することは，関数を写像としてとらえるという立場からすると，当然の建前である．しかし，わたくしたちの現実の生活では，いちいち断りをすることを省略するために，協定とか申し合わせというものがあって，大へんつごうのよいこともある．このことは

関数の定義域にもあたるものがある．「2次関数」と特に指定された関数は，$\boldsymbol{R}$ から $\boldsymbol{R}$ への写像であって，その定義域は $\boldsymbol{R}$ である．「2次関数」とはこのような写像であるという意味で，2次関数

$$f(x) = ax^2 + bx + c \quad (a, b, c \text{ は定数})$$

という風に，定義域 $\boldsymbol{R}$ の省略することも一つの便宜であろう．同じようなことは，「指数関数」，「正弦関数」，「余弦関数」についてもいえるであろう．

このような協定または申合せを他の関数にまで止め度もなく拡大することは問題である．たくさんの申合わせはわずらわしいものであり，ことがらを簡潔にしようもない．関数の定義域を明示することのわずらわしさよりも，関数の定義域のノーコメントのためにおこる理論的誤りやパラドックスの出現のほうがはるかに大へんなことである．特定の関数の場合を除いては，関数の定義域を明示すべきである．たとえば，上に述べたように，関係式 (4) によって定義される関数 $f: [2, \infty) \to \boldsymbol{R}$ ならば

$$f(x) = \frac{1}{x-1} \quad (x \geq 2) \tag{5}$$

のように表わしてもよいであろう．それでもって定義域 $[2, \infty)$ が明示されたことになるからである．形式はどんなものであってもよいであろうが，関数には定義域を明示することを建前とすべきであろう．

── 2次関数, 指数関数, 正弦関数, 余弦関数などのような特に指定された関数の定義域 $\boldsymbol{R}$ は省略されるという申し合わせがなされるというが，ほかにはこのような申し合わせが絶無なものか．

絶無といってはいいすぎになるであろう．終域が $\boldsymbol{R}$ または複素数全体の集合 $\boldsymbol{C}$ である場合の関数の和, 差, 積, 商について考えるとよい．関数 f および g の終域はともに $\boldsymbol{R}$ または $\boldsymbol{C}$ であるが，定義域は一般には異なるものとして，それぞれ D_f および D_g で表わすことにする（D は domain of definition (定義域) の省略とみるとよい）．f および g の和 $f+g$, 差 $f-g$, 積 fg, 商 f/g は次のように定義される．

$$(f+g)(x) = f(x) + g(x) \quad (x \in D_f \cap D_g)$$
$$(f-g)(x) = f(x) - g(x) \quad (x \in D_f \cap D_g)$$
$$(fg)(x) = f(x)g(x) \quad (x \in D_f \cap D_g)$$
$$(f/g)(x) = f(x)/g(x) \quad (x \in D_f \cap D_g \text{ かつ } g(x) \neq 0)$$

ここで，少しく解説すると，$(f+g)(x)$ は和 $f+g$ の x での値で，$f(x)+g(x)$ に等しいと定めるのである．差 $f-g$, 積 fg, 商 f/g についても同じことであるが，最後の商 f/g については，$g(x)=0$ となるような $D_f \cap D_g$ の点はその定義域から除外するわけである．たとえば，正弦関数 $\sin$ および余弦関数 $\cos$ の定義域はともに $\boldsymbol{R}$ であるが，正接関数 $\tan = \sin/\cos$ の定義域は $\boldsymbol{R}$ から $\cos x = 0$ となるような x の値，すなわち，$(2n+1)\pi/2 (n=0, \pm 1, \pm 2, \cdots)$ を除外したものである．このようにして，関数 f および g の和, $f+g$, 差 $f-g$, 積 fg の定義域はいずれも $D_f \cap D_g$ で，商 f/g の定義域は集合 $\{x \in D_f \cap D_g ; g(x) \neq 0\}$ であるとするわけで，し

ばしば省略することがあるが，これも申し合わせということになる．もう一つ残っていることは，c が定数のとき，関数 cf は
$$(cf)(x)=cf(x) \qquad (x \in D_f)$$
によって定義されることである．cf の定義域は D_f である．

4. 関数の等しいことや異なることは

——関数の定義域については明らかにされたが，二つの関数 f, g の等しいことや異なることについて，はっきりさせておくべきではないか．

関数 f と g とが定義域 X および終域 Y を共通にしている場合，関係
$$x \in X \text{ に対して } f(x)=g(x) \tag{6}$$
が成り立つとき，f と g とは**等しい**といって，記号 $f=g$ で表わす．古い教科書では，関係(6)が成り立つとき，$f(x)$ と $g(x)$ とは恒等的に等しいといって，記号 $f(x) \equiv g(x)$ で表わしたのであるが，この用語と記号 $\equiv$ はわたくしたちには不用になったようである．

関数 f と g との定義域が異なっている場合，たとえば，関数
$$f(x)=\frac{1}{x-1} \qquad (x \geqq 2) \tag{5}$$
と関数
$$g(x)=\frac{1}{x-1} \qquad (x>1) \tag{7}$$
とは，対応の規則は共通になっていても，定義域が異なっているので，f と g とは異なるものとして $f \neq g$ とする．逆に，f と g との定義域が共通であるとき，終域だけが異なる場合，たとえば，関数
$$f: [2, \infty) \to \boldsymbol{R}$$
と関数
$$g: [2, \infty) \to \boldsymbol{R}_+ = \{x \in \boldsymbol{R}; x \geqq 0\}$$
とは，対応の規則が一致するならば，たとえば，関係
$$x \in [2, \infty) \text{ に対して } f(x)=g(x)=\frac{1}{x-1} \tag{8}$$
が成り立つならば，f と g とは等しいとして $f=g$ とすることになる．

ところで，(5)および(7)によって定義される関数 f および g については，関係
$$D_f \subset D_g \text{ かつ } x \in D_f \text{ に対して } f(x)=g(x) \tag{9}$$
が成り立つ．このとき，g は f の D_g への**拡張**といい，f は g の D_f への**縮小(制限)** という．(7)の g は(5)の f の $(1, \infty)=\{x \in \boldsymbol{R}; x>1\}$ への拡張であって，(5)の f は g の $[2, \infty)$ への縮小である．

―ところで，関数の拡張・縮小のアイデアが活用される場面は現実にあるのか．

高等学校では，$a>0$ のとき，有理数 x に対して a^x が定義されている．そして，有理数全体の集合を $\boldsymbol{Q}$ とするとき，対応

$$f: x \mapsto a^x \quad (x \in \boldsymbol{Q})$$

によって写像

$$f: \boldsymbol{Q} \to \boldsymbol{R}$$

が定義されている．この写像 f が $\boldsymbol{Q}$ で定義された指数関数である．この関数の基本的な性質は次のとおりであることもすでに知られている．

(i) $f(1)=a$
(ii) $x, x' \in \boldsymbol{Q}$ のとき，$f(x+x')=f(x)f(x')$
(iii) 簡単のために，$a>1$ とすると，$x, x' \in \boldsymbol{Q}$, $x<x'$ ならば $f(x)<f(x')$，すなわち，$f(x)$ は x の増加にともなって増加する．

そこで，問題は $\boldsymbol{Q}$ で定義された指数関数 $f(x)=a^x$ を $\boldsymbol{R}$ へ拡張することである．この点に関しては，高等学校の教科書はいずれも苦しげで，スッキリしないし，大学の一般教養の教科書の多くは，いろいろと工夫しているが，いずれも初学者を悩ますだけの結果に終り，理論的厳密さにおいても満足できるようなものではない．なおさらいけないことは，どのような拡張の行き方をしても，初学者の微分積分の学習効果にはまったくかかわりないことである．結局は，さまざまな工夫は教科書の著者または大学教官の自己満足に終っていることになる．

これに対して，わたくしたちは，写像 $f: \boldsymbol{Q} \to \boldsymbol{R}$ を基本的性質(i)，(ii)，(iii)を満足するように $\boldsymbol{R}$ へ拡張した写像を $\boldsymbol{R}$ で定義された指数関数とよぶことにし，記号 $\exp_a$ で表わすことにしよう（exp は exponent「指数」の略）．

$$\exp_a: \boldsymbol{R} \to \boldsymbol{R}$$

このような拡張は簡潔であり，直観的に，特に関数のグラフの立場からは容易に受けとられるであろう．$\exp_a$ の x での値 $\exp_a x$ を改めて a^x で表わすことにする．そうすると，$\boldsymbol{R}$ で定義された指数関数はまた

$$\exp_a: x \mapsto a^x \quad (x \in \boldsymbol{R})$$

のようにも表わされ，したがって，指数関数

$$f(x)=a^x \text{ または } y=a^x \quad (x \in \boldsymbol{R})$$

ということも多い．

――上のような a^x の定義に対しては，単に記述したにすぎないもので，a^x を決定する道を少しも示していないと非難されるのではないか．

上のような a^x の定義のし方は「記述的」であるといわれることがある．これに対して，n が正の整数のとき，累乗 a^n を

$$a^n = \overbrace{a \times a \times \cdots \times a}^{n}$$

によって定義するとき，この定義は「構成的」であるといわれる．しかし，たとえば，$a^{\frac{1}{5}}$ は 5 乗すると a に等しい数として定義されるが，この定義もやはり「記述的」である．結局，Q で定義された指数関数 $f(x)=a^x$ 自身も「記述的」に定義されているわけである．いわば，指数関数は当座仮定的存在ともみられるわけであるが，やがて実在的な姿を示してくれるであろう．しばらくの忍耐が必要であろう．

——次に，関数の縮小のアイデアのほうはどのように活用されているか．

旧式の教科書を見ると，正弦関数 $y=\sin x$ について，y の価に対しては x の価の無限個が対応するから，x は y の無限多価関数であるといって，記号 $x=\sin^{-1}y$ で表わして，逆正弦関数を定義するのである．これは，関数を写像としてとらえる観点からすると困ったものである．そこで，R で定義された正弦関数

$$\sin : R \to R$$

の閉区間 $\left[-\frac{\pi}{2}, \frac{\pi}{2}\right]$ への縮小

$$\mathrm{Sin} : \left[\frac{\pi}{2}, \frac{\pi}{2}\right] \to R$$

をとると，定義域は $\left[\frac{\pi}{2}, \frac{\pi}{2}\right]$ で，値域は $[-1, 1]$ である．$\mathrm{Sin}(x)$ は x の増加にともなって増加する．このことから，値域 $[-1, 1]$ の各 y に定義域 $\left[\frac{\pi}{2}, \frac{\pi}{2}\right]$ のちょうど一つの x が対応し，したがって，縮小の関数 Sin の逆関数

$$\mathrm{Sin}^{-1} : [-1, 1] \to \left[-\frac{\pi}{2}, \frac{\pi}{2}\right]$$

が定義される．Sin^{-1} の値域は $\left[-\frac{\pi}{2}, \frac{\pi}{2}\right]$ である．Sin^{-1} は本来の意味では正弦関数 $\sin$ の逆関数ではないが，習慣と便宜に従って，**逆正弦関数**とよぶことにし，また改めて記号 $\sin^{-1}$ で表わすことにする．

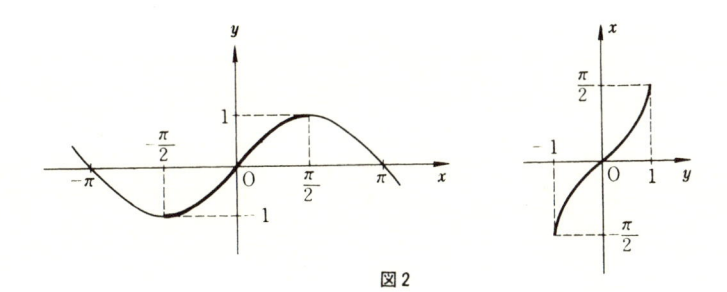

図 2

すなわち

$$\sin^{-1}:[-1,1]\to\left[-\frac{\pi}{2},\frac{\pi}{2}\right]$$

が定義されたわけである．これではじめて，$-\dfrac{\pi}{2}\leqq x\leqq\dfrac{\pi}{2}$ のとき

$$[y=\sin x]\Leftrightarrow[x=\sin^{-1}y]$$

という同値関係が成り立つわけである．このように，正弦関数そのものでなく，その縮小の逆関数をとることによって，逆正弦関数がまぎれもなく定義されるわけである．

——余弦関数や正接関数の逆関数も同じようにして定義されるわけであるか．

ただ異なるのは，縮小すべき区間のとり方のちがいである．余弦関数 $y=\cos x$ のグラフは正弦関数 $y=\sin x$ のグラフを $-\dfrac{\pi}{2}$ だけ x 軸方向にずらしたものであるので，余弦関数 $\cos$ の $[0,\pi]$ への縮小の逆関数をとることができる．この逆関数をやはり，習慣と便宜に従って，**逆余弦関数**といい，ここでも記号 $\cos^{-1}$ で表わす．すなわち

$$\cos^{-1}:[-1,1]\to[0,\pi]$$

が定義されたわけである．定義から次の関係式が得られる．

$$\sin^{-1}x+\cos^{-1}x=\frac{\pi}{2} \qquad (x\in[-1,1]) \tag{10}$$

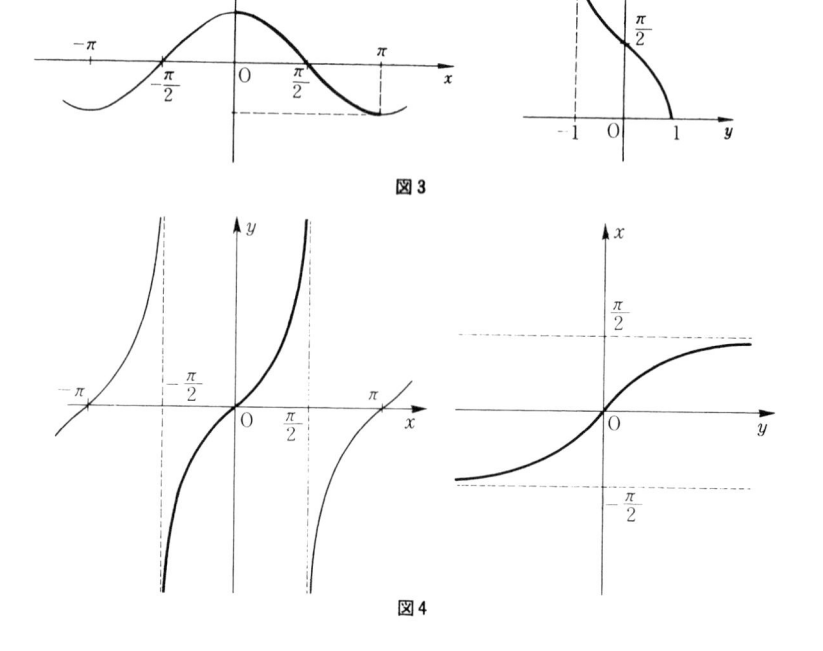

図 3

図 4

同じようにして，正接関数 tan の $\left(-\dfrac{\pi}{2}, \dfrac{\pi}{2}\right)$ への縮小の逆関数として，**逆正接関数** $\tan^{-1}$ が定義される．

$$\tan^{-1}: \left(-\dfrac{\pi}{2}, \dfrac{\pi}{2}\right) \to \boldsymbol{R}$$

旧式の教科書に見られた「無限多価関数」やその「主値」という語は，いまや関数概念の発達の歴史上の記念物と化した．

2 ε-δ 論法の意味

極限のアイデアは微分積分の基礎になっている．極限のマスターは微分積分のマスターである．極限を正しくつかむには，ε-δ 論法が必要であるというが…

1. 変数 x と元 x との別は

——関数を写像としてとらえるとき，集合 X の各元 x に集合 Y のちょうど一つの元 y を対応させる規則（手続き）f を X から Y への関数といって，記号

$$f: X \to Y \qquad (1)$$

で表わすのであるが，これはまた

$$y = f(x) \qquad (x \in X) \qquad (2)$$

でも表わす．このとき，x は**独立変数**とよばれ，y は**従属変数**とよばれている．同じ x が集合の各元を表わしたり，変数を表わしたりすることは，一つの混線ではないか．

たしかに，最初は x は集合 X の個々の元を表わしているのに，後のほうでは x は集合 X の元一般を表わす記号となっていて，**変数**とよばれている．概念としては一致するものではないから，両者を同じ記号で表わすことは一つの混線ともいえることであろう．本来ならば，それぞれ異なった記号，たとえば，変数を記号 x で，集合の個々の元を記号 a で表わすべきであろう．

——それならば，なぜ記号の区別をしないのであろうか．

記号の区別によって，概念としてすっきりすることになるけれど，そのためにかえって別の煩雑さが増すことがある．それよりも，同じ記号で個々の元と変数との両者を表わすことにして，ケース・バイ・ケースで，そのいずれを表わすかを判断してゆくほうが便宜が多いものである．それで，これからも集合の各元をも関数の変数をも同じ記号で表わすことにする．そんなわけで，文脈によって誤解のおそれのない場合には，記号 $f(x)$ によって写像（関数）

$$f: X \to Y$$

を表わすこともある．このときは，**関数** $f(x)$ とよぶことにすべきであって，x は変数を表わすことになる．他方，記号 $f(x)$ によって関数 f の x での値を表わすこともある．このときは，**関数値** $f(x)$ とよぶことにすべきであって，x は定義域 X の個々の元を表わすことになる．このように，関数 $f(x)$ または関数値 $f(x)$ とよぶようにすることによって，x はそれぞれ変数

または定義域 X の個々の元を表わすことが明らかになる．このようなあからさまな表現が欠けている場合には，前後関係によって，x が変数を表わすか，または個々の元を表わすかが判断されねばならないであろう．

2. プリミティブな極限の定義の掘り下げ

——極限の取り扱いをするのに，ε-δ 論法によらねばならないわけが納得できないのであるが…

それにはまず，ふつうの教科書にあるプリミティヴな極限の定義からはじめることにしよう．I は数直線 R の区間とし，関数

$$f: I \to R$$

について考えることにしよう．次には，ふつうの教科書にある極限の定義のプリミティブな部分を引用することにする．

変数 x が定数 a 以外の値をとりながら定数 a に限りなく近づくとき，関数値 $f(x)$ が定数 l に限りなく近づくならば，l は $x \to a$ のときの関数 $f(x)$ の**極限**であるといい，このことがらを記号

$$\lim_{x \to a} f(x) = l \tag{3}$$

または

$$x \to a \quad のとき \quad f(x) \to l \tag{4}$$

で表わす．

——(4)の表現で，「$x \to a$」の記号 $\to$ と「$f(x) \to l$」の記号 $\to$ とは同じ意味のものなのだろうか．「$x \to a$」のほうでは，x が a 以外の値をとりながらとあるから，$x \neq a$ という条件がついているが，「$f(x) \to l$」のほうでは，このような条件がついていないから…

たしかに，(4)の「$x \to a$」の記号 $\to$ と「$f(x) \to l$」の記号 $\to$ とは同じの意味のものとはいいがたい．指摘されているとおり，「$x \to a$」では条件 $x \neq a$ がつけられていて，「$f(x) \to l$」ではこれに類する条件はつけられていないそれどころか，もっとくわしく述べると，「$f(x) \to l$」は (i) $f(x) = l$ となることを意味するものでもなく，また (ii) $f(x) = l$ となることがあってよい，ということを含蓄している．具体的に例示すると，(i) については

$$f(x) = x^2 \quad (-1 \leq x \leq 1) \tag{5}$$

によって定義された関数 $f: [-1, 1] \to R$ を考え，$a = 0$ とすると

$$\lim_{x \to 0} f(x) = 0$$

または

$$x \to 0 \quad のとき \quad f(x) \to 0$$

となる．$x \to 0$ では $x \neq 0$ なのであるから，$f(x) = 0$ となることは決してない（図1）．(ii) についてはは

$$f(x) = x \sin \frac{1}{x} \quad (-1 \leq x < 0,\ 0 < x \leq 1)$$
$$= 0 \quad (x=0) \tag{6}$$

によって定義された関数 $f: [-1, 1] \to \mathbf{R}$ を考え，$a=0$ とすると，このときも

$$\lim_{x \to 0} f(x) = 0$$

または

$$x \to 0 \quad \text{のとき} \quad f(x) \to 0$$

となる．このときは，$x \neq 0$ で $f(x)=0$ となる x の値が無数に存在する．すなわち

$$x_n = \frac{1}{n\pi} \quad (n = \pm 1, \pm 2, \cdots)$$

とおくと，$f(x_n)=0$ となる（図2）．

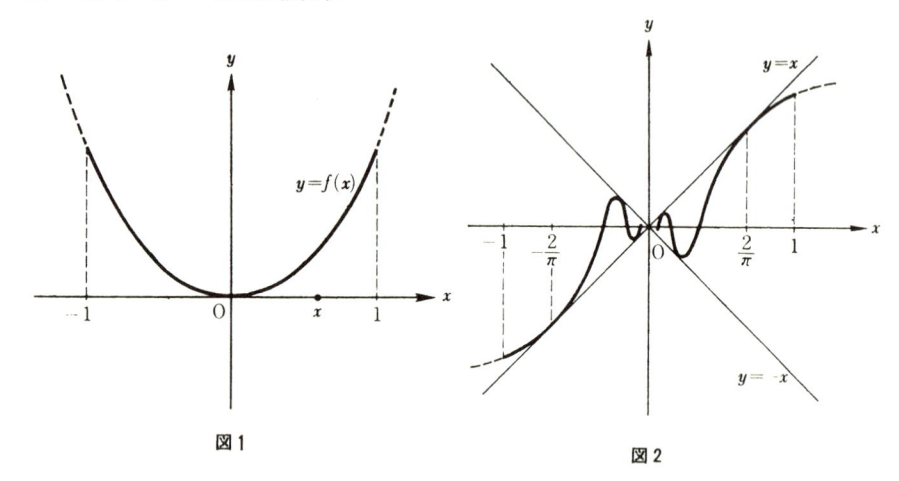

図1

図2

ここで，一般論にもどることにする．「$f(x) \to l$」についての二つの場合(i)および(ii)はいっしょにまとめて，「$f(x)=l$ となることを要しない」と述べられることがある．

——そのようなわけならば，(4)での「$x \to a$」の記号 → と「$f(x) \to l$」の記号 → とは，別々の記号にすべきではないか．

合理的な考え方からするならば，これら二つの → には別々に記号を設けるべきであろう．しかし，実際には依然同一記号を使っているのである．それは，一つには従来の習慣に従っているにすぎないためでもある．また，同一記号を使っても，上に述べたような条件の含みのもとで，一応用を弁ずるわけである．ただ，条件の含みというものは初学者によってはとかく見落され易いために，初学者はここで誤りに陥り易いという欠点がある．

記号 → の問題はしばらくさておいて，話を前進させるために，極限のプリミティブな定義を別な形で述べることにしてみよう．x が a に限りなく近づくことは，差の絶対値 $|x-a|$

が限りなく小さくなることである．そうすると，極限
$$\lim_{x \to a} f(x) = l$$
は，$|x-a|$ が限りなく小さくなるとき，$|f(x)-l|$ が限りなく小さくなることとしても定義される．このことはまた

$$|x-a| \to 0 \quad \text{のとき} \quad |f(x)-l| \to 0 \tag{7}$$

のように表現される．ここに，$|x-a| \neq 0$ で，$|f(x)-l|=0$ となる必要はないという但し書きがつけられる．

3. ε-δ 論法への移り行き

——極限の定義の表現 (4) を (7) のように変えてみたところで，問題はいっこうに進展しないではないか．**ε-δ 論法（ε-δ method）**へのかかわりはいっこうにわからないではないか．

たしかに，表現を変えただけではなんら進展が見られないであろう．プリミティブな言葉による表現を式を用いる解析的な表現でおきかえることが先決問題であろう．「$|x-a|$ が限りなく小さくなるとき，$|f(x)-l|$ が限りなく小さくなる」ということは，「$|x-a|$ を十分小さくしさえするならば，$|f(x)-l|$ はいくらでも小さくすることができる」ということに限定することができるであろう．これからは，後のほうの表現によって極限を定義することにしよう．

——前のほうの表現は，数量に関係していながら，なんといっても「定性的」qualitative という印象を強くしているのに対して，後のほうの表現はより「定量的」quantitative という印象を与えてくれる．しかし，それでもまだ「定量的」というには程遠いように思われるが…

極限の定義を「定量的」にするためには，$|x-a|$ を「十分小さくする」や $|f(x)-l|$ が「いくらでも小さくする」という修辞的な表現の代わりに，$|x-a|$ を「十分小さくする」度合や $|f(x)-l|$ を「いくらでも小さくする」度合を数量で表わさねばならない．そこで，$|x-a|$ を小さくする度合を $δ$ で表わし，$|f(x)-l|$ を小さくする度合を $ε$ とすると，表現 (7) は

$$0 < |x-a| < δ \quad \text{のとき} \quad |f(x)-l| < ε \tag{8}$$

でおきかえられる．しかし，(8) で $δ$ と $ε$ との関係を明らかにしなければならない．$ε$ はいくらでも小さくとってよいのであるから，$ε$ を任意に小さくとっておくと，$δ$ を十分小さくとりさえすると，関係 (8) が成り立つことになる．ここで，$δ$ の値としては $ε$ に対応して適当な正の数をとっておけばよい．$ε$ を「任意に小さく」とって，と述べたが，実は $ε$ を「任意に」とって，として十分である．以上を整理すると，極限に関する「解析的」な定義に到達するであろう．

任意の正の数 $ε$ に対して，適当な正の数 $δ$ をとると，関係

$$0 < |x-a| < δ \quad \text{ならば} \quad |f(x)-l| < ε \tag{8}$$

が成り立つとき，l は $x \to a$ のときの関数 $f(x)$ の極限であるといい，記号 (3) または表現

(4) で表わす．

すでにあげた例，すなわち
$$f(x) = x^2 \quad (-1 \leq x \leq 1) \tag{5}$$
によって定義された関数 $f:[-1,1] \to \mathbf{R}$ について，上の解析的定義の適用を調べてみよう．$x \to 0$ の場合について考えてみよう．このときは，すでに知られたように，極限 l は 0 であった．ε を任意の正の数として
$$|f(x) - 0| = x^2 < \varepsilon, \text{ すなわち，} |x| < \sqrt{\varepsilon}$$
となるようにするには，正の数 δ を $\delta = \sqrt{\varepsilon}$ のようにとればよいであろう．なぜならば
$$|x| < \delta = \sqrt{\varepsilon} \quad \text{ならば} \quad |f(x) - 0| = x^2 < \varepsilon$$
となるからである．

――上の例で見ると，正の数 ε に対応して正の数 δ が一意に定まるようで，δ は ε の関数であるといってよいものか．

たしかに，一般的には δ は，ε の値を小さくとると，小さくとらねばならないもので，ε に関連してとられるものである．上の例の場合，δ を $\delta = \sqrt{\varepsilon}$ としてよかったのであるが，さらに，$\delta = \sqrt{\varepsilon}/2, \sqrt{\varepsilon}/3$ のようにとっても，関係 (8) が成り立つことは容易にわかるであろう．δ を ε の関数とする必要がないばかりでなく，そう限定することによってかえってさまざまな支障に出会うことであろう．要するに，任意の正の数 ε に対して，関係 (8) が成り立つように，正の数 δ をとることができる，ということを示せばよいのである．それで，極限の定義が次のようにも述べられることがある．

任意の正の数 ε に対して，関係
$$0 < |x - a| < \delta \quad \text{ならば} \quad |f(x) - l| < \varepsilon \tag{8}$$
が成り立つように，正の数 δ をとることができるとき，l は $x \to a$ のときの関数 $f(x)$ の極限であるという．または

任意の正の数 ε に対して，関係
$$0 < |x - a| < \delta \quad \text{ならば} \quad |f(x) - l| < \varepsilon \tag{8}$$
が成り立つような正の数 δ が存在するとき，l は $x \to a$ のときの関数 $f(x)$ の極限であるという．

これらの文章はいずれにしても，読者にはイメージをパッと想起させるものではないであろう．無理もないことである．これらは純然とした日本語であるというよりは，ホンヤク語とみられるべきものであろう．これらの文章の原文とみられるべき英文は次のとおりである．前者は大体

We say that the function $f(x)$ has the limit l as x tends to a if for every positive ε we can take (*or* choose) a positive δ such that
$$|f(x) - l| < \varepsilon \quad \text{whenever} \quad 0 < |x - a| < \delta. \tag{9}$$

の訳文と見られ，後者は

> We say that the function $f(x)$ has the limit l as x tends to a if for any positive ε there exists a positive δ such that
> $$0<|x-a|<\delta \quad \text{implies} \quad |f(x)-l|<\varepsilon. \tag{10}$$

の訳文と見られる．ここで，every と any とは，意味のニュアンスのちがいはあるけれど，数学の文章としては同一に取り扱われる．また，we can take (*or* choose) と there exists も同一に取り扱われる．関係(9)と関係(10)も，数学の文章としては同一である．

英語に慣れた読者ならば，日本語で書かれた定義よりは英語で書かれた定義のほうがイメージ形成に有効であることを発見するであろう．ホンヤク語は初学者にはなじめないはずであるが，大学教官は欧文を読み慣れているので，ホンヤク語はさほど気にならない．とにかく，数学を学ぶにはホンヤク語は避けることはできないのであるから，ホンヤク語に早く慣れるよりほかはない．それには，英語などで書かれたものと対照しながら，ホンヤク語で書かれたものを読んでゆくように努力することをおすすめしたい．

4. $\varepsilon\text{-}\delta$ 論法の掘り下げ

——教科書によると，$\delta(\varepsilon)$ というような表現が見られるのであるが，これでは δ は ε の関数であると物語っているように思われてならない．ところが，δ は ε の関数であると考える必要はない．それどころか，逆にそう考えないほうがよいといわれたことに矛盾するのだが…

上に述べてきたように，δ は ε に対応して適当にとるという意味で，δ は ε に依存しているのであるが，このことがらを簡略して $\delta(\varepsilon)$ または $\delta=\delta(\varepsilon)$ と表わすことが多いのである．このような了解が忘れられてしまうと，$\delta(\varepsilon)$ をもって δ が ε の関数であると解されてしまうわけである．この点も初学者がとかく陥り易いおとし穴である．数学の世界にも従来のしきたりがよく行われている1例である．上に関連する一つの興味あることがらについて例示しよう．

上では定義域を区間 I としたが，このことはなんら本質的なことがらでない．いま
$$f(x)=x^2 \quad (x\in \boldsymbol{R}) \tag{11}$$
によって定義される関数 $f: \boldsymbol{R}\to \boldsymbol{R}$ について考えることにしよう．$a\in \boldsymbol{R}$ とするとき
$$\lim_{x\to a} f(x)=\lim_{x\to a} x^2=a^2 \tag{12}$$
が成り立つことは，直観的にわかるであろう．ここで，任意の正の数 ε に対して正の数 δ をどのようにとればよいかを調べよう．
$$|f(x)-a^2|=|x^2-a^2|=|(x+a)(x-a)|$$
となるから
$$|x-a|<\delta \quad \text{ならば} \quad |(x+a)(x-a)|<\varepsilon \tag{13}$$
となるようにするには，δ をどのようにとればよいかということが問題になる．ここで，見通

しをよくするために，$h = x - a$ とおくと，(13)は
$$|h| < \delta \quad \text{ならば} \quad |(2a+h)h| < \varepsilon \tag{14}$$
となる．ところで
$$|(2a+h)h| \leq |2ah| + |h \cdot h| \tag{15}$$
となるから
$$|2ah| < \frac{\varepsilon}{2}, \quad |h| < 1, \quad |h| < \frac{\varepsilon}{2}$$
とすると
$$|(2a+h)h| < \frac{\varepsilon}{2} + \frac{\varepsilon}{2} = \varepsilon$$
となる．したがって，$a \neq 0$ の場合，δ を
$$\delta \leq \frac{\varepsilon}{4|a|}, \quad \delta \leq 1, \quad \delta \leq \frac{\varepsilon}{2}$$
のように，すなわち，$\frac{\varepsilon}{4|a|}$, 1, $\frac{\varepsilon}{2}$ のうちの最小のものより大きくなくとればよい．したがって
$$\delta \leq \min\left\{\frac{\varepsilon}{4|a|}, 1, \frac{\varepsilon}{2}\right\} \tag{16}$$
のように，δ をとればよい．$a = 0$ の場合には，すでに述べたように
$$\delta \leq \sqrt{\varepsilon} \tag{17}$$
のように，δ をとればよい．

—— $\delta(\varepsilon)$ の意味はよくわかったが，(16)，(17)によって示される δ の範囲は1とおりにきまるものか．

不等式(15)の代わりに，不等式
$$|(2a+h)h| \leq (2|a| + |h|)|h| \tag{18}$$
をとって，まず，$|h| < 1$ とすると
$$2|a| + |h| < 2|a| + 1$$
となるから
$$|h| < 1, \quad |h| < \frac{\varepsilon}{2|a|+1}$$
のようにとると，明らかに
$$|(2a+h)h| < \varepsilon$$
となる．したがって，δ を
$$\delta \leq \min\left\{\frac{\varepsilon}{2|a|+1}, 1\right\} \tag{19}$$
のようにとればよい．このようにして，δ の範囲はいくとおりにもとることができることが明らかにされた．

上に示したように，δ は，(16)にしても(19)にしても，ε ばかりでなく a にも依存している．

このことがらを簡略して $\delta=\delta(\varepsilon, a)$ と表わすことが多い．ここでも，$\delta(\varepsilon, a)$ をもって ε と a の関数と解することがないように注意すべきである．

——(16)も(19)も煩雑すぎるようである．書物によるともっと簡単であるが…

ε を十分小さくとっておくと，もっと簡単になる．たとえば，(16)の場合には，ε をあらかじめ

$$\varepsilon<4|a|, \quad \varepsilon<2$$

のようにとっておくと，(16)の代わりに

$$\delta \leq \left[\min\left\{\frac{1}{4|a|}, \frac{1}{2}\right\}\right]\varepsilon \tag{20}$$

となる．(19)の場合には，ε をあらかじめ

$$\varepsilon<2|a|+1$$

のようにとっておくと，(19)の代わりに

$$\delta \leq \frac{\varepsilon}{2|a|+1} \tag{21}$$

となる．

——ε は任意の正の数であるとしてあるのに，十分小さくとると勝手にきめてしまうことはさしつかえないのか．

十分小さい正の数 ε に対して，関係

$$0<|x-a|<\delta \quad \text{ならば} \quad |f(x)-l|<\varepsilon \tag{8}$$

が成り立つように δ をとると，ε より大きい ε' に対しては同じ δ をとっても，明らかに関係

$$0<|x-a|<\delta \quad \text{ならば} \quad |f(x)-l|<\varepsilon' \tag{8'}$$

が成り立つ．したがって，十分小さい正の数 ε に対して，関係(8)が成り立つように正の数 δ をとることができさえすればよい．

5. 極限の位相的な側面

——極限の解析的な意味はよくわかったが，図形的な側面がはっきりさせられたら，極限のイメージがもっとはっきりと目に見えるように浮きぼりされるのであるが…

図形的な側面から眺めるには，図形的な用語を導入する必要がある．$|x-a|<\varepsilon$ を満足する x の全体 $\{x;|x-a|<\varepsilon\}$ は a を中心とする(開)区間であるが，当面の場合，点 a の **ε 近傍**といい，記号 $N(a, \varepsilon)$ で表わす．ε を問題にしないときは，単に点 a の**近傍**といい，記号 $N(a)$ で表わすことがある．ε 近傍 $N(a, \varepsilon)$ から点 a を取り除いて得られる集合 $\{x; 0<|x-a|<\varepsilon\}$ を点 a の**中心抜き ε 近傍**（または単に**近傍**）とよぶことにし，記号 $N'(a, \varepsilon)$ （または単に $N'(a)$）で表わすことにしよう(図3)．

簡単のために，関数 $f: \boldsymbol{R} \to \boldsymbol{R}$ について考えることにする．M が $\boldsymbol{R}$ の部分集合であると

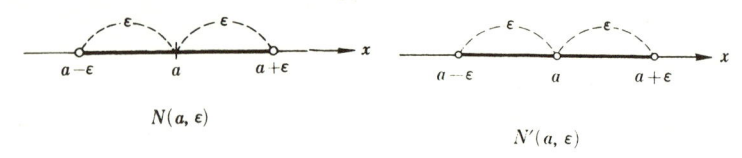

図3 の上部に $N(a, \varepsilon)$ と $N'(a, \varepsilon)$ の図.

き，M の元 x の像，すなわち，関数値 $f(x)$ の全体 $\{f(x); x \in M\}$ を集合 M の関数 f による像といい，記号 $f(M)$ で表わすことにする．関係

$$0 < |x-a| < \delta \quad \text{ならば} \quad |f(x)-l| < \varepsilon \tag{8}$$

は，図形的にみると，点 a の中心抜き δ 近傍 $N'(a, \delta)$ の像が点 l の ε 近傍に含まれること，記号で書くと

$$f(N'(a, \delta)) \subset N(l, \varepsilon) \tag{22}$$

となることを示す（図4）．このことによって，$x \to a$ のときの関数 $f(x)$ の極限が l であるということは，正の数 ε をいくら小さくとっても，正の数 δ を十分小さくとりさえすると，関係(22)が成り立つことを意味する．

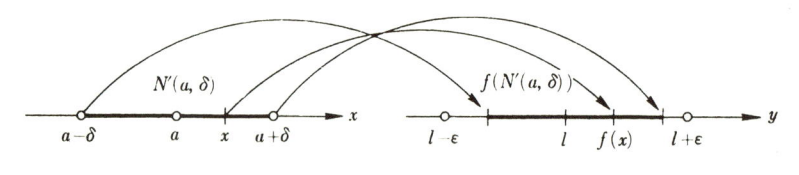

図4

いままで述べたのは，写像の観点から眺めてのことであるが，関数のグラフの観点から眺めることもできる．関係(22)の図解である図4は，関数 $f(x)$ のグラフ $\{(x, y); x \in R, y = f(x)\}$

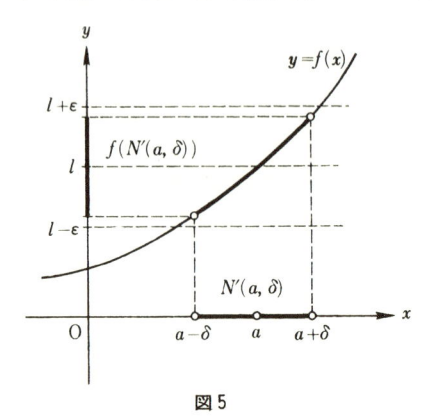

図5

の図解である図5に移し変えられる．図5では，$x \to a$ のときの $f(x)$ の極限が l であるということは，x 軸に平行な直線 $y=l$ を中心線とする任意に小さい ε 幅の帯状領域 $\{(x,y); x \in \mathbf{R}, l-\varepsilon < y < l+\varepsilon\}$ をとっても，点 a の十分小さい中心抜き近傍 $N'(a,\delta)$ をとると，この中心抜き近傍 $N'(a,\delta)$ に対応するグラフの部分（図5ではグラフの太線の部分）は ε 幅の帯状部分に入ってくることである．

図形的に近傍という近接のアイデアの観点から，解析的な定義または概念を眺めるし方は**位相的 topological** であるという．上に述べたことがらを総括すると，直観的・プリミティブなアイデアから出発して，記号 $\to$ によって表現される「限りなく近づく」という概念的・定性的なアイデアを ε, δ によって定量的アイデアに転化して，解析的な極限の定義に到達した．そこに支配するものが ε-δ 論法である．さらに，図形的な近傍という近接のアイデアによって位相的な見方が展開された．

3　ε-δ 論法の手法

> ε-δ 論法の展開には ε-δ 論法の定義だけでよいか．どんな基本的定理が必要であるか．ε-δ 論法の展開にはどのような手法と着想によったらよいか．

1. ε-δ 論法には一般定理が必要ないか

——関数の極限関係
$$\lim_{x \to a} f(x) = l \tag{1}$$
を ε-δ 論法で表わすには，任意の正の数 ε に対して，適当な正の数 δ をとると，関係
$$0 < |x-a| < \delta \quad \text{ならば} \quad |f(x)-l| < \varepsilon \tag{2}$$
が成り立つことを示すことになるのであるが，ε に対してこのような δ を実際にとって見せることは容易なものか．

簡単な関数の場合には，ε に対してこのような δ を実際にとって見せることは容易である．たとえば，関数
$$f(x) = x \quad (x \in \boldsymbol{R})$$
については，(1) は
$$\lim_{x \to a} f(x) = \lim_{x \to a} x = a \tag{3}$$
となって，δ を δ=ε のようにとればよいことは明らかであろう．また，関数
$$f(x) = x^2 \quad (x \in \boldsymbol{R})$$
については，(1) は
$$\lim_{x \to a} f(x) = \lim_{x \to a} x^2 = a^2 \tag{4}$$
となって，十分小さい正の数 ε ——たとえば，$0 < \varepsilon < 1$ ——に対しては，δ を
$$\delta \leqq \frac{\varepsilon}{2|a|+1} \tag{5}$$
のようにとればよいであろう．

——あまりに簡単な関数の場合ばかり述べているが，もっとこみいった場合，たとえば，任意の正の整数 n について，関数
$$f(x) = x^n \quad (x \in \boldsymbol{R})$$
の場合はどうだろうか．

この関数の場合には，(1) は

$$\lim_{x \to a} f(x) = \lim_{x \to a} x^n = a^n \tag{6}$$

となるだろうということは直観的にわかるであろう．ε は前と同じように十分小さい正の数とし，$h = x - a$ とおくと

$$|f(x) - a^n| = |(a+h)^n - a^n|$$
$$= |{}_nC_1 a^{n-1} h + \cdots + {}_n C_r a^{n-r} h^r + \cdots + h^n|$$
$$\leq |h| \{{}_nC_1 |a|^{n-1} + \cdots + {}_n C_r |a|^{n-r} |h|^{r-1} + \cdots + |h|^{n-1}\}$$

ここで，後でもやがてわかることであるが，$|h| < 1$ としてよいであろう．そうすると

$$|f(x) - a^n| \leq |h| \{(|a|+1)^n - |a|^n\}$$

となるから，δ を

$$\delta \leq \frac{\varepsilon}{(|a|+1)^n - |a|^n} \tag{7}$$

のようにとればよいであろう．

——いかにもみごとな解法であるが，このような解の技巧を個々の関数について工夫するのは大へんのように思われる．もっとこみいった関数に対してもこのような技巧を工夫しなければならないものか．

このような技巧を一つ一つの関数について工夫してゆくのではたまらないし，実はその必要もない．関係 (6) は

$$\lim_{x \to a} x^n = \lim_{x \to a} x \cdot x^{n-1} \overset{?}{=} \lim_{x \to a} x \lim_{x \to a} x^{n-1} = a \cdot a^{n-1} = a^n \tag{8}$$

のように見直すことができるであろう．ただ，残る問題は疑問符？のつけられたところの等号＝が成り立つことを保証できるかどうかということである．この問題点は，一般化すると，関係

$$\lim_{x \to a} \{f(x) g(x)\} = \lim_{x \to a} f(x) \lim_{x \to a} g(x) \tag{9}$$

が成り立つかどうかということになる．この関係 (9) が保証されたとなると，関係 (6) は数学的帰納法によって証明されることになる．すなわち，(i) 関係 (6) は $n=1$ のとき関係 (3) により成り立つ．(ii) 関係 (6) は，$n-1$ に対して成り立つと仮定すると，(8) により n に対しても成り立つ．ゆえに，関係 (6) はすべての正の整数 n に対して成り立つ．

このようにして，関係 (8) のような一般公式を確保しておけば，極限関係 (6) だけのためには上に述べたような ε-δ 論法のみごとな技巧は必要がなくなるであろう．

2. 基本的定理とその素朴な証明法

——極限関係の基本的定理とはどんなものか．

基本的定理としては次のものをあげたらよいと思う．

定理 「極限 $\lim_{x \to a} f(x)$, $\lim_{x \to a} g(x)$ がともに存在するならば，次の公式 (I), (II), (III), (IV),

(N_1)（ただし，後の2者の場合は分母の極限 $\neq 0$ のとき）の左辺の極限も存在し，公式（I），(I_1），（II），（III），（N），（N_1）が成り立つ．

(I) $\quad \lim_{x \to a}(cf)(x) = \lim_{x \to a}\{cf(x)\} = c\lim_{x \to a}f(x) \quad$ （c は定数）

(I_1) $\quad f(x) = c$ のとき $\quad \lim_{x \to a}f(x) = c \quad$ （c は定数）

(II) $\quad \lim_{x \to a}(f \pm g)(x) = \lim_{x \to a}\{f(x) \pm g(x)\} = \lim_{x \to a}f(x) \pm \lim_{x \to a}g(x) \quad$ （複号同順）

(III) $\quad \lim_{x \to a}(fg)(x) = \lim_{x \to a}\{f(x)g(x)\} = \lim_{x \to a}f(x) \lim_{x \to a}g(x)$

(IV) $\quad \lim_{x \to a}(f/g)(x) = \lim_{x \to a}\frac{f(x)}{g(x)} = \frac{\lim_{x \to a}f(x)}{\lim_{x \to a}g(x)} \quad$ （ただし，$\lim_{x \to a}g(x) \neq 0$)

(N_1) $\quad \lim_{x \to a}(1/f)(x) = \lim_{x \to a}\frac{1}{f(x)} = \frac{1}{\lim_{x \to a}f(x)} \quad$ （ただし，$\lim_{x \to a}f(x) \neq 0$)

(II)，(III) は有限個の 和, 差, 積 の場合にも成り立つ．」

すでに述べたように，関係
$$\lim_{x \to a} x^n = a^n \tag{6}$$
は，定理の公式(III)を利用すると，数学的帰納法によって証明される．めんどうな ε-δ 論法の技巧もいらない．また，多項式関数
$$f(x) = x^4 + x^3 + 2x^2 + x + 1$$
に対しては，定理の公式(I)，(I_1)，(II)を利用すると，関係(6)によって，関係
$$\lim_{x \to a}f(x) = \lim_{x \to a}(x^4 + x^3 + 2x^2 + x + 1) = a^4 + a^3 + 2a^2 + a + 1 \tag{10}$$
が導かれるであろう．さらに，定理の公式(N)を利用すると，分数関数
$$f(x) = \frac{x^3 + 3x}{x^4 + x^3 + 2x^2 + x + 1}$$
に対して，関係
$$\lim_{x \to a}f(x) = \lim_{x \to a}\frac{x^3 + 3x}{x^4 + x^3 + 2x^2 + x + 1} = \frac{a^3 + 3a}{a^4 + a^3 + 2a^2 + a + 1} \tag{11}$$
が導かれるであろう．ここで，(11)の右辺の分母は
$$a^4 + a^3 + 2a^2 + a + 1 = (a^2 + 1)(a^2 + a + 1) > 0$$
となるから，公式(N)の条件は満たされる．

関係(10)や(11)に対して ε-δ 論法を本格的に用いて，正の数 ε に対して，関係(2)が成り立つように，正の δ をとることをしたら，とてもたえられない煩雑さに悩まされることになるであろう．このような煩雑さを具体的に克服することは，ごく特別な目的のある場合のほかは，みのりの少ない努力にすぎないであろう．有理関数に関する限り，このような煩雑さは上の定理によって回避されたわけである．

——そうすると，上の定理がありさえすれば，煩わしい ε-δ 論法などをもち出す必要はないわけであろう．しかも，上の定理は直観的に明らかであると思われるのであるが…

上の定理が直観的に明らかであるか，それとも証明すべきであるか，これはそれぞれの立場に依存するともいえるであろう．極限のプリミティブなアイデアの立場に立つ限り，上の定理は直観的に明らかであるとみられるであろう．微分積分の入門書で，定理をあげるだけで証明にふれないのは，おそらくこのプリミティブなアイデアの立場からでもあろう．あるいはまた，学生や読者の関心や理解度を配慮して，必要に迫られてのっぴきならぬ状況に追いこまれるまでは，直観に委ねるという教育的立場からであるかもしれない．

しかし，証明らしいものが全然欠けているのもどうかというわけで，極限を少しく quantitative な形態で表現して，定理を証明することも見受けられる．すなわち，極限

$$\lim_{x \to a} f(x) = l$$

を

$$|x-a| \to 0 \quad \text{のとき} \quad |f(x)-l| \to 0 \tag{12}$$

のように表現するのである．そうすると，c を定数とすると，(12) から

$$|x-a| \to 0 \quad \text{のとき} \quad |cf(x)-cl| \to 0 \tag{13}$$

が導かれ，これは

$$\lim_{x \to a} cf(x) = cl$$

となることを示し，公式（Ⅰ）が証明されたわけである．公式（Ⅰ₁）は自明であろう．さらに

$$\lim_{x \to a} g(x) = m$$

とすると，これは

$$|x-a| \to 0 \quad \text{のとき} \quad |g(x)-m| \to 0 \tag{14}$$

のように表現される．そうすると

$$|\{f(x) \pm g(x)\} - (l \pm m)| \leq |f(x)-l| + |g(x)-m| \tag{15}$$

より

$$|x-a| \to 0 \quad \text{のとき} \quad |\{f(x) \pm g(x)\} - (l \pm m)| \to 0 \tag{16}$$

が導かれ，これは

$$\lim_{x \to a} \{f(x) \pm g(x)\} = l \pm m$$

となることを示し，公式（Ⅱ）が証明されたわけである．また

$$|f(x)g(x)-lm| = |\{f(x)-l\}m + \{g(x)-m\}l + \{f(x)-l\}\{g(x)-m\}|$$
$$\leq |f(x)-l||m| + |g(x)-m||l| + |f(x)-l||g(x)-m| \tag{17}$$

より

$$|x-a| \to 0 \quad \text{のとき} \quad |f(x)g(x)-lm| \to 0 \tag{18}$$

が導かれ，これは

$$\lim_{x \to a} \{f(x)g(x)\} = lm$$

となることを示し，公式（Ⅲ）が証明されたわけである．

公式（Ⅳ）は公式（Ⅲ），（Ⅳ₁）から導かれる．なぜならば

$$\lim_{x \to a} \frac{f(x)}{g(x)} = \lim_{x \to a} \left\{ f(x) \frac{1}{g(x)} \right\} = \lim_{x \to a} f(x) \lim_{x \to a} \frac{1}{g(x)}$$

$$= \lim_{x \to a} f(x) \frac{1}{\lim_{x \to a} g(x)} = \frac{\lim_{x \to a} f(x)}{\lim_{x \to a} g(x)}$$

となるからである．そこで，公式（N₁）を証明するには

$$\left| \frac{1}{f(x)} - \frac{1}{l} \right| = \frac{|f(x)-l|}{|f(x)l|} \tag{19}$$

によって

$$|x-a| \to 0 \quad \text{のとき} \quad \left| \frac{1}{f(x)} - \frac{1}{l} \right| \to 0 \tag{20}$$

となることをいえばよいのであるが，(19) の右辺の分母の $|f(x)l|$ がどうも始末に困るように思われる．

3. ε-δ 論法の簡単な手法

——(20) は (19) によって直観的に明らかであると思われるのであるが…

(16) と (18) はそれぞれ不等式 (15) と (17) から明らかであるといってもよいであろうが，(19) が (15) や (17) と異なることは，右辺の分母の項 $|f(x)l|$ があることで，このために (20) が (16) や (18) と同じ程度に直観的に明らかであるとはいいがたいであろう．

——それでは，上に示したような公式（N₁）の証明は正しくないというわけか．

前にも述べたことに関連したことであるが，上のような証明が正しいか否かということは，その立っている立場にも依存することである．極限の定義のプリミティブな立場に立つ限り正しいともいえるであろう．しかし，極限の ε-δ 論法の立場に立つならば，はたして正しいといえるであろうか．すなわち，任意の（十分小さい）正の数 ε に対して，関係

$$0 < |x-a| < \delta \quad \text{ならば} \quad \left| \frac{1}{f(x)} - \frac{1}{l} \right| < \varepsilon \tag{21}$$

が成り立つように，正の数 δ をとることができる，ということが明らかであるといえるであろうか．このような正の数 δ をどのようにとったらよいか．これはそう生やさしいことではないであろう．

——ほかの公式（I），（II），（III）の場合にも，ε-δ 論法の適用は同じようにむずかしいのではなかろうか．

ところが，公式（I），（II），（III）の場合には割合簡単なのである．まず，公式（I）の場合は，$c \neq 0$ とすると，任意の正の数 ε に対して，関係

$$0 < |x-a| < \delta \quad \text{ならば} \quad |f(x)-l| < \frac{\varepsilon}{|c|} \tag{22}$$

が成り立つように正の数 δ をとることができる．ここで，もしかすると初学者が抵抗を感ずることかもしれない．極限を規定する関係

$$0<|x-a|<\delta \quad ならば \quad |f(x)-l|<\varepsilon \tag{2}$$

と (22) とが異なるように思われるかもしれない. それは式の見かけの形にばかりとらわれるからである. (2) の ε は任意であるから, ε の代わりに $\varepsilon/|c|$ をとってもよいわけで, それに応じて正の数 δ をとると, (22) が成り立つという意味に理解すれば問題はないであろう. (22) から, 関係

$$0<|x-a|<\delta \quad ならば \quad |cf(x)-cl|<\varepsilon \tag{22'}$$

が導かれ, したがって, 公式 (I) が導かれたわけである.

いままでは, $c \neq 0$ としたのであるが, $c=0$ のときは, $h=cf$ とおくと, $h(x)=0$ となって, 公式 (I_1) の問題に帰着することがわかる. 公式 (I_1) の場合には, 任意の正の数 ε に対して, 正の数 δ を任意にとっても, 関係 (2) が成り立つ. したがって, 公式 (I_1) は成り立つ.

次に, 公式 (II) の場合には, 上の場合と同じようにして, 任意の正の数 ε に対して, 関係

$$0<|x-a|<\delta_1 \quad ならば \quad |f(x)-l|<\frac{\varepsilon}{2} \tag{23}$$

が成り立つように, 正の数 δ_1 をとることができ, さらに, 関係

$$0<|x-a|<\delta_2 \quad ならば \quad |g(x)-m|<\frac{\varepsilon}{2} \tag{24}$$

が成り立つように, 正の数 δ_2 をとることができる. ここで, (23) の δ_1 と (24) の δ_2 との二つの δ があることに注意するを要する. ε-δ 論法での δ は ε に依存するばかりでなく, 対象になる関数 f, g にも依存するので, (23), (24) の δ を区別して δ_1, δ_2 のように表わすわけである. そうすると, 二つの δ があってちょっとばかり困るようにも思われる. しかし, 二つの δ (δ_1, δ_2) の代わりに, δ_1, δ_2 の小さいほう $\min\{\delta_1, \delta_2\}$ をとって, これを改めて δ で表わすことにすると, (23), (24) からそれぞれ関係

$$0<|x-a|<\delta \quad ならば \quad |f(x)-l|<\frac{\varepsilon}{2} \tag{23'}$$

および

$$0<|x-a|<\delta \quad ならば \quad |g(x)-m|<\frac{\varepsilon}{2} \tag{24'}$$

が導かれる. ここで, すでに導いた不等式 (15) により, 関係

$$0<|x-a|<\delta \quad ならば \quad |\{f(x) \pm g(x)\}-(l \pm m)|<\varepsilon \tag{25}$$

が導かれる. これで, 公式 (II) が証明されたわけである.

——ところが, 大ていの教科書には, そんなにていねいには書いていないで, いきなり関係 (23'), (24') がうち出されているのであるが…

教科書の著者は数学の専門家であって, 数学の専門家は途中の細かいところはしおって骨組みだけを述べる習慣になっているのです. しかし, 初学者が専門家並みにはしおってゆくのは問題です. 初学者は上のように細かいところまでよくただしてゆくべきです. さもないと, 頭が徒に空まわりして新しい数学にはほんとうに取り組めなくなるでしょう.

ところで, 公式 (III) の場合であるが, 上のことがよくわかれば大したことはないのです. す

でにあげた不等式(17)をよくにらんでみればよい．この不等式の右辺の3項

$$|f(x)-l||m|, \quad |g(x)-m||l|, \quad |f(x)-l||g(x)-m|$$

のいずれもが $\varepsilon/3$ より小さくなるように，正の数 δ をとることができることを示せればよいでしょう．簡単のために，$l \neq 0, m \neq 0$ の場合を考えることにする．ε は1より小さい任意の正の数として，正の数 ε' を

$$\varepsilon' < \frac{\varepsilon}{3|l|}, \quad \varepsilon' < \frac{\varepsilon}{3|l|}, \quad \varepsilon' < \frac{\varepsilon}{3} \tag{26}$$

のようにとると，この ε' に対しても，関係

$$0 < |x-a| < \delta_1 \text{ ならば } |f(x)-l| < \varepsilon', \tag{27}$$

$$0 < |x-a| < \delta_2 \text{ ならば } |g(x)-m| < \varepsilon' \tag{28}$$

が成り立つように，正の数 δ_1, δ_2 をとることができる．そこで，$\delta = \min\{\delta_1, \delta_2\}$ とおくと，関係

$$0 < |x-a| < \delta \text{ ならば } |f(x)-l| < \varepsilon', |g(x)-m| < \varepsilon' \tag{29}$$

が成り立つ．$0 < \varepsilon < 1$ より $0 < \varepsilon' < 1$．不等式 (17) により

$$|f(x)g(x) - lm| < \varepsilon'|m| + \varepsilon'|l| + \varepsilon'\varepsilon' < \frac{\varepsilon}{3} + \frac{\varepsilon}{3} + \frac{\varepsilon}{3} = \varepsilon$$

したがって

$$0 < |x-a| < \delta \text{ ならば } |f(x)g(x) - lm| < \varepsilon \tag{30}$$

これで，公式(III)が証明されたわけである．

$l=0$ の場合は，(26)で最初の条件は不要であり，$m=0$ の場合は第2の条件は不要であり，$l=m=0$ の場合は最後の条件だけでよいことになる．

4. ε-δ 論法の少しこみいった手法

——公式(III)までの証明の ε-δ 論法は直観的にもわかるけれど，公式(IV_1)の証明ではどのような手法を使うのか見当がつかないのだが…

公式(IV_1)の証明の ε-δ 論法でも，直観的な考察が進路を示してくれるのである．条件

$$\lim_{x \to a} f(x) = l \neq 0$$

を分析すると，x を a の十分小さい中心抜き δ 近傍 $N'(a, \delta) = \{x; 0 < |x-a| < \delta\}$ にとると，

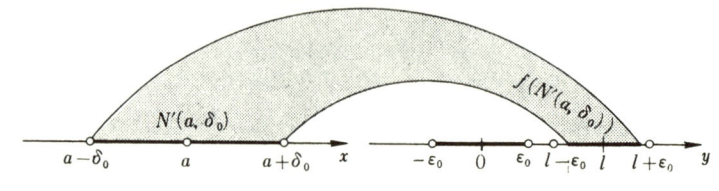

図 1

関数値 $f(x)$ は l の任意の ε 近傍 $N(l,\varepsilon)=\{y; |x-l|<\varepsilon\}$ にはいってくる（図 1）。ε は任意にとってよいのであるから、$|l|/2$ より小さくとって、これを ε_0 とする。ε_0 に対応する δ の値を δ_0 とする。そうすると、a の中心抜き δ_0 近傍 $N'(a,\delta_0)$ の x に対する $f(x)$ は l の ε_0 近傍 $N(l,\varepsilon_0)$ にはいっているから、0 の ε_0 近傍 $N(0,\varepsilon_0)$ の外部にあることになる。すなわち、$|f(x)| \geq \varepsilon_0$ となる。したがって、関係式 (19) は $0<|x-a|<\delta_0$ とき

$$\left|\frac{1}{f(x)}-\frac{1}{l}\right| \leq \frac{|f(x)-l|}{\varepsilon_0 |l|} \tag{19'}$$

となるから、任意の正の数 ε に対して

$$\frac{|f(x)-l|}{\varepsilon_0|l|} < \varepsilon$$

となるようにするには

$$|f(x)-l| < \varepsilon \varepsilon_0 |l| < \varepsilon \frac{|l|^2}{2}$$

となるように、x を a の十分近くにとればよいことがわかる。これで証明の進路の方向がわかったから、次には、いままでのことがらを整理して、改まった形で述べることにしよう。

正の数 ε_0 を $0<\varepsilon_0<|l|/2$ のようにとると、この ε_0 に対して

$$0<|x-a|<\delta_0 \quad \text{ならば} \quad |f(x)-l|<\varepsilon_0$$

となるように、正の数 δ_0 をとることができる。このとき

$$|f(x)|=|l+\{f(x)-l\}| \geq |l|-|f(x)-l| > |l|-\varepsilon_0 > |l|-\frac{|l|}{2}=\frac{|l|}{2}$$

となる。任意の正の数 ε に対して、関係

$$0<|x-a|<\delta_1 \quad \text{ならば} \quad |f(x)-l|<\varepsilon\frac{|l|^2}{2} \tag{31}$$

が成り立つように、正の数 δ_1 をとることができる。ここで、$\delta=\min\{\delta_0,\delta_1\}$ とおくと、関係

$$0<|x-a|<\delta \quad \text{ならば} \quad |f(x)-l|<\varepsilon\frac{|l|^2}{2} \tag{31'}$$

が成り立つ。また、上に示したことにより

$$0<|x-a|<\delta \quad \text{ならば} \quad |f(x)|>\frac{|l|}{2}$$

となるから、(19) により

$$0<|x-a|<\delta \quad \text{ならば} \quad \left|\frac{1}{f(x)}-\frac{1}{l}\right|<\frac{|f(x)-l|}{(|l|/2)|l|}<\varepsilon\frac{|l|^2}{2}\bigg/\frac{|l|^2}{2}=\varepsilon$$

これで、公式 (N_1) が証明されたわけである。

この証明は、専門家ならば、数行で済ますことであろうが、初学者は、丸暗記したりそっくりまねをしたりなどしないで、上に述べたようにめんどうでも手数をかけるようにすることが必要である。これが ε-δ 論法をマスターする至上の近道である。

5. ε-δ 論法の変形形式

——上の ε-δ 論法の手法では，直観的な考察によって証明の進路の方向が示されたが，他の場合にも大体において直観的な考察によって進路の方向が見出されるものであろうか．

いつでもというわけにはいかないけれど，そういう場合は多いであろう．直観的な考察，特に図形的・位相的な見方から，quantitative な移り行きをすることによって，ε-δ 論法の成功が期待されることが多い．

——ある本で見たのであるが，ε-δ 論法の関係

$$0 < |x-a| < \delta \quad \text{ならば} \quad |f(x)-l| < \varepsilon \tag{12}$$

の代わりに

$$0 < |x-a| < \delta \quad \text{ならば} \quad |f(x)-l| \leq \varepsilon \tag{32}$$

としてあるのを見たことがある．数学では，不等式に等号＝がつくか否かについては大へんやかましいと聞いているが，(32) はミスプリントではなかろうか．

ちょっと見るとミスプリントかと思われるかもしれない．いま，任意の正の数 ε に対して，関係 (32) が成り立つように正の数 $\delta = \delta(\varepsilon)$ をとることができるとしよう．そうすると，任意の正の数 ε に対して，$0 < \varepsilon' < \varepsilon$ となるような正の数 ε' に対して，関係

$$0 < |x-a| < \delta \quad \text{ならば} \quad |f(x)-l| \leq \varepsilon' \tag{32'}$$

が成り立つように，正の数 $\delta = \delta(\varepsilon')$ をとることができる．したがって，この δ に対して

$$0 < |x-a| < \delta \quad \text{ならば} \quad |f(x)-l| < \varepsilon \tag{12}$$

が成り立つ．これで，(12) の代わりに (32) をとってもよいことがわかった．

同じようにして，関係 (12) の代わりに

$$0 < |x-a| \leq \delta \quad \text{ならば} \quad |f(x)-l| < \varepsilon \tag{33}$$

としても，また

$$0 < |x-a| \leq \delta \quad \text{ならば} \quad |f(x)-l| \leq \varepsilon \tag{34}$$

としてもよいことがわかるであろう．これで，目で見える外見的形式の差異が本質的差異とならないことの一つの実例が示されたことになるであろう．

4 関数の連続

関数のグラフが連続しているという図形的直観から関数の連続という定義への移り行き，それから ε-δ 論法の形式から位相的表現への移り行きを掘り下げてみよう．

1. プリミティブなアイデアから定義へ

——関数が連続であるというアイデアは，直観的にはどのようにとらえられるものであったのか．

おうざっぱにいうならば，関数のグラフが連続しているときに——位相的表現をするならば，グラフが連結であるときに——，関数が連続であると考えたわけである．たとえば，関数

$$f(x) = \frac{1}{x} \quad (x \neq 0) \qquad (1)$$

のグラフは，y 軸を境にして分離されているので，連続していない（連結でない）．そのために，旧式な教科書では，関数 (1) は $x=0$ で連続でない，と述べられていることがある．

図 1

——高等学校でこのように教わったように覚えているが，それでよいのでしょう．

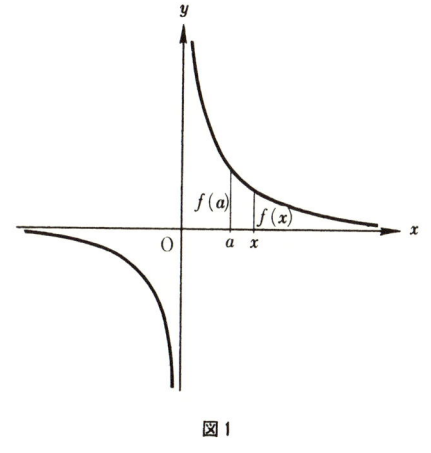

いや，そのことの当否はこれからの話をすすめた上でのことにしよう．上のように，関数のグラフが連続している（連結である）ことによって，関数が連続であるとすることは，大域的な global な見方に基いているのである．大域的な見方そのものはそれでよいのであるけれど，それだけでは関数が連続であるということがらを解析的に取り扱うには大変つごうがわるい．そこで，局所的な local な意味での連続のアイデアに転換してみることにする．すなわち，関数が大域的に連続であるということを，関数がその定義域の各点で連続であるということに転換してみることにする．

さて，$D \subset \mathbf{R}$ のとき，関数 $f: D \to \mathbf{R}$ が定義域の点で連続であることはどのように考えたらよいのか，ということが問題になるであろう．それには，関数のグラフが点 a で連続してい

るという図形的直観を解析的な表現に移し変えてゆけばよいであろう．図1では，点 a でグラフが連続していることは，近くの点 x が点 a に限りなく近づくにともなって対応する関数値 $f(x)$ が関数値 $f(a)$ に限りなく近づくこととしてとらえられるであろう．このことがらは，x が a に限りなく近づくときの $f(x)$ の極限が $f(a)$ である，という極限関係としてとらえられる．そこで，極限関係

$$\lim_{x \to a} f(x) = f(a) \tag{2}$$

が成り立つとき，関数 f は点 a で連続であるという．これが局所的な連続のアイデアである．さらに，関数 $f: D \to \boldsymbol{R}$ は，定義域 D の部分集合 D_1 の各点で連続であるとき，D_1 で連続であるという．特に $D_1 = D$ のとき，すなわち，定義域 D の各点で連続であるとき，関数 $f: D \to \boldsymbol{R}$ は単に連続であるという．これが関数 f が大域的に連続であることの定義である．

ここで，最初にあげた関数(1)について，連続の定義の適用を調べてみよう．$a \neq 0$ のとき，明らかに

$$\lim_{x \to a} f(x) = \lim_{x \to a} \frac{1}{x} = \frac{1}{\lim_{x \to a} x} = \frac{1}{a}$$

となるから，0以外の任意の a に対しては，極限関係

$$\lim_{x \to a} f(x) = f(a) \tag{2′}$$

が成り立つ．したがって，関数(1)は0以外の $\boldsymbol{R}$ のすべての点で連続である．ところで，$\boldsymbol{R}$ の0以外の点の集合は関数

$$f(x) = \frac{1}{x} \quad (x \neq 0) \tag{1}$$

の定義域に一致するから，関数(1)は連続であるということができる．

2. プリミティブなアイデアと定義とのくいちがい

——そうなると，ちょっと問題がある．前に関数(1)のグラフは連続してない（連結でない）といったではないか．ところが，こんどは関数(1)は連続であるという．それでは，前後相矛盾してくることになるではないか．

ちょっと考えると，外見的には前後相矛盾して見えるかもしれない．しかし，よく掘り下げて考えてみるとよい．わたくしたちは，関数のグラフの連続という図形的直観から関数の連続というアイデアを抽象したのである．もっと論理的にいうならば，グラフが連続している（連結である）ような関数が連続である関数であることの意味である．逆のことがらについてはなんら言及してはいないのである．それだから，グラフの連続と関数の連続とを同一視してしまうことは，あまりにも早まりすぎる思いこみにすぎないのである．

——そういわれると理論的にそうだと思わざるをえないけれど，もっとつっこんで説明してほしいと思うが……

関数が連続であるという定義は，関数のグラフが連続しているという図形的直観そのままではない．第1に，グラフが連続している（連結である）ということは大域的な性質であるのに，関数の連続は点ごとの連続という局所的なものから出発している．そこにも根本的な問題点がひそんでいることが想像されるであろう．もちろん，点ごとの連続から定義域の各点での連続にまで定義がすすめられて，定義域での連続というアイデアが展開されたが，これがもとのグラフの連続しているというアイデアに一致するとは速断しかねることであろう．

第2に，関数が点ごとに連続であるというのは，定義域の各点での連続について語っているのであって，定義域以外の点での連続について語ってはいないのである．こうしてみると，上に述べた関数 (1) については，点 0 は定義域以外の点であるから，点 0 での連続であるか否かについては最初から論及しないのである．

——そこで，ちょっと気になることであるが，旧式の教科書で，関数 (1) が点 0 で不連続であるといっていたことには，いまの説明が深い関係があるように思われるのであるが……

旧式の教科書が関数 (1) の点 0 での不連続をいうのは，実は，図形的直観によるためばかりではない．やはり，関係

$$\lim_{x \to a} f(x) = f(a) \qquad (2)$$

が成り立つとき，関数 f は点 a で連続であるという形式的な定義に従っているのである．さらに，関係 (2) が成り立たないとき，関数 f は点 a で連続でない，すなわち不連続であるというのであるが，この否定的表現による定義に問題がある．上に述べた関数 (1) については，極限 $\lim_{x \to 0} f(x)$ は明らかに存在しないし，点 0 での関数値 $f(0)$ も存在しない．したがって，関係

$$\lim_{x \to 0} f(x) = f(0) \qquad (3)$$

が成り立たない．したがって，関数 f は点 0 で連続でない，と旧式の教科書は主張するわけである．いかにももっともらしく聞こえるであろう．しかし，関係 (3) の左辺も存在しないし，右辺も存在しない．そうすると，(3) は存在しない値と存在しない値との間の等式関係であって，それ自身無意味な関係である．したがって，(3) が成り立つとするも，成り立たないとするも，現実には少しもさしつかえない．このようなものを形式論理に従って追究しようとすることは，まさに論理の「ケイガイ化」にすぎないもので，なんらの実りも期待されないであろう．このようなものにこだわる教科書はおそらく関数の定義域をおき忘れた，いわば現代化以前のものであろう．わたくしたちは，そのような実りのない論議にかかわらないで，定義域での連続についてのみ語ることにしたわけである．

——いままでの説明は納得できるけれど，連続な関数のグラフが連続していない（連結でない）ということは，なにかしら割り切れない感じがしてならないのであるが……

いままでは定義域そのものを問題にしていないからであろう．上にしばしば引用した関数

(1)の定義域は，数直線 R から点 0 を取り除いたもので，二つの互いに素な——共通集合が空であるような——開いた半直線（無限開区間）$(-\infty, 0)$ と $(0, \infty)$ との和集合であって，連結ではない．このように連結でない定義域の像としての関数のグラフが連続していない（連結でない）のはあたりまえのように思われるではないか．関数 (1) の代わりに，関数

$$f(x) = \frac{1}{x} \quad (x > 0) \tag{4}$$

を考えると，このときの定義域は半直線 $(0, \infty)$ であって連結であり，また，関数自身は連続である．このときは関数 (2) のグラフは連続している（連結である）（図 2）．

——連続している（連結である）という表現がたびたび出たが，わかるような気もするけれど，正確にはどのように定義されているのか．

「連結である」は位相的用語であるが，「連続している」はここだけの話しでの俗語である．数直線 R 上で，二つ（以上有限個）の互いに素な開区間または閉区間の和として表わされない集合は連結である．たとえば，半直線 $(0, \infty)$, 開区間 (a, b), 閉区間 $[a, b]$ は R で連結である．一般的な定義は位相的なので，ここでは割愛することにしよう．

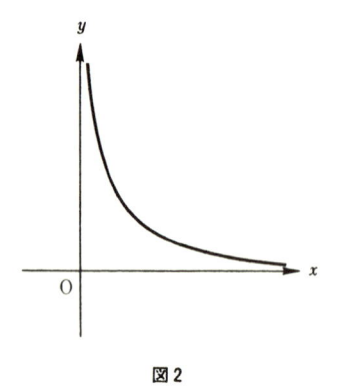

図 2

3. ε-δ 論法の形式から位相的表現に

——ここで，本論に立ちもどって，関数の連続であることを ε-δ 論法ではどのように取り扱われるか．

関数 $f: D \to R$ が D の点 a で連続であることは，関係

$$\lim_{x \to a} f(x) = f(a) \tag{2}$$

が成り立つことであるから，ε-δ 論法で表現すると，任意の正の数 ε に対して，関係

$$0 < |x-a| < \delta \text{ ならば } |f(x)-f(a)| < \varepsilon \tag{5}$$

が成り立つように，正の数 δ をとることができることである．ここで，単なる極限の場合と異なって，点 a は定義域 D の点であるから，関係 (5) の代わりに，関係

$$|x-a| < \delta \text{ ならば } |f(x)-f(a)| < \varepsilon \tag{6}$$

をとって考えてもよい．というよりは，この後者の形式によるのがふつうである．

極限の ε-δ 論法が位相的表現によって述べられることに対応して，関数が連続であることも位相的表現によって述べることができる．まず，関係 (6) は次のように述べられる．関係 (6) の「$|x-a|<\delta$ ならば」は「x が点 a の δ 近傍 $N(a, \delta) = \{x ; |x-a|<\delta\}$ に属するならば」と述べられ，「$|f(x)-f(a)|<\varepsilon$」は「$f(x)$ が点 $f(a)$ の ε 近傍 $N(f(a), \varepsilon) = \{y ; |y-f$

$(a)|<\varepsilon\}$ に属する」と述べられる．したがって，関係 (6) は

「x が点 a の δ 近傍 $N(a,\delta)$ に属するならば，その対応する関数値 $f(x)$ は点 $f(a)$ の ε 近傍 $N(f(a),\varepsilon)$ に属する」

のように述べられる．このことがらは，集合の記号 ∈ ——元が集合に属する記号——を利用すると

$$x \in N(a,\delta) \text{ ならば } f(x) \in N(f(a),\varepsilon) \tag{7}$$

のように表わされる．さらに，$N(a,\delta)$ の元 x の像 $f(x)$ の全体の集合を記号 $f(N(a,\delta))$ で表わすことにすると，すなわち，$f(N(a,\delta))=\{f(x); x \in N(a,\delta)\}$ とすると，(7) は

$$f(N(a,\delta)) \subset N(f(a),\varepsilon) \tag{8}$$

のように表わされる（図3）．ここで，いままでのことをまとめると，関数 $f: D \to \boldsymbol{R}$ が D の点 a で連続であること

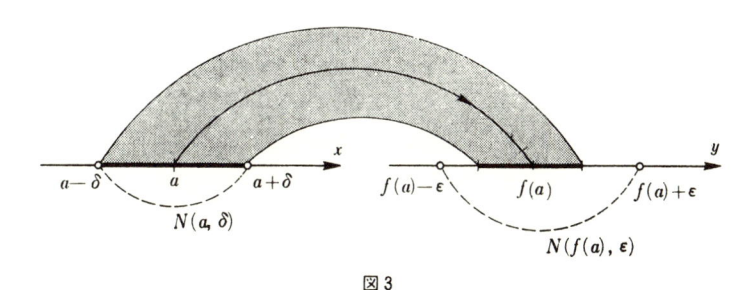

図3

は，任意の正の数 ε に対して，関数 (7) または (8) が成り立つように，正の数 δ をとることができることである．

――大へん興味をそそられることであるが，初学者にとっては少しく重苦しい感じがしないでもない．もっと図形的・直観的な見方で表現できないものか．

いかにも初学者にとっては重い感じがするすることもあるかもしれない．ただ，これが理解をすすめるべき方向であるということを銘記しておいてほしい．そこで，図3を見直すことにしよう．$f(a)$ の ε 近傍 $N(f(a),\varepsilon)$ の ε は任意に小さくとってよいし，それにともなって a の δ 近傍 $N(a,\delta)$ の δ を十分小さくさえすればよい．それで，$f(a)$ の近傍 $N(f(a),\varepsilon)$ をいくら小さくとっても，a の十分小さい近傍 $N(a,\delta)$ をとりさえすれば，近傍 $N(a,\delta)$ の像 $f(N(a,\delta))$ が $f(a)$ の近傍 $N(f(a),\varepsilon)$ に含まれるとき，関数 $f: D \to \boldsymbol{R}$ の点 a で連続であるというわけである．図3をながめながらこのように述べてゆけば，もっと図形的・直観的にとらえ易くなるであろう．

――ところで，関数 f の定義域 D が閉区間 $I=[\alpha,\beta]$ に一致し，点 a が区間 I の端点，たとえば，左端であるときは，a の δ 近傍 $N(a,\delta)$ の像ということは，おかしいように思われるが…

いかにもそのとおり．この場合には，近傍 $N(a,\delta)$ の像の代わりに，近傍 $N(a,\delta)$ と定義域 D との共通集合の像をとることになる（図4）．したがって，(8) の代わりに

$$f(N(a,\delta)\cap D)\subset N(f(a),\varepsilon) \qquad (8')$$

とすればよい．しかし，点 a が定義域 D の内点である場合には，δ を $\beta-a$，$a-\alpha$ より小さくとればよいから，問題はない（図5）．

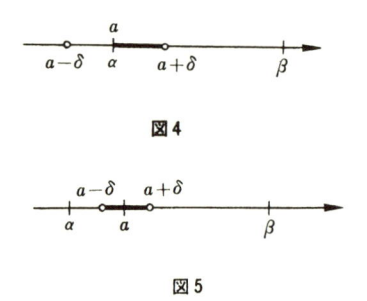

図4

図5

4. 位相的表現の効能は

——関数の連続を位相的表現に移すと，大へん目うつりがよく，直観的にとらえ易くなることは確かであるが，それだけの効果なのか．

もちろん，目うつりがよく，直観的にとらえ易くするということもねらいの一つではあるが，それよりももっと幅広いことをねらいにするのである．簡単な場合としては，2変数関数 $f(x,y)$ の連続の問題にまで拡張することをねらいにするのである．

——2変数関数 $f(x,y)$ の連続というと，二つの変数 x,y が独立に変動するとき，x,y についての連続ということを問題にするわけであるか．

そのように x,y を独立に変動させて，x,y についての連続ということをはじめから考えると，とかくめんどうなことに立ちいることになって，しかも，それでは実りの乏しい結果に陥るおそれがある．x,y を分離して考える代わりに，x,y の組としての (x,y) を考えて，これを座標平面 $\boldsymbol{R}^2$ の点または2次元ベクトル（平面ベクトル）として考えてゆくのである．こうして考えると，D で定義された2変数関数 $f(x,y)$ は $\boldsymbol{R}^2$ の部分集合 D から $\boldsymbol{R}$ への写像としてとらえられる．すなわち

$$f\colon D\to \boldsymbol{R}$$

または

$$f\colon (x,y)\mapsto z \quad ((x,y)\in D,\ z\in \boldsymbol{R})$$

として考えられる．こうしておいて，D の点 $P(a,b)$ での連続ということを考えることにする．

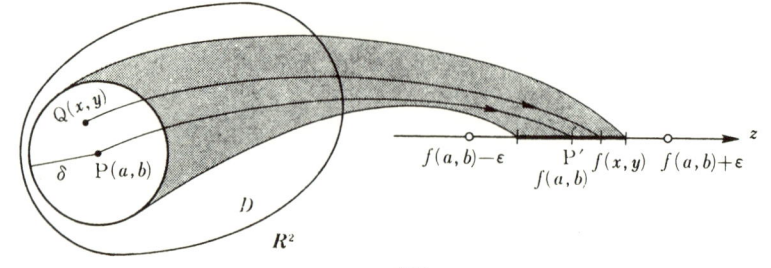

図6

1変数関数 $f(x)$ の場合にならって，次のように述べることにする．$\boldsymbol{R}$ の点 $\mathrm{P}'(f(a,b))$ の近傍 $N(f(a,b),\varepsilon)$ をいくら小さくとっても，点 $\mathrm{P}(a,b)$ の十分小さい近傍 $N((a,b),\delta)$ をとりさえすれば，近傍 $N((a,b),\delta)$ の像 $f(N((a,b),\delta))$ が点 $\mathrm{P}'(f(a,b))$ の近傍 $N(f(a,b),\varepsilon)$ に含まれるとき（図6），関数 $f:D\to\boldsymbol{R}$ は点 $\mathrm{P}(a,b)$ で連続であるという．ここで，$\boldsymbol{R}^2$ で点 $\mathrm{P}(a,b)$ の δ 近傍 $N((a,b),\delta)$ とは，点 $\mathrm{P}(a,b)$ からの距離 $\overline{\mathrm{PQ}}$ が δ より小さいような点 $\mathrm{Q}(x,y)$ の全体の集合の意味である．すなわち

$$N((a,b),\delta)=\{\mathrm{Q}(x,y)\in\boldsymbol{R}^2;\overline{\mathrm{PQ}}<\delta\}$$

また，点 $\mathrm{P}(a,b)$ と点 $\mathrm{Q}(x,y)$ との距離 $\overline{\mathrm{PQ}}$ は

$$\overline{\mathrm{PQ}}=\sqrt{(x-a)^2+(y-b)^2} \tag{9}$$

によって与えられる．

上に述べたように，近傍という位相的なアイデアと用語を用いると，関数の連続に関しては，1変数関数の場合にも2変数関数の場合にも共通しての取り扱いをすることができる．そればかりではない．2変数より多い変数の関数の場合にまで拡張してゆくことができる．たとえば，3変数関数 $f(x,y,z)$ は $\boldsymbol{R}^3$ の部分集合 D から $\boldsymbol{R}$ への写像としてとらえられる．D の点 $\mathrm{P}(a,b,c)$ での f の連続であることは次のように述べられる．$\boldsymbol{R}$ の点 $\mathrm{P}'(f(a,b,c))$ の近傍 $N(f(a,b,c),\varepsilon)$ をいくら小さくとっても，点 $\mathrm{P}(a,b,c)$ の十分小さい近傍 $N((a,b,c),\delta)$ をとりさえすれば，近傍 $N((a,b,c),\delta)$ の像 $f(N((a,b,c),\delta))$ が点 $\mathrm{P}'(f(a,b,c))$ の近傍 $N(f(a,b,c),\varepsilon)$ に含まれるとき，関数 $f:D\to\boldsymbol{R}$ は点 $\mathrm{P}(a,b,c)$ で連続であるという．ここでも，$\boldsymbol{R}^3$ で点 $\mathrm{P}(a,b,c)$ の δ 近傍 $N((a,b,c),\delta)$ とは，点 $\mathrm{P}(a,b,c)$ からの距離 $\overline{\mathrm{PQ}}$ が δ より小さいような点 $\mathrm{Q}(x,y,z)$ の全体の集合の意味である．すなわち

$$N((a,b,c),\delta)=\{\mathrm{Q}(x,y,z)\in\boldsymbol{R}^3;\overline{\mathrm{PQ}}<\delta\}$$

また，点 $\mathrm{P}(a,b,c)$ と点 $\mathrm{Q}(x,y,z)$ との距離 $\overline{\mathrm{PQ}}$ は

$$\overline{\mathrm{PQ}}=\sqrt{(x-a)^2+(y-b)^2+(z-c)^2} \tag{10}$$

によって与えられる．1変数関数の場合と異なるのは，距離 $\overline{\mathrm{PQ}}$ がそれぞれ (9) および (10) によって与えられることだけである．他の点に関してはまったく共通しているといえるであろう．このような限りない拡張についてさらに述べることは割愛しよう．

5. なんのための連続か

——高等学校での微分積分では，関数が連続であるかどうかということは問題にならなかったのに，大学の微分積分では最初からやたらに連続のことを問題にするが，それだけの必要と効能があるのだろうか．

高等学校での微分積分では，もっぱら連続な関数だけが対象になるので，関数が連続であるかどうかということはことさら語る必要もない．つまり，関数といえば連続な関数を意味する

もので，連続という用語を使う必要もおこらないわけである．ところが，大学の微分積分では，必ずしも連続でないような関数を取り扱わねばならない場面に出会うことになる．そのほかに次のような事情も考えなければならなくなってくる．高等学校の微分積分では，論証のプロセスに無意識であるような部分がよく見出される．このような論証のプロセスを意識することなくすすめることは，プリミティブそのままであって，それだけではすすんだ論証にまで高めることは期待されないであろう．

——そこで，論証のプロセスに無意識であるような部分というのは，具体的に示すとどういうことなのか．

たとえば，微分公式について説明してみよう．

「関数 f, g は，点 a で微分可能ならば，積 fg もまた点 a で微分可能で，関係式

$$(fg)'(a) = f'(a)g(a) + f(a)g'(a) \tag{11}$$

が成り立つ．」

この定理の証明は高等学校の数学 II B にも見出されるはずである．その線に沿って述べると

$$(fg)(a+h) - (fg)(a) = f(a+h)g(a+h) - f(a)g(a)$$
$$= f(a+h)g(a+h) - f(a)g(a+h) + f(a)g(a+h) - f(a)g(a)$$
$$= \{f(a+h) - f(a)\}g(a+h) + f(a)\{g(a+h) - g(a)\}$$

ここで，h で割って，$h \to 0$ とするときの極限をとると

$$\lim_{h \to 0} \frac{(fg)(a+h) - (fg)(a)}{h} = \lim_{h \to 0} \left\{ \frac{f(a+h) - f(a)}{h} g(a+h) + f(a) \frac{g(a+h) - g(a)}{h} \right\}$$

$$\stackrel{?1}{=} \lim_{h \to 0} \left\{ \frac{f(a+h) - f(a)}{h} g(a+h) \right\} + \lim_{h \to 0} \left\{ f(a) \frac{g(a+h) - g(a)}{h} \right\}$$

$$\stackrel{?2}{=} \lim_{h \to 0} \frac{f(a+h) - f(a)}{h} \lim_{h \to 0} g(a+h) + f(a) \lim_{h \to 0} \frac{g(a+h) - g(a)}{h}$$

$$\stackrel{?3}{=} f'(a)g(a) + f(a)g'(a)$$

これで，公式 (10) が証明されたわけであるが，疑問符？のついた等式＝の成立について考え直してみるべきであろう．？1 と？2 のついた等式＝はいわゆる極限の基本的定理 [p. 27] によって保証されるものである．？3 のついた等式＝は関係式

$$\lim_{h \to 0} g(a+h) = g(a)$$

を利用しているのであるが，これは関数 g が点 a で連続であることを示すにすぎない．このことは次の定理の結果である．

「関数 f は，点 a で微分可能であるならば，点 a で連続である．」

このような事情は，微分公式

$$(f/g)'(a) = \frac{f'(a)g(a) - f(a)g'(a)}{\{g(a)\}^2} \tag{12}$$

の証明にも同じように見出されるであろう.

　高等学校数学で関数を写像としてとらえるといっても, 現実に見られる関数は具体的な関数であって, 関数をオイラー流儀に「解析的式」として考えてみても, 困るようなことがらには出会わなかったことかもしれない. しかし, 関数を写像としてとらえるとなると, 事情はおのずから異なってくる.「解析的式」が, explicitly には表明されてはいないが, 無意識的にも連続関数を指しているのに対して, 写像は連続というアイデアを少しも含んでいない. このことは写像の学習のはじめに展示されたいろいろの例題を想起してみればおのずから明らかであろう. わたくしたちのプリミティブな関数のアイデアは写像に連続というアイデアを付与してみてはじめて身近なものが再生されるわけである. 写像としての関数の微分積分を掘り下げてゆくとき, 連続のアイデアは回避することができないであろう.

5

論理記号 ∀ と ∃

微分積分入門の教科書に，記号 ∀, ∃ が初めから出ているために，戸まどいを感ずるのであるが，これらは微分積分のマスターにぜひとも必要なものであろうか．

1. 記号 ∀, ∃ の由来

——このごろの微分積分入門の教科書では，よく論理記号 ∀ と ∃ が使われているが，初学者としては抵抗を感じないわけにはいかない．微分積分入門の学習に論理記号 ∀ と ∃ が必要なものか．

論理記号 ∀ と ∃ が微分積分入門の学習に必要なものならば，心情的な抵抗を排してもマスターする必要があるであろう．ところが，**微分積分入門の教科書の全部がこれらの論理記号を導入しているわけでもなく，そしてそれで困ることもないところからみると，絶対必要とはいい難い**ことであろう．

——それならば，なぜ，微分積分入門の教科書は論理記号 ∀ と ∃ をトップから採り入れたり，大学教官は微分積分入門の講義にこれらの論理記号を使いまくって，わたくしたち読者や学生を悩ますのだろうか．

おそらくは悩ますためではなく，論理を 明快・簡潔 にすすめようという善意からそうしたはずです．論理記号に慣れている大学教官にとっては自国語同然であっても，はじめての 読者や学生にとっては 外国語のようなものであろう．外国語まじりで新しい数学を読まされたり聞かされたりしたのでは，抵抗を感ずることであろう．著者や大学教官にしてみれば，事志とたがうということになったのでしょう．

——論理記号 ∀ と ∃ が論理を 明快・簡潔 にするということは，どういうことなのか．

ふつうの話し言葉で書かれた文章では，使われる言葉の意味の多様性，あいまいさ，ニュアンスのちがいがしばしば論理を不透明にする．このような事情については，17世紀にすでに，微分積分の創始者の1人である**ライプニッツ**(G. W. Leibniz)の関心するところとなって，論理の記号化が企てられたことは有名である．この企てはライプニッツ自身によって果されなかったが，20世紀になってから**ラッセル**(B. Russel)と**ホワイトヘッド**(A. N. Whitehead)の共著「数学原理」Principia Mathematica という3巻の大著によって果されたのである．しかし，この大著は，大学の図書館でちょっとのぞいてみればわかることだが，記号の連続のみであって，内容のイメージをつくるどころではない．わたくしたちの当面の問題

としては行き過ぎとなるであろう.

――それよりは，当面の ∀ と ∃ の由来について説明してほしい．

具体的なことがらからはじめることにしよう．たとえば，x が a に限りなく近づくときの関数 $f(x)$ の極限が l であること，すなわち，関係

$$\lim_{x \to a} f(x) = l \tag{1}$$

が成り立つことは，ε-δ 論法によると，任意の正の数 ε に対して，適当な正の数 δ をとると，関係

$$0 < |x-a| < \delta \quad \text{ならば} \quad |f(x)-l| < \varepsilon \tag{2}$$

が成り立つことである．ここに書かれた文章は本来の日本語というべきではなく，むしろホンヤク語というべきであろう．そこで，このホンヤク語の原文となるべき英語文を示すと

For any positive ε there exists a positive δ such that

$$0 < |x-a| < \delta \quad \text{implies} \quad |f(x)-l| < \varepsilon \tag{3}$$

となる．ここで，any を ∀，exists を ∃ で略記号し，さらに，imply (-ies) を ⇒ で表わすことにすると，上の英語文は

$$\forall \varepsilon > 0 \ \exists \delta > 0 \quad 0 < |x-a| < \delta \Rightarrow |f(x)-l| < \varepsilon \tag{4}$$

のように略記される．これで，論理記号 ∀, ∃ への first step がふみ出されたわけである．

2. 略記号からの脱皮へ

――してみると，論理記号 ∀ と ∃ はそれぞれ any, exists の簡略の記号として考えてよいわけか．

いや，∀ と ∃ は簡略の記号としてはじまったというべきであろう．それだけならば，論理記号とよぶ由来がいっこうに明らかになっていないであろう．とにかく，自分だけのノートに for any, there exists と書く代わりに，簡略の記号として ∀, ∃ と書いたり，特定の内輪の小グループのセミナーで黒板に同じ簡略の記号 ∀, ∃ を書いたりすることは自由であろう．しかし，公的な場面で同じような考えで簡略の記号 ∀, ∃ を承認されたものかのように使いまわすことは厳に戒しめなければならないであろう．

――公的な場面で簡略の記号 ∀, ∃ を使いまわすことを厳に戒しめなければならないとはどうしてか．

完全な文章ならばもちろん問題はないのであるが，簡略の記号 ∀, ∃ の入りまじった文章では，∀, ∃ についての協定(申合せ) convention をあらかじめ明確にしておかなければならない．さもない限り，文章を述べてゆく際に，聞き手の側における正しい論理的理解や承認を得られないばかりでなく，語り手においても使用の誤りを犯す危険にさらされるであろう．

記号 ∀, ∃ についての協定(申合せ)が明示されてはじめて，これらの記号を**論理記号**とよぶことになり，このときの協定を論理記号についての文法というわけである．これで，∀ と ∃ は

「簡略の記号としてはじまった」と上に述べたことの意味が明らかになったことであろう.

——簡略の記号としてはじまった記号 ∀, ∃ についての協定(申合せ)はどのようにしてなされるのか.

それには, なによりも論理や命題について, 原点に立ちもどって考察してみなければならないであろう. ここで, わたくしたちが取り扱う命題というのは, 余りにも抽象的な命題を指すつもりではなく, ある集合 X の元 x に関する文章 sentence, statement であって, この命題が X の個々の元 x に対して真であるか偽であるかが判断しうるものとする. たとえば, 集合 X は自然数全体の集合, すなわち, 自然数系 N とし, X の元 x, すなわち, 自然数 x について, 不等式

$$2 < x < 6 \qquad (5)$$

が成り立つことの命題を考えることにしよう. ここで, わたくしたちの考察を一般化するために, (5) のような関係式や性質(条件)を抽象的に

$$x \text{ は } p \text{ である} \qquad (6)$$

または

$$x \text{ は性質(条件) } p \text{ をもつ} \qquad (6')$$

と述べることにする. さらに, (6) または (6') は $p(x)$ のように記号化することにする.

ところで, 記号化された命題 $p(x)$ は X の個々の元 x に対して真または偽となるものとする. たとえば, 上にあげた特別の場合, すなわち, $X = N$, 命題 (5) の場合には, $x = 3, 4, 5$ に対しては真であるが, それ以外の x の値に対しては偽である. このように, 集合 X の個々の元 x に対して真または偽となるような命題 $p(x)$ を集合 X で定義された**命題関数**とよぶことにしよう. このときまた, $p(x)$ が真となるような元 x 全体の集合を $p(x)$ の**真理集合**といい, 記号 $\{x \in X; p(x)\}$ で表わす. たとえば, 上にあげた場合, すなわち, $X = N$, 命題 (5) の場合には, 真理集合は

$$\{x \in N; 2 < x < 6\} = \{3, 4, 5\}$$

である.

ここで, 話の途中になるのであるが, 特に強調しておきたいことがある. 命題関数 $p(x)$ について語るとき, 性質(条件) p それ自身もわたくしたちの重大関心ではあるが, それよりもまず, p が語られている場面の明示, すなわち, 集合 X の明示ということが最大の関心事である. 集合 X はわたくしたちのディスカッションの場であり, 考察の舞台であって, 明確に意識されかつ表示されねばならない. このときの集合を universal set とよんでいるが, 訳語としては「普遍集合」または「母集合」としたらよいかと思う.

——「全体集合」という用語を見かけるが, 同じことか.

いかにも,「全体集合」も universal set の訳語の一つではあるが, 正しいイメージを伝えないように思われるので, 必ずしも歓迎されていない. 旧式の教科書では, universal set についての意識が欠けていたり, ちょっとは申し訳的に述べてみるけれども, その後では忘れ去られたかのようである. そのために, 始末のわるいあいまいさやパラドックスみたいなものが

おこるわけである．これでは，現代数学からはほど遠いものというよりほかはないであろう．

universal set はわたくしたちのディスカッションのための舞台であって，あるテーマの追求のためには，ただ一つの universal set で十分のこともあり，いくつかの universal set が必要になることもある．ただ一つの universal set で十分の場合には，いちいち universal set をいい立てる必要もないので，しばしばその呼び名を省くこともある．

3. 論理記号としての協定（申合せ）の規定

——前置きが大へん長くなったようであるが，早く本論に立ちもどって，∀, ∃ がどのようにして論理記号に脱皮してゆくのかを明らかにしてほしいが……

では，本論にもどることにしよう．$p(x)$ は集合 X で定義された命題関数とする．「X の任意の（すべての）x に対して，x は p である」という命題は，「X の任意の（すべての）元 x に対して，$p(x)$ は真である」ともいい表わされるが，英語文にすると

　　For any (all) $x \in X$ $p(x)$ is true.

のようにいい表わされる．他方，真理集合の用語を用いると，このことは，$p(x)$ の真理集合が universal set X に一致することを意味するから，関係

$$\{x \in X ; p(x)\} = X \tag{7}$$

が成り立つことと同値である．このことがらを記号

$$\forall x \in X \ p(x) \tag{8}$$

で表わすことになる．このような命題を**全称命題**といい，記号 ∀ を**全称記号**という．

——それだけのことならば，いろいろと廻り道をしたにしては変わりばえしないように思われるが，(8) は上の英語文の簡略ともみられるではないか．

いかにも，そうみればそうともとられるであろう．しかし，いまや (8) は集合関係 (7) によって規定されているのである．これが記号 ∀ に対する協定（申合せ）を集合関係 (7) によって表現したものとみるべきである．ふつうの文章では，「任意の」(any)，「すべての」(all)，「おのおのの」(each)，「あらゆる」(every) はニュアンスとともに，使い方も少しく異なっているのであるが，論理記号 ∀ はこれらのいずれにかあたるというよりは，これらのそれぞれの特色にかかわらずに，ただ集合関係 (7) によって規定されているとだけ考えればよい．ふつうの文章の中で，「任意の」(any) とあっても，それだけでただちに論理記号 ∀ を用いてよいとは断言できない場合もおこりうる．少し前に，簡略の記号として ∀, ∃ を使いまわすことを厳に戒めなければならない，といったのはこの点に関することである．

——では，次に論理記号 ∃ については……

前と同じようにして，集合 X で定義された命題関数 $p(x)$ について，「x が p であるような X の元 x が存在する」という命題は，「$p(x)$ が真であるような X の元 x が存在する」ともいい表わされるが，英語文にすると

There exists an $x \in X$ such that $p(x)$ is true.

のようにいい表わされる．他方，真理集合の用語を用いると，このことは，$p(x)$ の真理集合が空集合 ϕ でないことを意味するから，関係

$$\{x \in X; p(x)\} \neq \phi \tag{9}$$

が成り立つことと同値である．このことがらを記号

$$\exists x \in X \ p(x) \tag{10}$$

で表わすことにする．このような命題を**存在命題**といい，記号 $\exists$ を**存在記号**という．

——存在命題や存在記号の代わりに，**特称命題**や**特称記号**という用語を見かけたことがあるが，どうして2とおりの呼び方がされるのか．

上にあげた命題はまた，「X のある元 x は p である」や「X のある元 x に対して，$p(x)$ は真である」ともいい表わされ，さらに英語文にすると

For some $x \in X \ p(x)$ is true.

のようにもいい表わされる．これは結局関係 (9) と同値である．このような英語文の表現からわかることは，*all* (*any*) に対して *some* となるので，全称に対して特称という表現が発生してくるわけであろう．ついでのことであるが，全称記号と特称記号とを総称して**限定記号**または**量記号**という．

これで，簡略の記号としてはじまった記号 $\forall, \exists$ は関係 (7), (9) によって規定されることによって，論理記号としての協定(申合せ)が付与されたわけである．

4. 論理記号としての機能は

——記号 $\forall, \exists$ に対しての協定(申合せ)は明確に規定されたことはたしかであるが，明確にされたのは表現記号としてであって，論理の機能がまだはっきりさせられていないので，論理記号とよぶのはどんなものであろうか．

これは手厳しい批判である．たしかにそのとおりと申すよりほかはない．それにはまず，命題の否定を採り上げねばならないのであろう．$p(x)$ の否定を $\sim p(x)$ で表わすことにすると，X のおのおのの元 x に対しては，$p(x)$ と $\sim p(x)$ とは，いずれか一方が真で他方が偽であって，同時に真であったり，同時に偽であったりすることはありえない．したがって，$p(x)$ の真理集合と $\sim p(x)$ の真理集合とは互いに補集合である．このことがらは

$$\{x \in X; p(x)\}^c = \{x \in X; \sim p(x)\} \tag{11}$$

のように表わされる．ここで，M^c は M の補集合であることを表わす(^{c} は complement「補集合」の略)．

次に，全称命題

$$\forall x \in X \ p(x) \tag{8}$$

の否定はどうなるのか．この命題が関係

$$\{x \in X; p(x)\} = X \tag{7}$$

と同値であるから，(8)の否定は(7)の否定，すなわち，関係

$$\{x \in X; p(x)\} \neq X \tag{12}$$

と同値である．(12)はまた関係

$$\{x \in X; p(x)\}^c \neq X^c \tag{12'}$$

と同値である．ところが，$X^c = \phi$ という関係と(11)とによって，(12') は

$$\{x \in X; \sim p(x)\} \neq \phi \tag{13}$$

のように書き表わされる．これは

$$\exists x \in X \ \sim p(x) \tag{14}$$

そのものである．これによって，全称命題(8)の否定は特称命題(14)によって与えられることがわかった．このことがらを

$$\sim \forall x \in X \ p(x) = \exists x \in X \ \sim p(x) \tag{15}$$

で表わすことにしよう．

　関係(15)は，ふつうの文章でいうと，「X のすべての元 x に対して，x は p である」という命題の否定は，「p でないような X の元 x が存在する」または「X のある元 x に対しては，x は p でない」という命題になることを示す．

　——それだけのことならば，わざわざ論理記号などをもち出してこなくとも，ふつうの推論で十分ひき出せることではないか．

　そういわれると，たしかにそのとおりであるが，そう簡単にいい切ってしまっては，身もふたもなくなってしまう．もう少し待ってもらいたい．こんどは，特称命題(10)の否定であるが，これも上のようにしてもよいであろう．しかしまた，すでに確立された関係(15)を利用することも数学的展開としては意味の深いものである．関係(15)で，$p(x)$ の代わりに $\sim p(x)$ でおきかえると

$$\sim \forall x \in X \ \sim p(x) = \exists x \in X \ \sim(\sim p(x))$$

となる．ここで，同値関係 $\sim(\sim p(x)) = p(x)$ を利用すると

$$\sim \forall x \in X \ \sim p(x) = \exists x \in X \ p(x)$$

ここでまた，両辺の否定をとって，命題 P についての同値関係 $\sim(\sim P) = P$ を利用すると，関係

$$\sim \exists x \in X \ p(x) = \forall x \in X \ \sim p(x) \tag{16}$$

が導かれる．

　関係(16)は，ふつうの文章でいうと，「x が p であるような X の元 x が存在する」という

命題の否定は，「Xのすべての元xに対して，xはpでない」という命題になることを示す．こう解説すると，(15)の場合と同じように，わざわざ論理記号などといい立てる必要はないではないかと反論をされそうであるが，しばらくの忍耐が欲しい．

5. 単なる表現記号から演算記号への進化

——$\forall$と$\exists$を単に簡略の記号としてやたらに使いまわすことは厳に戒しめなければならないこともわかったが，さりとて，$\forall, \exists$に論理記号としての協定(申合せ)を確立することに骨折ってみても，いっこうに骨折り甲斐がないように思われてならないのであるが……

そう思うのも止むをえないことであろう．universal set がただ一つの場合には，$\forall$と$\exists$は，簡略の記号としても論理記号としても，わざわざ使うほどの効能は見出されないであろう．否，むしろ無くもがな，といいたいところである．効能が期待されるのは，二つ以上の universal set の場合であろう．

二つの universal set X, Y が与えられているとき，X, Y の直積集合 $X \times Y = \{(x, y) ; x \in X, y \in Y\}$ で定義された命題関数 $p(x, y)$ を考えよう．すなわち，$p(x, y)$ は $X \times Y$ の各元 (x, y) に対して真であるか偽であるかのいずれかであるとする．$p(x, y)$ について，わたくしたちが特に関心をもつ命題は

$$\forall x \in X \; \exists y \in Y \; p(x, y) \tag{17}$$

および

$$\exists x \in X \; \forall y \in Y \; p(x, y) \tag{18}$$

の二つである．

(17)を英語文でいい表わすと

  For any (all) $x \in X$ there exists a $y \in Y$ such that $p(x, y)$ is true.

となり，ホンヤク語では「Xの任意の元xに対して，$p(x, y)$ が真となるようなYの元yが存在する」のように表わされる．簡単な例示のために，$X = \{x_1, x_2, x_3, x_4, x_5\}$，$Y = \{y_1, y_2, y_3, y_4\}$ とすると，$X \times Y = \{(x_i, y_j) ; x_i \in X, y_j \in Y\}$ となる．図1で，$p(x_i, y_j)$ が真であるときは点 (x_i, y_j) を○で表わし，偽であるときは●で表わすと，(17)は縦線のおのおのの上には○が存在することによって表示される．

次に，(18)を英語文でいい表わすと

  There exists an $x \in X$ such that for all $y \in Y$ $p(x, y)$ is true.

となり，ホンヤク語では「Yのすべての元yに対して，$p(x, y)$ が真となるようなXの元xが存在する」のように表わされる．（これでは余りわかりよいとはいえないかもしれな

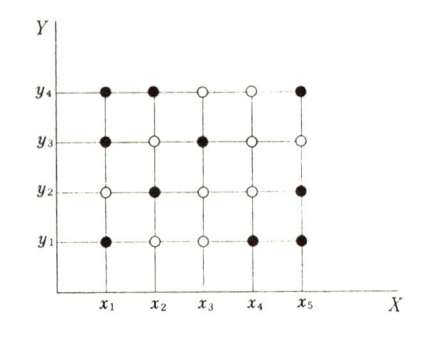

図1

い.）前の場合と同一のuniversal setを使って，同じような符号を利用すると，(18)は，図2である縦線上には○だけが占めるということによって表示される．

問題になるのは，(17), (18)の否定命題をつくることであるが，直接の推理や図解に頼ったのでは，めんどうでもあり，また誤り易い．そこで，すでに確立した公式(15),(16)を繰り返し適用してみるとよい．(17)の否定は

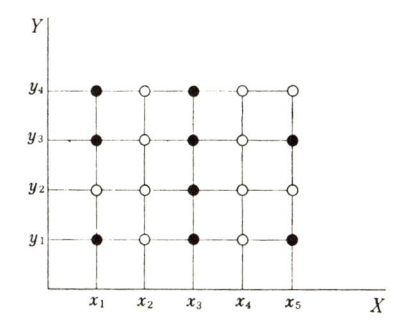

$$\sim[\forall x \in X\ \exists y \in Y\ p(x,y)] = \exists x \in X\ \sim[\exists y \in Y\ p(x,y)]$$
$$= \exists x \in X\ \forall y \in Y\ \sim p(x,y)$$

図2

となるから，公式

$$\sim[\forall x \in X\ \exists y \in Y\ p(x,y)] = \exists x \in X\ \forall y \in Y\ \sim p(x,y) \tag{19}$$

が得られる．同じようにして，(18)の否定として，公式

$$\sim[\exists x \in X\ \forall y \in Y\ p(x,y)] = \forall x \in X\ \exists y \in Y\ \sim p(x,y) \tag{20}$$

が得られる．

これまでみてきたところで明らかになったことは，全称命題，特称命題および全称・特称の複合命題の否定では，記号 ∀ が記号 ∃ に，記号 ∃ が記号 ∀ に，p が $\sim p$ に入れかわってくることである．このような単純な規則は論理記号 ∀, ∃ で表現された文章（命題）に関する文法の一つである．これまでは，一つの universal set X および二つの universal set X, Y の直積集合 $X \times Y$ で定義された命題関数 $p(x)$ および $p(x,y)$ に関するものであったが，三つ（以上）の universal set の直積集合で定義された命題に関しても，同じような規則が容易に展開されることが予想されるであろう．このような場合に対しては，図解や直接の推理に委ねることによってはもはや容易な展開は望み薄となるであろう．

——結論として，何をいおうとしたのか．

記号 ∀, ∃ を論理記号として使うならば，上に述べたように，これらに関する文法を確立してからにせよ．漫然と簡略の記号として使うと，他人には迷惑をかけ，自分自身としても誤りに陥り易い，と警告したかったのである．

6　微分係数

微分係数の定義は簡明であるけれど，その具体的・現実的な意味はどのようなものか．微分係数の別のような定義づけはどうか．関数の近似値との関連はどうか．

1. 平均変化率と変化率は微分係数とはどのようかにかかわっているか

——関数 f の微分係数の話は，しばしば関数の平均変化率や変化率ということからはじまっているが，微分係数という用語がひとたび定義されてしまうと，これらの用語がもはや語られなくなってしまうようである．これらの用語は，微分係数のアイデアの導入のための単なる手段にすぎないものであって，微分係数とはあまりさきざきのつながりをもっていないものとみてよいものか．

あまりつながりをもっていないどころか，微分係数と**変化率**とは同意義とみるべきで，微分係数という呼び名よりも変化率という呼び名のほうがむしろ現実味を帯びてくる場面にしばしば出会うものである．平均変化率も微分の応用の場面ではよく出会うものである．単に微分の定理・公式を述べ，そして証明してゆくという観点のみから考えるならば，これらの用語は無縁のように思われるであろう．しかし，微分係数の意味を掘り下げてみたり，その応用を考えたりするとき，これらの用語が深いつながりをもっていることが見出されるであろう．

——しかし，平均変化率というものは数学的にはどうもはっきりしないようで，なじめないのであるが…

そう感ぜられる面もあることであろう．変数 x が a から $a+h$ まで変化するときの，関数 f の変化の割合

$$\frac{f(a+h)-f(a)}{h} \tag{1}$$

が**平均変化率**であるが，これは，特別の関数の場合を除いては，変数 x の変化 h に依存するものであって，たしかに数学的に確定した意味がないようにも感ぜられるであろう．ところで，除外の特別の関数というのは1次関数

$$f(x)=cx+d \quad (c, d \text{ は定数}, x\in \boldsymbol{R}) \tag{2}$$

だけである．この関数の場合には，明らかに

$$\frac{f(a+h)-f(a)}{h}=c$$

となって，a にも h にも関係しない．これが1次関数のグラフの傾き(勾配)に等しいことはよく知られているとおりである．しかし，1次関数以外の関数の場合には，事情はめんどうである．それだからとて，平均変化率が具体的な意味がないというわけにはいかない．具体的な例としては，関数 f が直線運動での位置を表わすとき，平均変化率

$$\frac{f(a+h)-f(a)}{h}$$

は，時刻の区間 $[a, a+h]$ での**平均速度**とよばれているが，現実の問題で語られている速さとは実はこの平均速度のことをいっている．この平均速度は時刻の変化 h に依存するものであるから，同一の直線運動についても，区間 $[a, a+h]$ での平均速度は一般には確定した意味をもたないことになるであろう．平均速度が時刻 a にも，時刻の変化 h にも関係しないときは，運動は**等速運動**とよばれるが，これはもはや現実的でなく，むしろ理念的なものであり，仮想的または近似的なものとみられるべきである．そこで，$h \to 0$ のときの平均速度の極限

$$f'(a) = \lim_{h \to 0} \frac{f(a+h)-f(a)}{h}$$

は，平均速度に対して a での**瞬間速度**とよばれる．これはまた，数学的に定義された運動の a での**速度**である．

——位置が関数 f で表わされる直線運動の速度 $f'(a)$ は数学的には定義されているが，具体的には平均速度ほどには現実的でないように思われるのであるが…

いかにも，数学的に定義されているからとて，これだけでは必ずしも具体的に理解されないであろう．これに反して，f の微分係数 $f'(a)$ が関数 f のグラフ $C=\{(x, y)|y=f(x)\}$ 上の点 $(a, f(a))$ での接線の傾き(勾配)を表わすということのほうが，具体的であり，また**直観的**に受け容れ易いことであろう．しかし，それだけでは，グラフの接線はグラフにとって何であるのか，という問に対してはなんら答えてはいないであろう．つまり，微分係数 $f'(a)$ の数学的な定義が与えられても，その **具体的・現実的** な意味は自明というわけで**は**なくて，これから追究されるべき課題となるであろう．

2. 近似式との関連

——微分係数の 具体的・現実的 な意味の解明が数学的定義だけからは望めないとすると，どのようにしたらよいのか．

それには，微分係数 $f'(a)$ の意味，すなわち，平均変化率

$$\frac{f(a+h)-f(a)}{h} \tag{1}$$

の極限の意味について，根源にさかのぼって掘り下げてみることが大せつであろう．$h \to 0$ のときの (1) の極限が $f'(a)$ であるから，$|h|$ を十分小さくとると，平均変化率 (1) は微分係数 $f'(a)$ にごく近い値をとる．したがって，十分小さい $|h|$ に対しては，近似式

$$\frac{f(a+h)-f(a)}{h} \fallingdotseq f'(a) \qquad (3)$$

が成り立つ．この近似式を変形すると

$$f(a+h)-f(a) \fallingdotseq f'(a)h \qquad (4)$$

となる．近似式 (4) の誤差を $\eta(h)$ とすると，(4) はまた

$$f(a+h)-f(a) = f'(a)h + \eta(h) \qquad (5)$$

のようにも表わされる．

——近似式 (3) は極限のアイデアからみて容易に納得できるけれど，近似式 (4) は近似的に 0 に等しいもの同志の近似式とみられて，わざわざ述べ立てることの意味がわからないし，誤差 $\eta(h)$ を用いて近似式 (5) に書き直してみただけのことではないか，という印象しか与えられないが…

そういう印象を受けることも無理でないかもしれない．近似式 (4) が，左辺が近似的に 0 に等しく，右辺がまた近似的に 0 に等しいから，成り立つと考えられるならば，問題であろう．それならば，近似式 (4) の代わりに，近似式

$$f(a+h)-f(a) \fallingdotseq 2f'(a)h \qquad (4')$$

または

$$f(a+h)-f(a) \fallingdotseq 3f'(a)h \qquad (4'')$$

が成り立つと考えてもよいわけとなるであろう．そうすると，近似式としてなぜ (4) のみを採り上げて，(4') または (4'') を採り上げないのかということが新しい疑問として提出されてくるであろう．この疑問に答えるには，誤差とは何かということを明らかにしなければならないであろう．誤差を，単に求めるべき値とこれを評価する値との差として考えるだけでは，ことがらの本質を明らかにしえないであろう．

——それでは，誤差をどのようなものとしてとらえたらよいのか．

それには，(5) の両辺を h で割ると

$$\frac{f(a+h)-f(a)}{h} = f'(a) + \frac{\eta(h)}{h}$$

となり，ここで $h \to 0$ とすると，微分係数 $f'(a)$ の定義により，関係式

$$\lim_{h \to 0} \frac{\eta(h)}{h} = 0 \qquad (6)$$

が得られる．この関係式 (6) から関係式

$$\lim_{h \to 0} \eta(h) = 0 \qquad (7)$$

が得られる．ここでわかったことは，$h \to 0$ のとき，$\eta(h) \to 0$ となるばかりでなく，$\eta(h)/h \to 0$ となることである．具体的にいえば，$|h|$ を十分小さくとると，誤差についても $|\eta(h)|$ は十分小さくなり，そればかりでなく $|\eta(h)|$ の $|\eta|$ に対する割合 $|\eta(h)|/|\eta|$ も十分小さくなる．

上のことがらを整理すると，求める値と評価する値との差 $\eta(h)$ は，その絶対値 $|\eta(h)|$ が $|h|$ とともに十分小さくなり，さらに差 $\eta(h)$ と h との比 $\eta(h)/h$ の絶対値 $|\eta(h)/h|$ が十分小さくなるもので，このときに，**誤差**とよばれることになる．このような意味で，近似式 (4) が成り立つものであって，近似式 (4)′ や (4″) は一般には成り立たないのである．

ついでのことに，便利な用語を導入することにする．$h \to 0$ となることをもって，h は**無限小**になるということにしよう．この用語はあまり数学的というわけにはいかない．フランスの数学者たちはよく，par l'abus de langage という．直訳すると，「ことばの乱用（誤用）で」ということであるが，意訳すると「俗に」とでもいうところか．h が「俗に」無限小になるとき，関係式 (6) が成り立つならば，$\eta(h)$ は h に対して「俗に」**高位の無限小**になるといい，このことがらを

$$\eta(h) = o(h) \quad (h \to 0) \tag{8}$$

で表わすことにする．ここで，o は**ランダウ**（E. Landau）**の オー**とよばれ，無限小になる度合を示すものである．そうすると，関係式 (5) は

$$f(a+h) - f(a) = f'(a)h + o(h) \quad (h \to 0) \tag{9}$$

のように表わされる．

3. 微分係数の別な定義づけ

――微分係数 $f'(a)$ の定義から関係式 (9) が導かれることがわかったが，逆に，関係式 (9) によって微分係数 $f'(a)$ が定義づけられることが考えられそうであるが…

いかにもそのとおりである．

――このことは自明のようにも思われるが…

自明と早急に片づけないで，証明してみせることもできるでしょう．それには

$$f(a+h) - f(a) = Ah + o(h) \quad (h \to 0) \tag{10}$$

となるような定数 A をとることができるとしよう．両辺を h で割ると

$$\frac{f(a+h) - f(a)}{h} = A + \frac{o(h)}{h} \quad (h \to 0) \tag{10′}$$

となる．ここで，$h \to 0$ とすると，関係式 (8) により

$$\lim_{h \to 0} \frac{o(h)}{h} = 0 \tag{11}$$

となることから

$$\lim_{h \to 0} \frac{f(a+h) - f(a)}{h} = A$$

とする．したがって，$A = f'(a)$．

これまで述べたことをまとめると，次のように結論される．関数 f が a で微分可能であるとき，すなわち，微分係数 $f'(a)$ が存在するとき，関係式 (9) が成り立つ．逆に，関係式 (10)

が成り立つとき，関数 f は a で微分可能である．すなわち，微分係数 $f'(a)$ が存在する．そして，このときの定数 A は微分係数 $f'(a)$ に一致する．さらにいいかえると，関数 f の a での微分係数 $f'(a)$ は関係式 (9) によって特性づけられることになる．さらに，関数 f の変化 $f(a+h)-f(a)$ は，無限小になる h に対して高位の無限小になる誤差項 $o(h)$ を無視するならば，$f'(a)h$ によって近似される．このときの関数の変化の近似に対する変化率が $f'(a)$ である．ここにまた，関数の変化の近似値および誤差の数学的な意味づけが明確にされている．

これで，前に予想されたとおり，関係式

$$f(a+h)-f(a)=f'(a)h+o(h) \quad (h \to 0) \tag{9}$$

によって，関数 f の a での微分係数の定義の別の形態が得られたわけである．ここに，$o(h)$ は

$$\lim_{h \to 0} \frac{o(h)}{h}=0 \tag{11}$$

によって特性づけられている．またも繰り返しになることであるが，関数 f の変化 $f(a+h)-f(a)$ は，無限小になる h に対して高位の無限小になる誤差項 $o(h)$ を無視するとき，近似的に $f'(a)h$ によって与えられる．近似項 $f'(a)h$ は変数の変化 h に関して**線形**である．すなわち，**同次関係**

$$f'(a)(ch)=cf'(a)h \quad (c \text{ は定数}) \tag{12}$$

および**加法性関係**

$$f'(a)(h_1+h_2)=f'(a)h_1+f'(a)h_2 \tag{13}$$

が成り立つ．ここで，近似項 $f'(a)h$ は変化 $f(a+h)-f(a)$ の**第 1 次線形近似**であるともいわれる．

——話が抽象的になってしまったようでつかみにくいから，具体例をあげてほしいが…

簡単な具体例として，3 次関数

$$f(x)=x^3 \quad (x \in \mathbf{R})$$

をとってみよう．そうすると

$$f(a+h)-f(a)=(a+h)^3-a^3=a^3+3a^2h+3ah^2+h^3-a^3=3a^2h+(3a+h)h^2$$

となるから

$$f'(a)h=3a^2h, \quad o(h)=(3a+h)h^2$$

となり

$$f'(a)=3a^2$$

したがって，十分小さい $|h|$ に対しては，近似式

$$f(a+h)-f(a) \fallingdotseq 3a^2h$$

が成り立つ．そのときの誤差は

$$o(h)=(3a+h)h^2$$

で，明らかに無限小になる h に対しての高位の無限小になることがわかる．

4. 微分係数の具体的・現実的意味

——直線運動での瞬間速度は変位の微分係数として数学的に定義されているが，その具体的・現実的な意味はどんなものか．

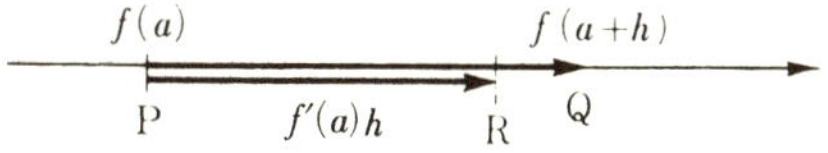

図1

f が直線運動での位置を表わす関数であるとき，時刻 a での位置 $f(a)$ から時刻 $a+h$ での位置 $f(a+h)$ への変位は PQ$=f(a+h)-f(a)$ である(図1)．経過時間 h が微小であるとき，関係式

$$f(a+h)-f(a)=f'(a)h+o(h) \qquad (h\to 0) \qquad (9)$$

が成り立つ．ここで，項 $f'(a)h$ は時刻 a での瞬間速度で微小時間 h に運動したときの仮想的変位で，図1では PR で表わされる．項 $o(h)$ は実際の変位 PQ$=f(a+h)-f(a)$ と仮想的変位 PR$=f'(a)h$ との差であって，図1では RQ で表わされる．十分小さい $|h|$ に対して，項 $o(h)$ は無視しうるほどに絶対値が小さいもので，この意味で変位 PQ$=f(a+h)-f(a)$ は変位 PR$=f'(a)h$ によって近似されるものである．いいかえると，運動 f が等速運動でなくとも，時刻 a では，ごく微小な経過時間内での状態は等速運動とみなしうるもので，そのときの速度が微分係数 $f'(a)$ であるということができる．この速度が瞬間速度とよばれるのもこのためである．

——次に，関数 f の a での微分係数 $f'(a)$ が関数 f のグラフ $C=\{(x,y)|y=f(x)\}$ 上の点 P$(a,f(a))$ での接線の傾き(勾配)であるということを知っている．また，関数 f のグラフ C 上の点 P$(a,f(a))$ での接線は，点 P の隣接の C 上の点 Q が P に限りなく近づくときの，2点 P, Q を結ぶ直線 PQ の極限の位置の直線 PT として定義されていて，その方程式は

$$y-f(a)=f'(a)(x-a) \qquad (14)$$

によって与えられる(図2)．このように，関数のグラフの接線の定義および微分係数のグラフでの意味が数学的に明確にされているのにもかかわらず，グラフの接線がグラフにとって直接的に何であるか，という具体的・現実的な意味についてはいまだに明らかではない．この点については…

これに答えるについても，関係式(9)がキーとなっている．図2で，点 Q の x 座標を $a+h$ とすると，Q, P の y 座標の差は

$$RQ=f(a+h)-f(a)$$

であるが，関係式(9)によって

$$RQ=f'(a)h+o(h)$$

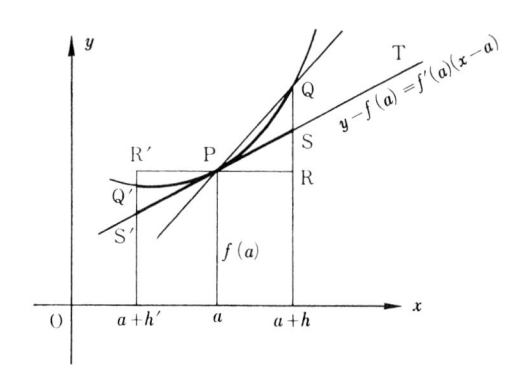

図2

となる．接線 PT と直線 RQ との交点 S の y 座標と P の y 座標の差は
$$RS = f'(a)h$$
であるから，Q, S の y 座標の差は
$$SQ = RQ - RS = o(h)$$
となる．このことによって，十分小さい $|h|$ に対しては，近似式
$$RQ \fallingdotseq RS$$
が成り立つことが導かれる．

　上のことがらは次のようにもいい表わされる．関数 f のグラフ C 上の点 P で接線が引けるとき，点 P のごく近くでは，グラフ上の変化は点 P での接線上の変化によって近似される．すなわち，関数のグラフは，それ自身が直線的でなくとも，接線の引けるような点の近傍では，その接線によって近似されて，局所的に直線的であるとみなされる．ギリシャのむかし，**プラトン**（Platon）たちのアカデミー派が円のいかに小さい部分でも直線と一致することはないとして，円（一般に曲線）を直線的なものから絶望的に峻別した考え方を思うと，大へんなへだたりが感ぜられるであろう．ギリシャの数学が有限の数学であったのに対して，微分積分は無限小に関する数学であることを思いおこせばよいであろう．

　——続いて，関数 f と微分係数 $f'(a)$ とのつながりについて，もっと具体的・現実的な意味づけはどんなものか．

　これについては，上に述べた関数 f のグラフ C と接線 PT とのつながりと同じことがいえる．f が a で微分可能であるとき，関係
$$f(a+h) - f(a) = f'(a)h + o(h) \quad (h \to 0) \tag{9}$$
は，$x = a+h$ とおくと，十分小さい $|h| = |x-a|$ に対して，近似式
$$f(x) - f(a) \fallingdotseq f'(a)(x-a) \tag{15}$$
に帰着される．このことがらは，関数 f は，a で微分可能であるとき，a のごく近くでは1次関数

$$g(x)=f(a)+f'(a)(x-a) \qquad (x\in \mathbf{R}) \qquad (16)$$

によって近似されることを示すものである．この1次関数 g は $(a, f(a))$ を $(0,0)$ に移すように変換すると，線形写像

$$L(x)=f'(a)x \qquad (x\in \mathbf{R}) \qquad (17)$$

となる．

このことがらは次のようにもいい表わされる．関数 f は，写像としては非線形写像であっても，a で微分可能であるとき，a のごく近くでは線形写像によって近似される．すなわち，関数は，非線形写像であっても，微分可能であるとき，局所的には線形写像とみなしてよいということができる．

5. 微分 dx, dy の意味

——微分 dx, dy については，教科書は他の部分の理論的証明に示したような明確さを欠いているようで，なんとなくよそよそしく扱っているように感じられるのです．そのせいか，数学的でないように感じられてなじめないのですが…

そういう感銘を受けることも無理からぬことであろう．それなのに，微分 dx, dy は，数学の中でも，微分方程式や微分幾何でどんどん使われているし，物理や工学では日常茶飯事のように使われている．理論的証明にのみに腐心し，微分積分の応用に関心を示さない教科書はとかく微分 dx, dy に対して背を向けるような傾向があるのです．

——教科書批判はそのくらいで割愛するとして，本論に立ちもどって，微分についてどう考えているのかを明確にしてほしい．

上に詳しく述べたように，関数 f のグラフ C は，点 $P(a, f(a))$ で接線が引けるとき，点 P

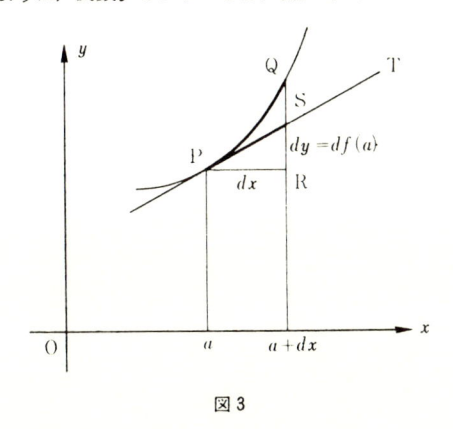

図 3

のごく近くではこの接線によって近似される（図3）．変数 x の変化 h を dx で表わし，変数 x の**微分**ということにし，関数 f の変化の代わりに，接線 PT 上の変化 RS を $df(a)$ で表わし，関数 f の a での**微分**ということにする．関数 f を記号 $y=f(x)$ で表わすとき，f の a

での微分を dy または単に df で表わすことがある．このとき，関係式

$$dy = df = df(a) = f'(a)dx \tag{18}$$

が成り立つ．これまでの説明で容易にわかるように，微分 dx, dy は関数 $y=f(x)$ のグラフ上の点の座標 x, y の変化そのままのものを表わすものではなく，グラフ上の点 $\mathrm{P}(a, f(a))$ での接線上の点の座標の変化を表わすのである．

これまでは，グラフの観点から微分を眺めたのであるが，写像の観点から眺めるとどうなるかをみよう．一般には非線形な写像 f の a での線形近似が $f'(a)h$ であるが，$h=dx$ のとき，これは f の a での微分 $df(a) = f'(a)\,dx$ である．特に，$h=dx$ が無限小になるとき，関係 (18) は

$$\begin{aligned} f(a+dx) - f(a) &= f'(a)\,dx + o(dx) \quad (dx \to 0) \\ &= df(a) + o(dx) \quad (dx \to 0) \end{aligned} \tag{19}$$

のようにも表わされる．

終りに，微分は英語では differential とよばれるが，dx はもともとライプニッツによってラテン語で differentia x (「x の差」) とよばれて，用いられはじめたものである．

7 導関数

導関数は微分係数とは同じもののようでもあり，異なったもののようでもある．その辺のあいまいさからいろいろなくいちがいがおこりかねない．わかりきったことでも少しく掘り下げてみることである．

1. 微分係数と導関数とは異なるものか同じものか

——微分積分の本を見ると，本ごとに微分係数と導関数に対する取り扱いの態度がちがっているので混乱させられる．微分係数と導関数とは異なるものか，それとも同じものかと考えさせられる．節の見出しからして，最初の節が「微分係数」となっているもの，「導関数」となっているもの，「微分係数と導関数」となっているもの，さまざまである．なんとか統一して整理できないものか．

そう思うのも無理からぬことであろう．たしかに，本ごとに取り扱いの態度がちがっているからである．このような事情はむかしからであった．参考のために，2冊ほどの微分積分の古典的なテキストを引用してみよう．

掛谷宗一，微分学（岩波全書9），岩波書店，昭和8年

は名著として年輩の人々に知られている．第四章 微係数 22節 微係数 としてある．内容の一部を抜き書きして現代風に書き直してみよう．

(a, b) 内に一定点 c をとり，もし

$$\lim_{x \to c} \frac{f(x)-f(c)}{x-c}$$

が存在してかつ有限ならば，これを c における $f(x)$ の**微係数**——微分係数をこうもいう——とよび，$f'(c)$ で表わす．$f'(c)$ を求めることを c において $f(x)$ を**微分する**という．（途中略）$x=c+h$ とおけば，微係数は

$$\lim_{h \to 0} \frac{f(c+h)-f(c)}{h}=f'(c)$$

で定義される．（途中略）(a, b) 内のすべての点 c において微係数が存在すれば，<u>$f'(c)$ もまた (a, b) 内の c の関数となる</u>．（アンダーラインは本稿の筆者の付記である．）c の代わりに x を用いれば

$$\lim_{h \to 0} \frac{f(x+h)-f(x)}{h}=f'(x)$$

関数 $f'(x)$ を $f(x)$ の**導関数**という．導関数を表わすにはまた $\dfrac{df(x)}{dx}$，$\dfrac{d}{dx}f(x)$，$D_x f(x)$ 等の記号をも用いる．［抜き書き終る］

このテキストの叙述は巧みであって，よどみがない．次に，大正年代以来の微分積分の名著として知られている

　　　　　竹内端三，高等微分学，裳華房，大正11年

を引用しよう．これは第二章 微分法 14節 微分法 としてある．これについても，抜き書きして現代風に書き直してみよう．

（前略）　$x=a$ における関数 $f(x)$ の**微分商**——微分係数の別名——を表わすに $f'(a)$ なる記号をもってする．すなわち（途中略）

$$f'(a)=\lim_{h\to 0}\frac{f(a+h)-f(a)}{h}$$

と書くことができる．（途中略）　通常取り扱う多くの初等関数についていえば，その関数が連続である変域においては，変数 x のおのおのの値に対してそれぞれ一定の微分商が存在するものである．したがって，それらの微分商はまた変数 x の関数であると考えることができて，この関数を記号 $f'(x)$ で表わし，関数 $f(x)$ の導関数という．もし，$y=f(x)$ とおくときは，$f'(x)$ の代わりに y' と書くことがある：すなわち

$$y'=f'(x)\fallingdotseq\lim_{h\to 0}\frac{f(x+h)-f(x)}{h}$$

である．［抜き書き終る］

このごろの微分積分の教科書の著者たちのほとんどは上記の名著のいずれかの読者であったはずである．それで，たいていの教科書では同じように書かれているはずである．

——いままでの説明では，最初に述べた問題点の解答にはなっていないと思われるが…

いかにもそのとおりであろう．問題は，関数を「解析的式」と考えるか，関数を写像としてとらえるか，いずれの観点に立つかという点にある．関数を写像としてとらえる観点に立つとすると，関数 $f:D\to \boldsymbol{R}$ が D（または D の部分集合 D'）の各点 x で微分可能であるとき，D（または D'）の各点 x に x での微分係数 $f'(x)$ を対応させる写像

$$f':D\to \boldsymbol{R}\quad（または\ D'\to \boldsymbol{R}）$$

が定義される．この写像 f' が f の**導関数**とよばれる．こう定義すれば，ことがらがはっきりするはずである．

2. 導関数の記号からおこるまぎれ

——関数を写像としてとらえる観点に立ってみると，関数の微分係数と導関係の関係がはっきりしてきたように思われる．しかし，そうすると記号 $f'(x)$ は何を意味するかはっきりしなくなるわけである．

そのとおりであろう．関数 f を写像としてとらえる観点に立つと，記号 $f'(x)$ は関数 f の導関数 f' の x での値，すなわち，「導関数値」というわけであるが，$f(x)$ をもって関数記号と

すると，$f'(x)$ は $f(x)$ の導関数を表わすことになる．たいていの場合には，両者の区別をする必要のないことが多いけれど…

——導関数の記号，あるいは，同じことになるが微分する記号には，たとえば

$$f'(x),\ \{f(x)\}',\ \frac{df}{dx},\ \frac{df(x)}{dx},\ \frac{d}{dx}f(x)$$

などさまざまあるが，こんなにたくさん使う必要はないと思うのであるが…

簡単な場合はそのとおりであろう．しかし，少しく複雑な場合にはいろいろな事態が発生するであろう．それでは，一つ反対質問しよう．a, b が定数であるとき

$$f'(ax+b)$$

は何を意味するか明確に答えられるか．これだけの質問では答えにくいかもしれないから，もっと具体的にするために

$$f(x)=e^x \quad (x\in \boldsymbol{R})$$

としてみよう．そうしたときに，記号

$$f'(ax+b)$$

は具体的には何を意味するか．

——ひといきに答えるというように簡単にはいきません．記号 $f(x)$ をどう解するかという観点によって答えがちがうようである．

それなら，それぞれの観点に立って答えてみたらよいであろう．

——では，まず，関数を写像としてとらえる観点に立つと，$f'=f$ となるから

$$f'(ax+b)=f(ax+b)=e^{ax+b}$$

となる．他方，$f(x)$ をもって関数記号とする観点に立つと，$ax+b=z$ とおくと，$y=f(ax+b)=f(z)=e^z$ となるから，合成関数の微分公式により

$$\frac{dy}{dx}=f'(ax+b)=\frac{dy}{dz}\frac{dz}{dx}=\frac{d}{dz}\{e^z\}\frac{d}{dx}\{ax+b\}=e^z\cdot a=ae^{ax+b}$$

となる．こうして，観点によって結果が異なるのは，どうしたことか．

$f'(x)$ はいずれの観点に立っても変わりがないが，$f'(ax+b)$ はいずれの観点に立つかによって異なってくるのである．どこに問題点があるのか追究してみなければならないであろう．関数を写像としてとらえる観点に立つ場合には，$f'(ax+b)$ は f' の $ax+b$ での値であるから，$f'(x)$ の x の代わりに $ax+b$ でおきかえて得られる．しかし，このことは，記号 $f(x)$ が x の関数を表わすという観点に立つ場合には，成り立つということの根拠は何もない．この場合には，$f'(x)$ は x の関数 $f(x)$ を x に関して微分する意味であるから，$f'(ax+b)$ は $ax+b$ の関数 $f(ax+b)$ を x に関して微分することであり，したがって，$z=ax+b$ とおくと $f(ax+b)=f(z)$ となり，これを x に関して微分するには，上に示した例の場合のように，合成関数の微分公式を利用することになるわけである．

このように，同一記号が観点によって意味と結果が異なるような事態を解消するためには，記号 $f'(ax+b)$ を避けて代わりに記号
$$\frac{d}{dx}f(ax+b)$$
を用いることにしたい．あるいは，記号 ′ が x に関して微分することの記号であるという了解がまぎれがないときは，簡略して
$$\{f(ax+b)\}'$$
を用いてもよいであろう．このように記号の使いわけを定めると，合成関数の微分公式により，関係式

$$\frac{d}{dx}f(ax+b)=\{f(ax+b)\}'=af'(ax+b) \qquad (a, b \text{ は定数}) \qquad (1)$$

が導かれるであろう．この特別の場合として，関係式

$$\frac{d}{dx}f(x+a)=\{f(x+a)\}'=f'(x+a) \qquad (a \text{ は定数}) \qquad (2)$$

が成り立つ．関数を写像としてとらえる観点の場合，関数 f の導関数 f' はまた $\dfrac{df}{dx}$ または Df で表わすのであるが，このとき，関係式 (1) は

$$\frac{d}{dx}f(ax+b)=a\frac{df}{dx}(ax+b) \qquad (a, b \text{ は定数}) \qquad (1')$$

のように表わされる．

いうまでもないことであるが，$\dfrac{df}{dx}(x)$ と $\dfrac{d}{dx}f(x)$ とを混線しないように注意すべきである．後者はまた $\dfrac{df(x)}{dx}$ のようにも表わされるのであるが，これも $\dfrac{df}{dx}(x)$ と混線されるおそれがあるので注意を要するのであろう．要するに，記号がどのような観点で，どのような意味をもって定義されているかをあらかじめはっきりさせるべきであろう．

3. 合成関数の微分公式の表現

——さきほど合成関数の微分公式が引用されたが，この公式の表現は二つの異なった観点にともなって異なるものであろうか．

まず，写像の観点に立って合成関数の微分公式を述べると，次のようになる．

「関数 f が点 a で微分可能で，関数 g が点 $f(a)$ で微分可能であるならば，合成関数 $g \circ f$ は点 a で微分可能で，関係式

$$(g \circ f)'(a)=g'(f(a))f'(a) \qquad (3)$$

が成り立つ．」

この表現では，微分係数に関する関係式として公式が取り扱われている．ところが，記号 $f(x)$ が関数を表わすという観点に立つのでは，同じような公式表現は無理になるようであるから，(3) の代わりに次のように導関数に関する公式表現によらなければならないであろう．

$$\{g(f(x))\}' = g'(z)f'(x), \quad z = f(x) \tag{4}$$

または

$$\frac{d}{dx}g(f(x)) = \frac{d}{dz}g(z)\Big|_{z=f(x)} \frac{d}{dx}f(x) \tag{5}$$

ここで，(5)の右辺の $\frac{d}{dz}g(z)\Big|_{z=f(x)}$ または $g'(z)|_{z=f(x)}$ は $g(z)$ の導関数 $\frac{dg(z)}{dz}$ または $g'(z)$ の z の代わりに $f(x)$ でおきかえることを意味する記号である．

著者によると，公式(4)が

$$\{g(f(x))\}' = g'(f(x))f'(x) \tag{4'}$$

のように表わされることがある．右辺の $g'(f(x))$ は，関数を写像としてとらえる観点からすると，導関数 g' の $f(x)$ での値として明確であるが，記号 $f(x)$ が関数を表わすという観点からすると，合成関数 $g(f(x))$ の導関数，すなわち，$\{g(f(x))\}'$ とも解され易く，混乱をおこすおそれがある．記号 ′ の定義をあらかじめ明示しないで，公式 (4′) を使用することは控えるべきであろう．

——合成関数の微分公式として，よく

$$\frac{dy}{dx} = \frac{dy}{dz}\frac{dz}{dx} \tag{6}$$

が用いられているが，これについてはどう考えるのか．

これは，$y=g(z)$, $z=f(x)$ とおくとき，$y=g(f(x))$ となるので，公式(4)を簡略したものとみればよいであろう．実際の微分計算によく使われる便利な公式である．さらに，正確を期するならば

$$\frac{dy}{dx} = \frac{dy}{dz}\Big|_{z=f(x)} \frac{dz}{dx} \tag{6'}$$

であろう．(6) または (6′) は形式的計算にはなかなかつごうのよい，また初学者にとって視覚的にとらえ易い，覚え易い公式ではあるが，微分係数または導関数の具体的な意味の発見には，むしろ公式(3)のほうが望ましいことがある．

4. 合成関数の微分公式の証明の一般的なし方

——ふつうの微分積分の本にある公式(3)または(4)の証明は不十分のような感じがする．$F = g \circ f$ とおいて，$k = f(a+h) - f(a)$ とおくと

$$F(a+h) - F(a) = g(f(a+h)) - g(f(a)) = g(f(a)+k) - g(f(a))$$

これから

$$\frac{F(a+h) - F(a)}{h} = \frac{g(f(a)+k) - g(f(a))}{k} \frac{f(a+h) - f(a)}{h} \tag{7}$$

$h \to 0$ とすると $k \to 0$ となるから，(7) で $h \to 0$ とすると，極限に関する公式を利用して

$$\lim_{h \to 0} \frac{F(a+h) - F(a)}{h} = \lim_{k \to 0} \frac{g(f(a)+k) - g(f(a))}{k} \lim_{h \to 0} \frac{f(a+h) - f(a)}{h}$$

したがって
$$F'(a)=g'(f(a))f'(a)$$
となるというわけである．ところで，$h\to 0$ とするとき $h\neq 0$ となるけれど，$k\neq 0$ というわけにはいかないであろう．そうすると，(7) が意味がなくなってしまうので，証明は十分というわけにはいかない．どうしたらよいものか．

もし，十分小さい $|k|$ に対しては $k=f(a+h)-f(a)=0$ となるならば，(7) では $F(a+h)-F(a)=0$ となるから，F は a で微分可能であって，$F'(a)=0$. 他方，明らかに $f'(a)=0$ となるから，公式 (7) が成り立つわけである．ところが，任意に小さい $|k|$ に対して $k=f(a+h)-f(a)=0$ となることもあるが，すべての h に対して $k=f(a+h)-f(a)=0$ となるわけではないならば，F が a で微分可能であると仮定すると，公式 (7) の等式だけは示すことはできるけれど，F が a で微分可能であることを導くことはできようもない．

——合成関数の微分公式 (3) または (4) の定理を完全に証明するにはどうしたらよいか．
関数 f が点 a で微分可能で，微分係数 $f'(a)$ をもつこと，すなわち，関係式
$$\lim_{h\to 0}\frac{f(a+h)-f(a)}{h}=f'(a) \tag{8}$$
が成り立つことと同値なことから
$$f(a+h)=f(a)+f'(a)h+o(h) \quad (h\to 0) \tag{9}$$
を考えてみればよい．

$b=f(a)$ とおくとき，関数 g が点 b で微分可能で，微分係数 $g'(b)$ をもつことは，関係式
$$g(b+k)=g(b)+g'(b)k+o(k) \quad (k\to 0) \tag{10}$$
が成り立つことと同値である．そうすると，わたくしたちのなすべきことは，関係式
$$F(a+h)=F(a)+g'(f(a))f'(a)h+o(h) \quad (h\to 0) \tag{11}$$
が成り立つことを導くことにある．

定義により
$$F(a+h)=(g\circ f)(a+h)=g(f(a+h))=g(f(a)+k)=g(b+k)$$
関係式 (10) により
$$F(a+h)=g(b)+g'(b)k+o(k) \quad (k\to 0)$$
$$=g(f(a))+g'(f(a))k+o(k) \quad (k\to 0)$$
ところが，関係式 (9) により
$$k=f(a+h)-f(a)=f'(a)h+o(h) \quad (h\to 0)$$
となるから
$$F(a+h)=F(a)+g'(f(a))f'(a)h+g'(f(a))o(h)+o(k) \quad (h\to 0, k\to 0)$$
そこで，結局，わたくしたちのなすべきことは，関係式
$$g'(f(a))o(h)+o(k)=o(h) \quad (h\to 0) \tag{12}$$

が成り立つことを示すことにある．

まず，明らかに

$$\lim_{h\to 0}\frac{g'(f(a))o(h)}{h}=\lim_{h\to 0}g'(f(a))\frac{o(h)}{h}=0$$

となるから

$$g'(f(a))o(h)=o(h) \qquad (h\to 0) \tag{13}$$

また，$o(k)=k\eta(k)$ とおくと，$k\to 0$ のとき $\eta(k)\to 0$．したがって

$$o(k)=(f(a+h)-f(a))\eta(k)=[f'(a)h+o(h)]\eta(k)$$

これより

$$\lim_{h\to 0}\frac{o(k)}{h}=\lim_{h\to 0}\left[f'(a)+\frac{o(h)}{h}\right]\eta(k)=0$$

ゆえに

$$o(k)=o(h) \qquad (h\to 0) \tag{14}$$

ところで

$$o(h)+o(h)=o(h) \qquad (h\to 0) \tag{15}$$

となることから，(13)と(14)とから(12)が導かれることになり，これで公式(3)または(4)の定理が証明されたことになる．

——証明の大要は明らかになったが，細部について，たとえば，(15)では同じ記号 $o(h)$ が両辺にわたって3回も現われていて，異様に感じられるのであるが…

いかにも初学者にとっては，抵抗を感ずるところかもしれない．それぞれの $o(h)$ を区別して表わして，(15)を

$$o_1(h)+o_2(h)=o_3(h) \qquad (h\to 0)$$

のように書き表わしてもよいであろう．このとき，いずれの $o(h)$ も関係式

$$\lim_{h\to 0}\frac{o_1(h)}{h}=0,\quad \lim_{h\to 0}\frac{o_2(h)}{h}=0,\quad \lim_{h\to 0}\frac{o_3(h)}{h}=0$$

を満足するものとする．(15)の $o(h)$ はこれらの簡略として理解すればよい．このことは実は(15)以前にも現われていたのであるが，同じように理解すればよいであろう．また，関係式

$$o(h)o(h)=o(h) \qquad (h\to 0) \tag{16}$$

にも出会うであろうが，同じように理解すればよいであろう．

——話を逆もどししては恐縮ですが，公式(3)の定理の証明で，$k=0$ となる場合の部分はなんとか改良して達成できないものであろうか．

そのような改良の工夫は将来のためにも実のりが乏しいことであろう．$o(h)$ の手法のほうがいろいろの応用の可能性もあるし，またモダーンな Advanced calculus の場合にもそのまま応用されるものである．

5. 微分公式の表現

——微分に関する公式は，同一のものについて本ごとにさまざまになっているが，どうしてであろうか．

それは，用語や記号の意味が著者ごとにさまざまに解されていることに基づくことであろう．まず，微分公式といえば記号 $f'(x)$ で表わされたものに関する公式の意味であるが，記号 $f'(x)$ 自身は関数として導関数とよばれるかと思うと，他面では x での微分係数の意味にとられていることもある．

ついでのことであるが，微分という言葉自身がいろいろな意味に用いられている．微分という言葉はもともと変数 x の微分 dx および関数 f の a での微分 $df(a)$ として用いられ，英語では differential といわれる．関数の微分係数・導関数を求めることを関数を**微分する** differentiateといい，この英語を名詞にして differentiation というが，これは **微分法** とよんだり，**微分** とよんだりする．微分法およびこれに関連する解析学の一分科はむかしから **微分学** differential calculus とよばれていたが，これも微分係数とともに簡略されて微分とよばれることがある．第2次大戦のころまでは，これらの用語ははっきり区別して用いられたものであったが，戦後には，なにごとも簡略する世の習いに従ってか，ほとんど無差別に微分とよばれるようになったわけである．このことは他の分野でも同じことで，**積分学** integral calculus は積分に，代数学 algebra は代数に，幾何学 geometry は幾何に簡略されてきている．文章の前後関係の判断によって，これらの簡略および共用には支障もおこらないであろう．

微分公式の基本的なものとしては，次のものがあげられる．

（Ⅰ） $\dfrac{d}{dx}\{cf(x)\} = \{cf(x)\}' = cf'(x)$ （c は定数）

（Ⅱ） $\dfrac{d}{dx}\{f(x) \pm g(x)\} = \{f(x) \pm g(x)\}' = f'(x) \pm g'(x)$ （複号同順）

（Ⅲ） $\dfrac{d}{dx}\{f(x)g(x)\} = \{f(x)g(x)\}' = f'(x)g(x) + f(x)g'(x)$

（Ⅳ） $\dfrac{d}{dx}\left\{\dfrac{f(x)}{g(x)}\right\} = \left\{\dfrac{f(x)}{g(x)}\right\}' = \dfrac{f'(x)g(x) - f(x)g'(x)}{\{g(x)\}^2}$．

これらの公式の取り扱いはさまざまである．これらの公式だけを列記してある本もあるが，公式の前に前文をつけてある本も多い．その前文にしても

「$f(x)$ および $g(x)$ が微分可能であるとき」

とあるものや

「$f(x)$ および $g(x)$ が微分可能であるならば，$cf(x)$, $f(x) \pm g(x)$, $f(x)g(x)$, $f(x)/g(x)$ も微分可能であって」とあるものがあるが，定義域については

「$f(x)$ および $g(x)$ は同一の変域で微分可能であるとする」

としてあるものもある．また，$f'(x)$ は x での微分係数を表わすものとして

「$f(x)$ および $g(x)$ が点 x で微分可能であるならば，$cf(x)$, $f(x) \pm g(x)$, $f(x)g(x)$, $f(x)/g(x)$ も点 x で微分可能であって」

としてあるものもある．いずれも著者の主なる関心のありどころを示している．

——関数を写像としてとらえる観点からするならば，上の公式はどのように表現されるべきか．

たとえば，公式（Ⅱ）については，微分係数について

「関数 f および g が点 a で微分可能ならば，$f \pm g$ もまた点 a で微分可能で
(Ⅱ) $(f \pm g)'(a) = f'(a) \pm g'(a)$ （複号同順）」

導関数の場合には

「f の**導関数** f' および g の導関数 g' の定義域をそれぞれ $D_{f'}$, $D_{g'}$ とするとき

(Ⅰ) $(cf)' = cf'$ 　　$(x \in D_{f'})$

(Ⅱ) $(f \pm g)' = f' \pm g'$ 　　$(x \in D_{f'} \cap D_{g'})$ 　　（複号同順）

(Ⅲ) $(fg)' = f'g + fg'$ 　　$(x \in D_{f'} \cap D_{g'})$

(Ⅳ) $(f/g)' = \dfrac{f'g - fg'}{\{g\}^2}$ 　　$(x \in D_{f'} \cap D_{g'} \cap D_{f/g})$」

8 指数関数・対数関数

指数関数・対数関数 は微分積分では主役をなす関数ではあるが，教科書の扱い方はあまりくどすぎるだけのようである．なんとか合理化できないものか．

1. 悩ませる指数関数の定義

——大学の微分積分の講義で，微分のはじめのほうのところでの指数関数の定義には参った．話のあらましはわからないではないが，なぜあのようにくどく，めんどうくさくしなければならないものか，いっこうにわからない．試験の前には，出題されては大へんと思って，講義された部分を暗記して備えてみたが，後になってみると印象が薄れてしまって，イメージがいっこうに再生されない．どういうことなのだろうか．

高等学校の数学 I や数学 III でも，指数関数には出会っているはずであるが，そのときはすなおに受けとれたのか．

——高等学校のときは，なんら抵抗を感じなかった．あのままではいけないものか．

それでは，高等学校で習ったところから話をはじめよう．a は正の数で固定しておく．n が正の整数であるとき，a を n 回掛け合わせたものを a の **累乗** といい，記号 a^n で表わす．

$$a^n = \overbrace{aa\cdots a}^{n}$$

このとき，n を **指数** という．m, n が正の整数で，a, b が正の数であるとき，3 関係式

$$a^m a^n = a^{m+n}, \quad (a^m)^n = a^{mn}, \quad a^n b^n = (ab)^n \qquad \text{(指数法則)} \quad (1)$$

が成り立つ．いま，x を n 乗して a となるとき，すなわち

$$x^n = a \qquad (2)$$

となるとき，x を a の n 乗根（一般に **累乗根**）といい，記号 $\sqrt[n]{a}$ または $a^{\frac{1}{n}}$ で表わす．

$$x = \sqrt[n]{a}$$

n が偶数のときは，(2) を満足する x は正，負の二つあるが，当座としては，正のほうをもって $\sqrt[n]{a}$ とすることにしよう．

次に，m, n が正の整数であるとき

$$a^{\frac{n}{m}} = \sqrt[m]{a^n}, \quad a^{-\frac{n}{m}} = \frac{1}{a^{\frac{n}{m}}}, \quad a^0 = 1$$

によって正，負の有理数または 0 の指数の累乗を定義する．このときも，指数の法則が成り立つ．すなわち，x, x' が正，負の有理数または 0 であるとき，三つの関係式

$$a^x a^{x'} = a^{x+x'}, \quad (a^x)^{x'} = a^{xx'}, \quad a^x b^x = (ab)^x \tag{3}$$

が成り立つ．

　ここまでは高等学校で学んだはずである．そこで，大学の微分積分は，大学の講義にふさわしく，一般の実数の指数 x の累乗 a^x を定義しようというわけである．定義のし方はいろいろあるが，そのうちの初学者にわかり易いものを引用してみよう．簡単のために，$a > 1$ としておく．実数 x に収束する単調増加の有理数列

$$r_1 < r_2 < \cdots < r_n < \cdots$$

をとって，これに対応する数列

$$a^{r_1} < a^{r_2} < \cdots < a^{r_n} < \cdots$$

の極限をもって a^x と定義する．

$$a^x = \lim_{n \to \infty} a^{r_n}$$

ここまでならば大ていの初学者も抵抗を感じないであろう．しかし，ここで止まることは，このような定義を講義しようとする大学教官や教科書を書く著者の本意とするところではない．このような教官や著者の意図するところは，水ももらさない厳密な論理によって a^x の定義を与えようとするところにある．そのためには，数列および級数の理論の基礎を前置きしなければならないし，さらに遡っては，実数の性質を論ずる**実数論**にもふれなければならないのである．そこまで徹底しなければいい加減なお茶にごしにならざるをえないであろう．こうして，講義する教官や著述する著者は自己の学的良心を満足させうるであろうが，初学者にとっては盛りだくさんのスケジュールの修学旅行に引きまわされたことに等しい結果に終るわけであろう．

2. 指数関数の記述的定義

　——ひとの批判はさておいて，いったいどうしたらよいのか．

　それでは，話を高等学校で学んだはずのところにもどすことにする．正，負の有理数の全体および 0 からなる集合を**有理数系**とよび，記号 **Q** で表わすことにすると，$f(x) = a^x$ $(x \in \boldsymbol{Q})$ によって定義される関数

$$f: \boldsymbol{Q} \to \boldsymbol{R}$$

を $\boldsymbol{Q}$ で定義された指数関数とよぶことにしよう．この関数の性質のうちの基本的なものは次の三つに要約される．

(i) $f(1) = a$
(ii) $f(x + x') = f(x) f(x')$
(iii) $a > 1$ とするとき，f は x とともに増加する．すなわち，$x < x'$ のとき $f(x) < f(x')$．

このことは次の意味である．n が正の整数であるとき，性質 (i), (ii) から $f(n)=a^n$ が導かれる．これから $f\left(\dfrac{1}{n}\right)=\sqrt[n]{a}$，したがって，$m, n$ が正の整数であるとき，$f\left(\dfrac{n}{m}\right)=\sqrt[m]{a^n}$ が導かれる．また，$f(x)>0$ となることを利用しなければならない．このことは，性質 (ii) から，$f(x)=\left\{f\left(\dfrac{x}{2}\right)\right\}^2\geqq 0$ となり，また，性質 (iii) から，$x>x'$ とすると

$$f(x)>f(x')\geqq 0$$

となることから保証される．いま，(ii) で $x'=0$ とおくと，$f(x)=f(x)f(0)$ となり，したがって，$f(0)=1$．この結果を利用すると，(iii) から

$$f\left(-\dfrac{n}{m}\right)=\dfrac{f(0)}{f\left(\dfrac{n}{m}\right)}=\dfrac{1}{\sqrt[m]{a^n}}$$

が導かれる．このようにして，$\boldsymbol{Q}$ で定義された指数関数 $f:\boldsymbol{Q}\to\boldsymbol{R}$ は性質 (i), (ii), (iii) によって特性づけられることがわかる．（$a<1$ のときは，(iii) で「増加」の代わりに「減少」とすればよい.）

ここまでは，高等学校で学んだはずのことがらの整理と展開（延長）である．そこで，関数 $f:\boldsymbol{Q}\to\boldsymbol{R}$ の $\boldsymbol{R}$ への拡張であって，性質 (i), (ii), (iii) を満足する写像を $\boldsymbol{R}$ で定義された**底 a の指数関数**といい，記号 $\exp_a:\boldsymbol{R}\to\boldsymbol{R}$ で表わす（exp は exponent「指数」の略）．$\boldsymbol{Q}$ で定義された指数関数 $f:\boldsymbol{Q}\to\boldsymbol{R}$ が3性質 (i), (ii), (iii) によって特性づけられているのであるから，$\boldsymbol{R}$ で定義された指数関数 $\exp_a:\boldsymbol{R}\to\boldsymbol{R}$ は3性質 (i), (ii), (iii) によって定義されると考えることができるであろう．$\exp_a$ の x での値 $\exp_a x$ を改めて記号 a^x で表わすことにし，$\exp_a$ を指数関数 $a^x (x\in\boldsymbol{R})$ とよぶことがある．$\exp_a$ の値域は正の数の全体からなる集合 $\boldsymbol{R}_+^*=\{x\mid x\in\boldsymbol{R}, x>0\}$ で，$\exp_a$ は単調関数である．$a\neq 1$ のとき，$\exp_a$ の逆関数を**底 a の対数関数**といい，記号 $\log_a:\boldsymbol{R}_+^*\to\boldsymbol{R}$ で表わす（log は logarithm「対数」の略）．指数関数 $\exp_a$ の3性質 (i), (ii), (iii) は次の対数関数 $\log_a$ の3性質に転換される．

(i) $\log_a a=1$
(ii) $\log_a(xx')=\log_a x+\log_a x'$
(iii) $a>1$ のとき，$\log_a$ は x とともに増加する，すなわち，$x<x'$ のとき $\log_a x<\log_a x'$．

さらに，誘導された性質 $\exp_a 0=1$ は，次の対数関数の性質に転換される．

$$\log_a 1=0 \tag{4}$$

指数関数・対数関数 を上のように定義したら，初学者に抵抗を感じさせないで済むと思うが…

——このような定義のし方ならば，別段のむずかしさはいっこうにないと思う．理解しがたいことは，大学の教官や教科書の著者がどうしてこのような定義のし方をしないのかということである．

わたくしたちの定義のし方に対する批判者たちは，上の指数関数の「定義」は指数関数の性質を「記述」したにすぎないもので，指数関数を定義したことにはならない，と論難するであろう．ふつうに定義というものは，既知の概念・用語を用いて新しい未知の概念・用語を「構

成的」に規定してゆくものである，と批判者は主張するであろう．それなればこそ，実数の指数 x の累乗 a^x を定義するのに，x に増加しながら収束する有理数列 $\{r_n\}$ に対する数列 $\{a^{r_n}\}$ の極限として a^x を定義しているわけであろう．

空しい論議に空転しないために，高等学校で学んだことを思い出してほしい．自乗して -1 になるような i，すなわち，$i \times i = -1$ となるような i を虚数とよび，和 $a+bi$ を複素数とよぶ，と高等学校では学んだはずである．未知の虚数 i および複素数 $a+bi$ を定義するのに，これらの未知の「もの」の乗法 ×，加法 + を用いているのでは「構成的」ではない．また，$\sqrt[n]{a}$ を定義するのに

$$x^n = a \tag{2}$$

となるような x として $\sqrt[n]{a}$ を定義しているが，これも同じような問題点を含んでいる．批判者たちはこのよう事実を看過しておいて，わたくしたちの指数関数の定義だけを論難するならば，それはあまりにも気まぐれな一時思いつきにすぎない．

話を前進させるために，批判者たちの考えている定義のし方は「構成的」であるということにし，わたくしたちの定義は，定義されるべき「もの」の性質または条件を記述するわけで，「記述的」であるということにしよう．さらに立ち入ったことは少しく時を待つことにしよう．

3. 自然底 e の記述的定義

——次に悩ましいものは**自然底 e** の導入である．ここでも 数列・級数 の理論が使われるし，講義の時間が済むとホッとするところである．これもどうしても通りすぎなければならない難所なのであろうか．

大へん苦しい思いをして，最後に得た成果はなにか．

——二つの公式

$$\frac{d}{dx}\{e^x\} = \{e^x\}' = e^x \tag{5}$$

$$\frac{d}{dx}\{\log x\} = \{\log x\}' = \frac{1}{x} \tag{6}$$

が頭に残っただけである．

これら二つの公式を確保できればそれでよい．それ以外のことはなにもいらない．

——自然底 e の導入はどうするつもりか．

要するに欲しいものはなにか，ということを考えたらよい．欲しいものは関係式

$$\lim_{h \to 0} \frac{e^h - 1}{h} = 1 \tag{7}$$

であるはずである．これさえ得られるならば，問題はなにもない．底 a の指数関数を仮りに f_a で表わすことにするとき，f_a の 0 での微分係数

$$f_a'(0) = \lim_{h \to 0} \frac{a^h - 1}{h}$$

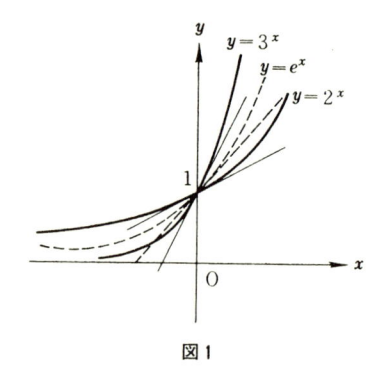

図1

は底 a の増加にともなって増加することは容易にわかるであろう．さらに

$$f_2'(0)<1, \quad f_3'(0)>1$$

となることは，図解からもわかるであろう（計算からも導かれることである）．これら二つのことから

$$f_a'(0)=\lim_{h\to 0}\frac{a^h-1}{h}=1$$

となるような a が考えられるであろう．このような底 a を特定記号 e で表わして，**自然底**とよぶことにしよう．こうすると，関係式 (7) が成り立って，したがって，公式 (5), (6) がただちに導かれるわけである．

——これで事が大へん簡易に運んだと思われるが，まだ問題が残っているのであろうか．

問題というのは，わたくしたちの指数関数 $\exp_a$ および自然底 e の定義はいかにも「記述的」であって，見方によれば「仮設的」という印象をまぬかれないということである．たとえば，x は自乗すると -1 に等しい実数であると定義しても，いかなる実数も自乗すると負にならないという事実に照らして，このような実数 x が存在しないのである．このように「記述的」に定義しても存在しない場合もおこりうることを考慮してみなければならない．そこで，自然底 e の値を求めることならびに指数関数 $\exp_a$ の具体的表現を求めることが次の問題である．

大ていの微分積分の教科書に述べられている**マクローリン**(C. Maclaurin)**の定理**によると

$$f(x)=f(0)+\frac{f'(0)}{1!}x+\frac{f''(0)}{2!}x^2+\cdots+\frac{f^{(n-1)}(0)}{(n-1)!}x^{n-1}+\frac{f^{(n)}(\theta x)}{n!}x^n,$$

$$0<\theta<1 \quad (8)$$

$f(x)=e^x$ とすると，$f(0)=f'(0)=\cdots=f^{(n-1)}(0)=1, f^{(n)}(x)=e^x$ より，$x=1$ とすると

$$e=1+\frac{1}{1!}+\frac{1}{2!}+\cdots+\frac{1}{(n-1)!}+\frac{e^\theta}{n!}$$

ここで，$n=8$ とすると，$e=2.718\cdots$ [たとえば，拙著，基礎数学，共立出版，36〜37ページ]．

n をもっと大きくとれば，もっとくわしい近似値をいくらでも求めることができる．

また，マクローリン展開によると

$$\exp_e x = e^x = 1 + \frac{x}{1!} + \frac{x^2}{2!} + \cdots + \frac{x^n}{n!} + \cdots \quad (x \in \mathbf{R}) \quad (9)$$

のように，自然底 e の指数関数 $\exp_e$ は整級数展開によって表わされる．このようにして，指数関数 $\exp_e$ はもはや「仮設的」という疑問の域を脱して具体的表現が与えられることになった．

――自然底 e の指数関数 $\exp_e$ の場合には解決したが，一般の底 a の指数関数 $\exp_a$ の場合はどうか．

一般の底 a の指数関数 $\exp_a$ については，もう少し待ってほしい．

4. 記述的定義の有用性は

――自然底 e の指数関数 $\exp_e$ が (9) のように整級数によって表わされることはわかったが，逆に，整級数 (9) が性質 (i), (ii), (iii) を満足することをみることもできるだろうか．

それは大へん興味あることである．というのは，整級数 (9) によって指数関数 $\exp_e x$ を定義する立場もあるからである．自然底 e は級数

$$e = 1 + \frac{1}{1!} + \frac{1}{2!} + \cdots + \frac{1}{n!} + \cdots \quad (10)$$

によっても定義されるから，性質 (i) は自明であろう．性質 (ii) は次の級数論の定理によって保証される．

定理 「二つの絶対収束な級数 $\sum_{n=1}^{\infty} a_n, \sum_{n=1}^{\infty} b_n$ に対して

$$c_n = \sum_{i=1}^{n} a_i b_{n-i} = a_1 b_n + a_2 b_{n-1} + \cdots + a_n b_1 \quad (n=1, 2, \cdots)$$

とおくとき，級数 $\sum_{n=1}^{\infty} c_n$ も絶対収束で，等式

$$\sum_{n=1}^{\infty} a_n \sum_{n=1}^{\infty} b_n = \sum_{n=1}^{\infty} c_n$$

が成り立つ．」［福原・稲葉，新数学通論 II，共立出版，昭和43年，23ページ，系］

なぜならば，$\exp_e x = \sum_{n=0}^{\infty} \frac{x^n}{n!}$, $\exp_e y = \sum_{n=0}^{\infty} \frac{y^n}{n!}$ に対しては

$$c_n = \sum_{i=0}^{n} \frac{x^i}{i!} \cdot \frac{y^{n-i}}{(n-i)!} = \frac{1}{n!} \sum_{i=0}^{n} {}_n C_i \, x^i y^{n-i} = \frac{(x+y)^n}{n!}$$

となるから

$$\sum_{n=0}^{\infty} \frac{x^n}{n!} \sum_{n=0}^{\infty} \frac{y^n}{n!} = \sum_{n=0}^{\infty} \frac{(x+y)^n}{n!}$$

となり，$\exp_e x \exp_e y = \exp_e(x+y)$, すなわち，性質 (ii) が保証されたわけである．

性質 (iii) は次のようにして保証される．$0 \leq x < y$ の場合には，対応する整級数の各項を比較

すれば明らかである. $x<y\leqq 0$ の場合には, $0\leqq -y<-x$ となるから, $\exp_e(-y)<\exp_e(-x)$. ところが, $\exp_e x \exp_e(-x)=1=\exp_e y \exp_e(-y)$ となるから, $1/\exp_e y<1/\exp_e x$, すなわち, $\exp_e x<\exp_e y$ となる. $x<0<y$ の場合は, 上の二つの場合の組合せとなる.

——最後に, 関係式

$$\lim_{h\to 0}\frac{e^h-1}{h}=1 \tag{7}$$

はどのようにして保証されるか.

整級数 (9) で x の代わりに h とおきかえると

$$\left|\frac{e^h-1}{h}-1\right|=\left|\frac{h}{2!}+\frac{h^2}{3!}+\cdots+\frac{h^{n-1}}{n!}+\cdots\right|\leqq |h|\left\{\frac{1}{2!}+\frac{|h|}{3!}+\cdots+\frac{|h|^{n-2}}{n!}+\cdots\right\}$$

$$<|h|\left\{1+\frac{|h|}{1!}+\cdots+\frac{|h|^{n-2}}{(n-2)!}+\cdots\right\}=|h|e^{|h|}<|h|e \quad (|h|<1 \text{ として})$$

ここで, $h\to 0$ とすると関係式 (7) が得られる.

話が少しくぐるぐる廻りしてきたような印象を与えるかもしれないから, ここでこれまでのところを要約しておこう. わたくしたちは, 3 性質 (i), (ii), (iii) および関係式 (7) によって, 指数関数 $\exp_a$ および自然底 e を「記述的」に定義したのであるが, 後になって指数関数 $\exp_e$ および自然底 e を具体的に (9) および (10) によって表現することができたのである. さらに, 逆に, (9) および (10) によって指数関数 $\exp_e$ および自然底 e を定義しても, 3 性質 (i), (ii), (iii) および関係式 (7) が導かれること示した. ただ, このときに, 少しく級数論を援用しなければならなかった. このようにして, わたくしたちの「記述的」定義の有用性が立証されたわけである.

5. 一般の底 a の指数関数・対数関数

——いままでは, 自然底 e の指数関数 $\exp_e$ と対数関数 $\log_e$ だけしか取り扱われなかったが, 一般底 a の指数関数 $\exp_a$ と対数関数 $\log_a$ はどうするのか.

後者は前者から導き出すことになるのであるが, 指数関数 $\exp_e$ および対数関数 $\log_e$ の底 e の表示は省略して, それぞれ $\exp$ および $\log$ のように表わすことにする. $a>0$, $b>0$ のとき, 合成関数 $f=\log_b\circ\exp_a$ について調べてみることにする. $x, x'\in \boldsymbol{R}$ のとき

$$f(x+x')=(\log_b\circ\exp_a)(x+x')=\log_b\{\exp_a(x+x')\}=\log_b\{(\exp_a x)(\exp_a x')\}$$
$$=\log_b(\exp_a x)+\log_b(\exp_a x')=(\log_b\circ\exp_a)(x)+(\log_b\circ\exp_a)(x')$$

したがって

$$f(x+x')=f(x)+f(x') \tag{11}$$

$\boldsymbol{Q}$ で定義された指数関数の場合と同じように

$$f\left(\frac{n}{m}\right)=\frac{n}{m}f(1) \quad (m, n \text{ は整数})$$

となることが導かれる. すなわち

$$f(x)=f(1)x \qquad (x\in \mathbf{Q}) \tag{12}$$

f が連続であることが保証されると，$x\in \mathbf{R}$ のとき，x に収束する有理数列 $\{r_n\}$ をとると

$$f(r_n)=f(1)r_n \qquad (r_n\in \mathbf{Q}) \tag{12'}$$

$n\to\infty$ とすると $r_n\to x$ となり，したがって

$$\lim_{n\to\infty}f(r_n)=f(1)\lim_{n\to\infty}r_n$$

これより

$$f(x)=f(1)x \qquad (x\in \mathbf{R}) \tag{13}$$

が導かれる．$f=\log_b\circ\exp_a$ より

$$\log_b(\exp_a x)=f(1)x \tag{14}$$

ここで，$x=1$ とすると

$$f(1)=\log_b a \tag{15}$$

が得られる．したがって，(14) は

$$\log_b(\exp_a x)=(\log_b a)x \tag{16}$$

となる．いま，$b=e$ とすると

$$\log(\exp_a x)=(\log a)x$$

すなわち

$$\exp_a x=\exp\{(\log a)x\} \tag{17}$$

または

$$a^x=e^{(\log a)x} \tag{17'}$$

が得られる．ここに，$\log a$ は定数であるから，一般の底 a の指数関数は自然底 e の指数関数で表現される．

(16) で $x=\log_a y$，すなわち，$\exp_a x=y$ とおくと，関係式

$$\log_b y=\log_b a\,\log_a y$$

が得られる．y の代わりに x と書くと

$$\log_b x=\log_b a\,\log_a x \tag{18}$$

これは底 b の対数関数を底 a の対数関数に変換する公式である．(18) で $a=e$ とおき，b の代わりに a と書けば，関係式

$$\log_a x=\log_a e\,\log_e x \tag{19}$$

が得られる．これによって，一般の底 a の対数関数は自然底 e の対数関数で表現される．

ここまでのところで結論されたことは，一般の底 a の指数関数 $\exp_a$ および対数関数 $\log_a$ は，それぞれ (17) および (19) によって明示されるように，自然底 e の指数関数 $\exp$ および対数関数 $\log$ によって簡単な形式で表わされ，したがって，その微分公式も公式 (5) および (6) から簡単に導び出せるので，特述することの必要もないであろう．

――一般の底 a の指数関数 $\exp_a$ に関する関係式 (3) も簡単に導き出せるだろうか．

まず，関係式 (3) の第 1 番目

$$\exp_a x \exp_a x' = \exp_a (x+x') \tag{20}$$

は (17) または (17′) から容易に導かれるであろう．第2番目を導くために，公式

$$\log_a(b^x) = x \log_a b \tag{21}$$

を導いておこう．これは，公式 (18) で x の代わりに b^x でおきかえると得られるであろう．(21) で x を x' でおきかえて，b の代わりに a^x でおきかえると

$$\log_a(a^x)^{x'} = x' \log_a a^x = x'x$$

これを書き改めると

$$(a^x)^{x'} = \exp_a(xx') = a^{x'x} \tag{22}$$

として得られる．第3番目は，公式 (21) を利用すると

$$\log_{ab}(a^x b^x) = \log_{ab} a^x + \log_{ab} b^x = x \log_{ab} a + x \log_{ab} b = x\{\log_{ab} ab\} = x$$

となって

$$a^x b^x = \exp_{ab} x = (ab)^x \tag{23}$$

として得られるであろう．ついでながら，公式

$$x^a = \exp(a \log x) \tag{24}$$

も容易に導かれるであろう．

――公式 (12) をあげた後で，「f が連続であることが保証されると」と仮定みたいに述べていたが，これは仮定であるか．

$f = \log_b \circ \exp_a$ であるから，f が連続であることは $\log_b, \exp_a$ の連続であることから導かれる．$\log_b$ の連続であることは指数関数 $\exp_b$ の連続であることから導かれる．$\exp_a$ の連続であることは指数関数の性質 (iii) から導かれる．実は指数関数の性質 (iii) の代わりに指数関数の連続であることを前提してもよかったのである．そうすると，性質 (iii) は性質 (ii) と連続の前提から導かれることであろう．この辺の検討は微分積分入門の域を脱してきたようであるので，稿を改めることにしたい．

9　曲線

曲線はすっかりおなじみなので，高等学校の教科書はもちろんのこと，理論的厳密を旨とする大学の一般教育の教科書にも，その定義のはっきりしたのが見出されない．それでよいものであろうか．掘り下げてみよう．

1. これまでの曲線の「定義」は

——曲線は幾何の領域のようであるが，微分積分を学ぶにはどうしてもつきまとうものだから，話題に採り上げてもよいのではなかろうか．

幾何の領域だの，代数の領域だのと強いて区分する必要はないであろう．わたくしたちの関心の対象となるものならば，少くとも数学の問題として取り扱ってさしつかえないと思う．ところで，何が曲線について問題なのか．

——曲線はあまりおなじみなせいか，高等学校でもその定義がなされていないし，大学の教科書でも同じようである．曲線の定義を気にするほうがおかしいのかと気おくれするのだが…

気にするにおよばないどころか，むしろよいところに気がついたといいたい．あたりまえだ，常識だと思っていたことがらを一応は掘り下げて考えてみるのが学問の道である．素朴な考え方にもどってみると，直線はまっすぐな線で，曲線はまっすぐでない線，すなわち，曲った線であると考えられていたであろう．円は一番なじみぶかい曲線であるが，これに次いでなじみぶかいのは，三つの円錐曲線，すなわち，楕円，双曲線，放物線である．これらの曲線は，もともと円錐面をさまざまな角度で平面で切った切口の曲線として定義されたのである．アレクサンドリア時代の**アポロニオス**(Apollonios)の「円錐曲線」は，円錐曲線に関する集大成で，その中に円錐曲線の性質が展開されている．これらの諸性質のあるものは，座標のアイデアが導入されるようになると，関係式

$$\frac{x^2}{a^2}+\frac{y^2}{b^2}=1, \quad \frac{x^2}{a^2}-\frac{y^2}{b^2}=1, \quad y^2=4px \tag{1}$$

によって表わされるようになったわけである．これらの関係式がそれぞれ楕円，双曲線，放物線の方程式とよばれていることは，よく知られているとおりである．

こうしてみると，曲線とは，ある性質をもつような点の集合，あるいは，同じことになるが，ある条件を満足するような点の集合，すなわち，幾何でいうところの「軌跡」を意味することになるであろう．ここである条件というだけでは，あまりにも漠然としているといって，早くもあげ足がとられそうである．たとえば，xy 平面で点の座標 x, y の和が正であるような

点 (x, y) の集合，すなわち，不等式

$$x+y>0 \qquad (2)$$

を満足するような点 (x, y) の集合は，直線 $x+y=0$ の上のほうの部分，すなわち，半平面である．これは素朴な曲線のアイデアとは似もつかぬものである．それで，ある条件というものはもっと具体的に明確にすることが必要であるだろう．それには，たとえば，円錐曲線の場合を考えると，曲線上の点の座標 x, y の間の方程式 (1) をもって，円錐曲線の満足すべき条件とすることになるであろう．

微分積分の教科書では，しばしば曲線の方程式として

$$f(x, y)=0 \qquad (3)$$

があげられている．これは具体的な方程式 (1) の一般化としては自然であろう．

——ところで，微分積分のはじめのところでは，1変数関数 $f(x)$ しか導入されていないので，2変数関数 $f(x, y)$ を用いて曲線を表わすのは，理論的にちょっと困ると思うのだが…

たしかにそのとおりにちがいないのだが，わたくしたちの話をもっと前進させるために，この点については目をつぶっておくことにしよう．事実，現実の曲線としては，$f(x, y)$ が x, y についての多項式であったり，三角関数，逆三角関数，指数関数，対数関数であったり，具体的に表現されているようだからである．

2. これまで曲線の「定義」で困ったことは

——それでは，いったい何が問題となるのか．

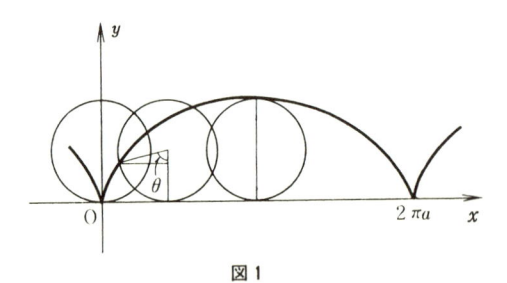

図 1

微分積分ではよくサイクロイドという曲線がでてくる．この曲線は，一つの円が定直線 g 上をすべることなく転がるときに，円周上の定点Pがえがく曲線であるが，円の半径を a とし，直線 g を x 軸にとり，定点Pが g 上にあるときの位置の一つを原点にとり，円の回軸角を θ とすると，曲線上の点の座標 x, y は次のように表わされる．

$$x=a(\theta-\sin\theta), \quad y=a(1-\cos\theta) \quad (\theta\in\mathbf{R}) \qquad (4)$$

(4) から θ を消去して，関係式

$$f(x, y)=0 \qquad (3)$$

を導くことは生易しくはできそうもない．そこで，(4) をもって θ を媒介変数(助変数)とする

媒介方程式とよんで妥協していることはよく知られているとおりである．
　もう一つの例として，**エピサイクロイド（外サイクロイド）**をあげよう．これは，サイクロイドの場合の定直線 g の代わりに定円をとることによって得られる曲線である．半径 b の定円の外側上を半径 a の円がすべることなく転がるときに，転がる円の周上の定点 P のえがく曲線

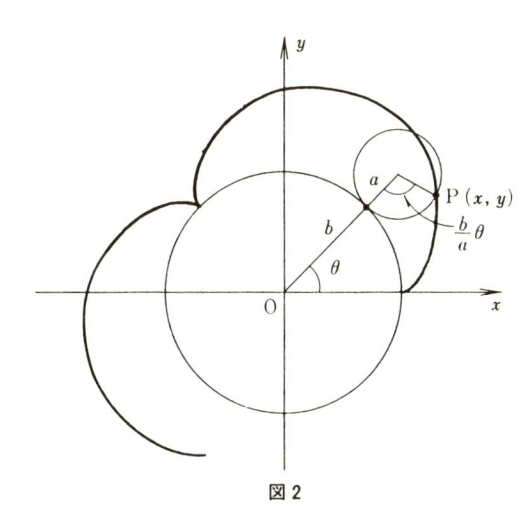

図2

がエピサイクロイドで，点 P での座標 x, y は次のように表わされる(図2)．

$$x = (a+b)\cos\theta - a\cos\left(\theta + \frac{b}{a}\theta\right),$$
$$y = (a+b)\sin\theta - a\sin\left(\theta + \frac{b}{a}\theta\right) \quad (\theta \in \mathbf{R}) \tag{5}$$

(5)から θ を消去して，方程式(3)を導くことは思いもよらないことであろう．
　——このような不具合な点をどうしてそのままにしてあるのか．
　おそらく，旧式の教科書では，曲線すなわち関数のグラフという考え方が根底にあって，関数もまた多価関数などを無反省にも受け容れるという神経の太さがある．このような無神経振りは伝習的なものであって，これにあまり神経質になるのもコッケイな感じもする．このことは一応そのままにしておいて，次には，「曲線の方程式」

$$f(x, y) = 0 \tag{3}$$

が素朴な曲線のアイデアに反するというような具体例をあげてみよう．
　関係式

$$x^y = 1 \quad (x > 0) \tag{6}$$

を満足する x, y によって与えられる点 (x, y) の集合は

$$\{(x, y); x > 0, y = 0\} \cup \{(x, y); x = 1, -\infty < y < \infty\} \tag{7}$$

で，半直線 $y=0$ ($x>0$) と直線 $x=1$ ($-\infty<y<\infty$) とからなっている(図3)．
関係式
$$(x+y)\int_0^\infty e^{-t(x+y)}dt=1 \tag{8}$$
を満足する x, y によって与えられる点 (x, y) の集合は
$$\{(x, y); x+y>0\} \tag{9}$$
で，直線 $x+y=0$ の上のほうの半平面である(図4)．関係式
$$(x^2+y^2)\int_0^\infty e^{-t(x^2+y^2)}dt=1 \tag{10}$$
を満足する x, y によって与えられる点 (x, y) の集合は
$$\{(x, y); x^2+y^2>0\} \tag{11}$$

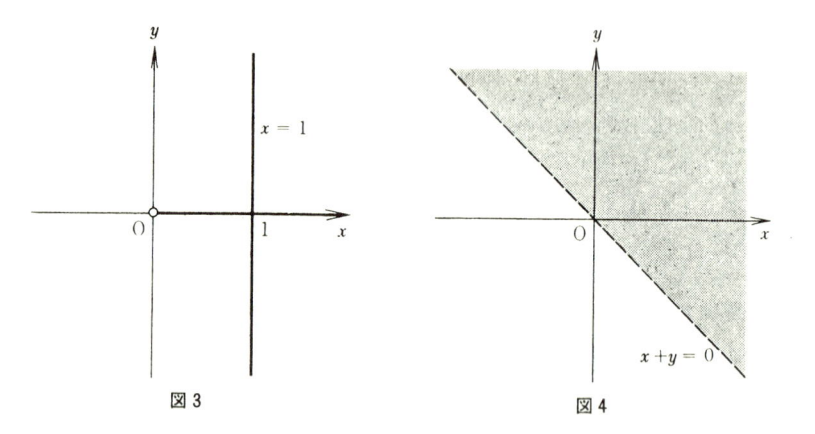

図 3

図 4

で，全平面から原点 $(0,0)$ を除いた部分である．

上のようにして，わたくしたちがはっきりしえたことは，曲線が方程式(3)によって表わされるとすることが困ったことになることもあり，また，方程式(3)によって与えられるものがわたくしたちの曲線という直観と必ずしも一致しないことがあるということである．

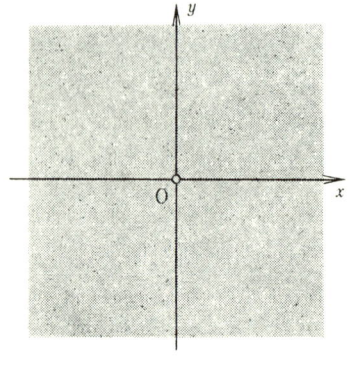

図 5

3. 写像の観点から眺めた曲線の定義

——曲線の方程式という考えがあやふやなもののようになってしまったようである．曲線をどのように定義したらよいのか．

まず，曲線の素朴な直観に立ちもどってみることである．そして，これを現代的な写像の観点から眺め直してみることである．曲線 C は曲った線であるから，これを連続的に変形してゆ

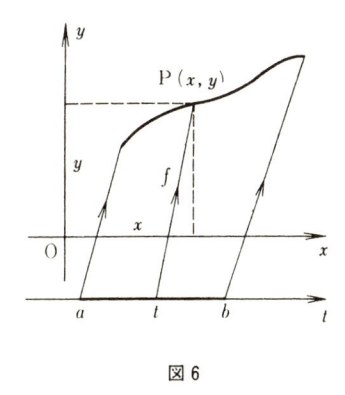

図 6

くことによって，まっすぐな線，すなわち，線分または直線とすることができると考えられるであろう．なお，この変形にあたって，伸び縮みはあってもよいが，ちぎったりつなぎ合わせたりしないようにする．こうしてみると，曲線は線分または直線から平面 R^2 への写像 f による線分または直線の像として考えることができるであろう．

そこで，わたくしたちは，曲線 C を区間 $[a, b]$ から平面 R^2 への写像

$$f : [a, b] \to R^2$$

の値域

$$f([a, b]) = \{P ; P = f(t), t \in [a, b]\}$$

として定義することにしよう．曲線 C 上の点 P の座標 x, y はまた $[a, b]$ から R への写像であるから

$$x = f_1(t), \ y = f_2(t) \qquad (t \in [a, b]) \tag{12}$$

のように表わされる．これを**曲線 C の方程式**とよぶことにしよう．旧式の教科書では，(12)をもって t を媒介変数とする媒介方程式とよんで，いかにも「補助的」という印象を与えているのであるが，わたくしたちはむしろ(12)をもって曲線 C の「本格的」な方程式とみなしたい．すでにあげたサイクロイドの方程式 (4) およびエピサイクロイドの方程式 (5) は「本格的」方程式であって，θ を消去して方程式 (3) にあたるものを探し求めようとする必要はいまさら少しもないであろう．

このような眺め方をすると，原点を中心とし，半径が a の円は

$$x = a\cos\theta,\ y = a\sin\theta \qquad (0 \leq \theta \leq 2\pi) \tag{13}$$

のように表わされるが，これを円の「本格的」方程式と考え，θ を消去して得られる方程式

$$x^2 + y^2 = a^2 \tag{14}$$

はむしろ「誘導された」方程式と考えるべきであろう．

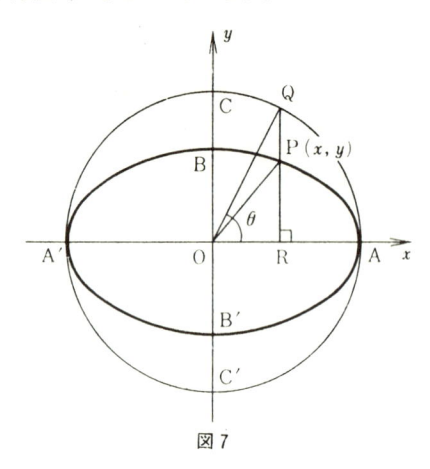

図7

楕円は円を定方向に沿って一定の比に伸縮して得られる曲線である．半径 a の円を $b:a$ の比に縮めまたは伸ばして得られる楕円の方程式が

$$x = a\cos\theta,\ y = b\sin\theta \qquad (0 \leq \theta \leq 2\pi) \tag{15}$$

であることが導かれるであろう（図7）．（このときの円は**補助円**とよばれ，角 $\theta = \angle\mathrm{AOQ}$ は

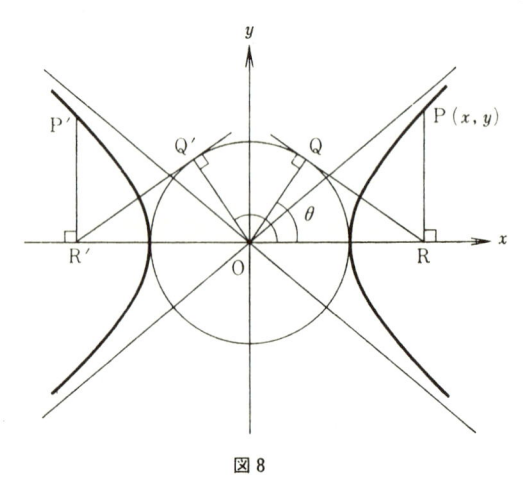

図8

離心角とよばれる.）

　区間 $[a, b]$ から平面 $\mathbf{R}^2$ への写像 f による像として曲線をとらえることになっているが，閉区間 $[a, b]$ の代わりに開区間 (a, b) をとることもあり，また半開区間 $(a, b]$ または $[a, b)$ をとることもある．たとえば，曲線

$$x = \frac{a}{\cos\theta}, \quad y = \frac{b\sin\theta}{\cos\theta} \quad \left(-\frac{\pi}{2} < \theta < \frac{\pi}{2}\right) \tag{16}$$

は双曲線

$$\frac{x^2}{a^2} - \frac{y^2}{b^2} = 1 \tag{17}$$

の右半を表わしている（図8）．(16) の θ の範囲を $\frac{3\pi}{4} < \theta < \frac{5}{4}\pi$ とすると，(16) は (17) の左半を表わしている．従来の幾何の教科書は，双曲線(17)は二つの「分枝」からなっていると述べているが，わたくしたちは，双曲線(17)は二つの曲線からなっているというべきであろう．

　さらにまた，閉区間の代わりに無限区間 $[a, \infty)$, (a, ∞), $(-\infty, a]$, $(-\infty, a)$, $(-\infty, \infty)$ をとることもある．
たとえば

$$x = pt^2, \ y = 2pt \quad (-\infty < t < \infty) \tag{18}$$

は放物線 $y^2 = 4px$ の方程式である．

4．素朴な曲線のイメージのさらに深い掘り下げ

　——曲線を線分または直線から平面 $\mathbf{R}^2$ への写像 f の像としてとらえることによって，曲線のイメージと定義とが前よりはっきりしてきた．ところで，このときの写像 f については，連続とかその他何か条件がつけられるのであろうが…

　もちろん，無条件のただの写像というだけでは困る．このときの写像 f は連続である，すなわち，写像（関数）

$$x = f_1(t), \ y = f_2(t) \quad (t \in [a, b]) \tag{19}$$

は連続であるとする．それがために，**連続曲線**という用語も用いられることもあるが，わたくしたちの考えているのはもっぱら連続曲線であるから，これからも簡略して単に**曲線**ということにしよう．

　——連続な写像というだけで，わたくしたちの素朴な曲線のイメージに一致するものになるであるのか．

　それどころではない．トポロジーでは，正方形が閉区間 $[0,1]$ の連続な写像となりうるという例があげられている．正方形がわたくしたちの素朴な曲線のイメージからははるかに遠いことはいうまでもないであろう．わたくしたちの素朴な曲線ははばのないものでなければならない．さらにまた，なめらかなものでなければならない．

―― 曲線がなめらかであるということは，直観的にはよくわかるけれど，数学的にどのようなものとして受けとられるものか．

なめらかな曲線は，その上の各点Pの近傍では，近似的には直線的に変化するともみられるであろう．この近似の直線が曲線の点Pでの接線である．いいかえると，なめらかな曲線の各点Pでは接線が存在するものと考えられる．ところで，点Pでの**接線**とは，点Pと曲線上のごく近くの点Qと結ぶ直線 PQ の点Qが点Pに限りなく近づくときの極限の位置の直線である（図9）．

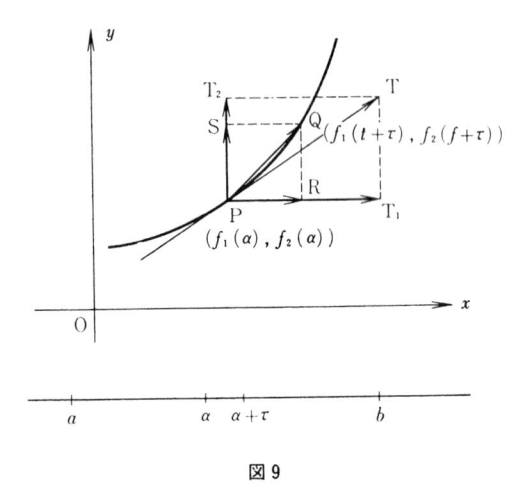

図9

―― 曲線の方程式が(19)のように与えられているとき，この曲線の点 $P(t=\alpha)$ での接線はどのようにして与えられるか．

それは，ふつうの教科書で関数 $y=f(x)$ のグラフの接線としての定義と同じように考えられる．ごく近くの点Qに対応する t の値を $\alpha+\tau$ とし，点Pを始点とし点Qを終点とするベクトル $\overrightarrow{PQ}$ の x 成分，y 成分をそれぞれ $\overrightarrow{PR}, \overrightarrow{PS}$ とする（図9）．そうすると，点R,Sの座標はそれぞれ $(f_1(\alpha+\tau), f_2(\alpha))$，$(f_1(\alpha), f_2(\alpha+\tau))$ である．$\tau \to 0$ のときの

$$\frac{\overrightarrow{PR}}{\tau}, \ \frac{\overrightarrow{PS}}{\tau}$$

の極限をそれぞれ $\overrightarrow{PT_1}, \overrightarrow{PT_2}$ とするとき，すなわち

$$\overrightarrow{PT_1}=\lim_{\tau \to 0}\frac{\overrightarrow{PR}}{\tau}, \ \overrightarrow{PT_2}=\lim_{\tau \to 0}\frac{\overrightarrow{PS}}{\tau}$$

とするとき，$\overrightarrow{PT_1}, \overrightarrow{PT_2}$ を合成して得られるベクトル $\overrightarrow{PT}$ が曲線 C の点Pでの接線の部分である．$\overrightarrow{PT}$ はまた

$$\overrightarrow{PT}=\lim_{\tau \to 0}\frac{\overrightarrow{PQ}}{\tau} \tag{20}$$

としても定義される．

(20)の右辺を成分表示すると

$$\lim_{\tau \to 0} \frac{\overrightarrow{PQ}}{\tau} = \lim_{\tau \to 0} \left(\frac{f_1(\alpha+\tau)-f_1(\alpha)}{\tau}, \frac{f_2(\alpha+\tau)-f_2(\tau)}{\tau} \right)$$

$$= \left(\lim_{\tau \to 0} \frac{f_1(\alpha+\tau)-f_1(\alpha)}{\tau}, \lim_{\tau \to 0} \frac{f_2(\alpha+\tau)-f_2(\alpha)}{\tau} \right) = (f_1'(\alpha), f_2'(\alpha))$$

となるから

$$\overrightarrow{PT} = (f_1'(\alpha), f_2'(\alpha)) \tag{21}$$

となる．これで，点Pでの接線の部分 $\overrightarrow{PT}$ が与えられたわけである．ついでのことながら，接線の部分 $\overrightarrow{PT}$ は**接線ベクトル**ともよばれる．

5. 素朴な曲線のアイデアの解析化

——方程式(19)によって与えられた曲線の接線については明確にされたが，曲線がその上の各点で接線をもつということで，わたくしたちの曲線のなめらかであるという素朴なアイデアが表明されていると解してもよいのか．

各点で接線をもつというだけでは，いろいろめんどうな場面がおこりうるので，わたくしたちの曲線のなめらかであるという素朴なアイデアそのものを表明しているというわけにはいかないであろう．わたくしたちのなめらかな曲線という素朴なアイデアでは，曲線上の各点Pでの接線がPの連続的な変動にともなって連続的に変動するものである．このことは，各点Pでの接線ベクトル

$$\overrightarrow{PT} = (f_1'(t), f_2'(t)) \tag{22}$$

が t の変化にともなって連続的に変動することであり，これはまた，曲線の方程式(19)の関数 f_1, f_2 が区間 $[a, b]$ で微分可能であって，かつ導関数 f_1', f_2' が連続であることによって表明される．ついでながら，このとき，関数 f_1, f_2 は**なめらか**である，または **C^1 級**であるという．

これで，わたくしたちの素朴ななめらかな曲線のアイデアを解析的にとらえることができるようになった．曲線の方程式(19)の関数 f_1, f_2 がなめらかであるとき，曲線は**なめらか**であるということにしよう．わたくしたちが曲線というとき，このような意味でなめらかな曲線のつもりであるといってよいであろう．

——ところが，この意味でなめらかな曲線をある角度でへし折った形の曲線も応用上現われるのであるが，これはどう考えるのか．

そのような曲線は，もっと適確にいうならば，なめらか曲線の有限個の接続からなるものとみられるもので，**区分的になめらか**であるといわれる．微分積分で現われる曲線はなめらかな曲線であるか，または区分的になめらかな曲線に限るといってもいい過ぎにはならないであろ

う．

　——しかし，曲線がなめらかであるとか，区分的になめらかであるとかということについていっこうに触れていない教科書が多いが，これはどうしたことか．もっと一般の曲線のつもりであるのか．

　おそらくは，なめらかな曲線か区分的になめらかな曲線のつもりであろう．これは善意的な見方によるものであるが，少し批判的にみるならば，なめらかであるか否かということの意識に欠けているのかもしれない．あるいは，なるべく条件をつけない，一般的な曲線というつもりかもしれない．このことはすべて推察の域を出ないので，これ以上のことはいえない．

　ただいえることは，この種の教科書では，曲線

$$f(x, y) = 0 \tag{3}$$

が関数

$$y = \varphi(x) \tag{23}$$

によって表わされる，というような取り扱いをしているので，かなり神経の太いところがあるようである．それで，あまりまじめに批判する気になれない．

　——そのような取り扱いは正しくはないか．

　簡単の例示だけでも自明であろう．たとえば，円

$$x^2 + y^2 = a^2 \tag{14}$$

を表わす関数 $y = \varphi(x)$ はどんなものか．また，$x = a$ および $x = -a$ での接線は微分の対象としてどのように取り扱うつもりなのか．おそらくは，この問に対してなんらの回答がないことであろう．円を(14)の代わりに

$$x = a\cos\theta, \ y = a\sin\theta \quad (0 \leq \theta \leq 2\pi) \tag{13}$$

によって表現するならば，接線ベクトルは

$$(-a\sin\theta, \ a\cos\theta) \tag{24}$$

によって与えられる．これから接点 $P(a\cos\theta, a\sin\theta)$ での接線のベクトル方程式

$$(x, y) = (a\cos\theta, a\sin\theta) + t(-a\sin\theta, a\cos\theta) \quad (t \in \boldsymbol{R}) \tag{25}$$

または成分方程式

$$x = a\cos\theta - ta\sin\theta, \ y = a\sin\theta + ta\cos\theta \quad (t \in \boldsymbol{R}) \tag{25'}$$

が得られる．

10 平均値定理

平均値定理は微分に関する理論のバックボーンになっているといわれるが，それでも，初学者にとってはなんとなくなじめないものがある．また，平均値定理は万能であり，どんな範囲でも成り立つものか．

1. 平均値定理での関数 f の連続の区間と微分可能の区間のくいちがい

——**平均値定理**はふつう次のように述べられている．

「関数 f は閉区間 $[a, b]$ で連続で，開区間 (a, b) で微分可能であるとする．このとき，関係

$$f(b)-f(a)=f'(\xi)(b-a), \quad a<\xi<b \tag{1}$$

が成り立つような ξ が少なくとも一つ存在する．」

ところで，この定理の条件で，連続の区間が閉区間で，微分可能の区間が開区間として，くいちがいさせているのがちょっと解(げ)せないのであるが…

このようなくいちがいを理解するには，この定理の証明には区間 $[a, b]$ の端点 a および b での微分可能ということが必要でないことを示せばよいであろう．ところで，周知のように，平均値定理の証明は次の**ロール** (M. Rolle) **の定理**に基づいている．

ロールの定理　「関数 f は閉区間 $[a, b]$ で連続で，開区間 (a, b) で微分可能であるとする．$f(a)=f(b)$ ならば，関係

$$f'(\xi)=0, \quad a<\xi<b \tag{2}$$

が成り立つような ξ が少なくとも一つ存在する．」

そうしてみると，問題点はロールの定理での条件でのくいちがいという点に帰着されるわけである．そこで，よくあるロールの定理の証明を復習してみることにしよう．

もし，関数 f が $[a, b]$ で定値をとるならば，$[a, b]$ の内点で，すなわち，開区間 (a, b) で $f'(x)=0$ となるから，定理の結論は成り立つ．もし，関数 f が $[a, b]$ で定値をとるのでないならば，$f(x)>f(a)=f(b)$ または $f(x)<f(a)=f(b)$ となるような x が開区間 (a, b) に存在する．前者の場合には，関数値 $f(x)$ は開区間 (a, b) のある点 ξ で最大値をとる．$f(\xi)$ が最大値であることから $f'(\xi)=0$ となる．後者の場合にも同じようである．したがって，定理の結論が成り立つ．

この証明から明らかにされることは，問題の点 ξ は区間 $[a, b]$ の内点であること，すなわち，開区間 (a, b) の点であることのほかに，微分可能ということが実際に利用されたのは，問題

の点 ξ においてだけであることである．そういうわけで，区間の端点 a, b では微分可能であるかどうかということはかかわりないことが明白であろう．

——理論的には納得できるが，なにか具体的な例で示してほしいのであるが…

具体的な例としては

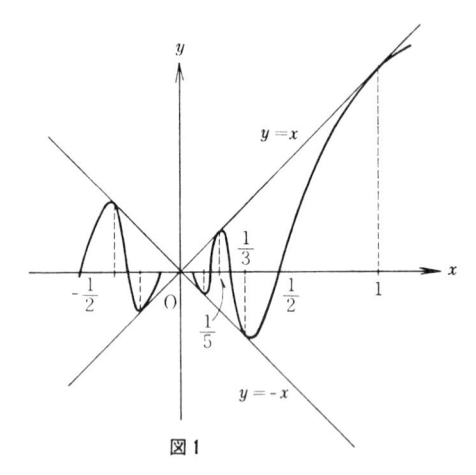

$$f(x) = x \sin \frac{\pi}{2x} \quad (x \neq 0), \quad = 0 \quad (x = 0)$$

によって定義される関数 $f: \boldsymbol{R} \to \boldsymbol{R}$ を考え，$a=0, b=1$ としてみるとよい．関数 f は閉区間 $[0,1]$ で連続で，半開区間 $(0,1]$ で微分可能である．そして

$$f'(x) = \sin \frac{\pi}{2x} - \frac{\pi}{2x} \cos \frac{\pi}{2x} \quad (0 < x \leq 1)$$

しかし，0 では微分可能ではない，すなわち

$$f'(0) = \lim_{h \to 0} \frac{f(h) - f(0)}{h} = \lim_{h \to 0} \sin \frac{\pi}{2h}$$

は存在しない．ところで，平均値定理の結論の関係 (1)

$$f(1) - f(0) = f'(\xi)(1-0)$$

は，$f(0)=0, f(1)=1$ となることから

$$\xi = \frac{1}{4n+1} \quad (n=1, 2, \cdots)$$

とすると成り立つ．したがって，平均値定理の結論の関係 (1) の点 ξ は無数に存在することになる．

2. 平均値定理の前提定理の必要の有無と条件強化の是非

——教科書によると，ロールの定理の前置きとして，次の **ワイエルシュトラス**（C・Weierstrass）の定理が用意されていることがある．

ワイエルシュトラスの定理　「関数 f は閉区間 $[a, b]$ で連続であるとする．このとき，関数値 $f(x)$ は閉区間 $[a, b]$ で最大値および最小値をもつ．」

もちろん，この定理をかかげてない教科書もある．そうすると，いったいどういうことになるのであろうか．この定理をかかげる必要があるのか，それとも必要がないのか．

実は，ロールの定理の証明のうちで，「もし，関数 f が $[a, b]$ で定値をとるのでないならば」以下のところで，上の定理が用いられているのである．すなわち，$f(x) > f(a) = f(b)$ となるような x が開区間 (a, b) に存在する場合には，関数値 $f(x)$ の最大となる点 ξ が存在して，点 a, b とは異なるから，$a < \xi < b$ となる．$f(x) < f(a) = f(b)$ となるような x が開区間 (a, x) に存在する場合にも，同じことであろう．要するに，実質的にはワイエルシュトラスの定理が利用されているのである．ただ，それが陽にであるか陰にであるかのちがいである．

——それでは，結局ワイエルシュトラスの定理がロールの定理の証明には必要であるということになるのではないか．それなのに，それをかかげない教科書があるのはどうしてか．

数学書というものは，定理をかかげると必ずその証明をつけることが要請されているのである．ところで，ワイエルシュトラスの定理の証明をするには，連続関数の性質について追究するばかりでなく，実数の集合についての性質に関することから，すなわち，**実数論**をも前置きしなければならない．このような前置は，しばしば初学者の多数者の理解をこえることがあって，かえってなぜこんなめんどうなことをせねばならないのかという疑念をおこさせるに止まることで終わるであろう．そればかりではない．教える側の労力は少なくないもので，それならば，**多次元空間 R^n** またはさらにすすんでは**抽象空間**の場合におけるワイエルシュトラスの定理を証明する労力にも匹敵するであろう．それは**実解析学** Real analysis または**一般トポロジー** General topology にゆずってもよいことであろう．それで，初学者の理解と関心について配慮する著者はワイエルシュトラスの定理をかかげるに止めて，その証明に立ちいることを控えることがある．わたくしたちとしては，理論的な証明をすることによって空疎感を味わうよりも，基本的定理のエッセンシャルな意味を深く掘り下げてゆくことをおすすめしたい．

——理論的な追究から方向を転じて，ロールの定理や平均値定理の条件で，「閉区間 $[a, b]$ で連続で，開区間 (a, b) で微分可能である」というのはわずらわしいから，「閉区間 $[a, b]$ で連続かつ微分可能である」としてはいけないのか．こうすると，初学者には大へん簡単になってつごうがよいように思われるのだが…

提案のように条件を変えると，それは定理の条件を強くするのだから，もちろん定理の結論は成り立つ．その点に関する限りは，いっこうにさしつかえないであろう．

——それでは，なぜいまの提案のように簡単にしないのか．

提案のように，定理の条件を変更すると，それは条件を強くすることであるから，かえって定理の適用範囲をせばめることになってしまうのである．周知のように，平均値定理から次の定理が導かれる．

定理1　「関数 f は閉区間 $[a, b]$ で連続で，開区間 (a, b) で微分可能であるとする．開区

間 (a,b) で $f'(x)>0$ ならば，関数値 $f(x)$ は閉区間 $[a,b]$ で増加し，(a,b) で $f'(x)<0$ ならば，関数値 $f(x)$ は閉区間 $[a,b]$ で減少する．」

これに対して，平均値定理の条件を提案のように変更するならば，定理1は次のように変更されるであろう．

定理 1'　「関数 f は閉区間 $[a,b]$ で連続かつ微分可能であるとする．閉区間 $[a,b]$ で $f'(x)>0$ ならば，$f(x)$ は閉区間 $[a,b]$ で増加し，$[a,b]$ で $f'(x)<0$ ならば，$f(x)$ は $[a,b]$ で減少する．」

たとえば，関数 $f: \mathbf{R} \to \mathbf{R}$ が

$$f(x)=x^3 \quad (x \in \mathbf{R})$$

によって定義されているとする．$a=0, b=1$ とすると，f は $[0,1]$ で連続で，$(0,1)$ で微分可能である．$(0,1)$ で $f'(x)=3x^2>0$ となるから，定理1により，$f(x)$ は $[0,1]$ で増加する．ところが，定理1' によることにすると，$[0,1]$ で $f'(x)=3x^2 \geqq 0$ となるので，適用不能になるであろう．

さらにもう1例をあげると，関数 $f: [0, \infty) \to \mathbf{R}$ が

$$f(x)=x^{\frac{1}{3}} \quad (x \geqq 0)$$

によって定義されているとする．$a=0, b=1$ とすると，f は $[0,1]$ で連続で，$(0,1)$ で微分可能である．$(0,1)$ で

$$f'(x)=\frac{1}{3}x^{-\frac{2}{3}}>0$$

となるから，定理1が適用される．ところが，0では微分可能ではないから，定理1' の条件が満されない．したがって，定理1' は適用されない．

3.　平均値定理の関係式での ξ または θ の値を求めることは

——平均値定理では，関係

$$f(b)-f(a)=f'(\xi)(b-a), \quad a<\xi<b \tag{1}$$

が成り立つような ξ が少なくとも一つ存在する，と述べているだけで，この ξ がどのような値をとっているのか，または，この ξ の値を求めるのには，どのようにすればよいのか，ということについては，なに一つ述べていない．これはどうしたことか．

平均値定理を応用するには，関係(1)を満足する ξ が一つでも存在すればよいことであって，ξ の値を強いて求める必要はおこらないのだが…

——求める必要がおこる，おこらないということは別にして，実際に ξ の値を求めることはできないものか．

後のつごうもあるので，平均値定理の結論を次のように表現を変えておくことにしよう．すなわち，$h=b-a$, $\theta h=\xi-a$ とおくと，関係

$$f(a+h)-f(a)=f'(a+\theta h)h, \quad 0<\theta<1 \tag{3}$$

が成り立つような θ が少なくとも一つ存在する，と書き改められるであろう．そこで，ξ の値を求めることは，θ の値を求めることと同値である．最も簡単な場合として，1次関数
$$f(x)=cx+d \quad (c, d \text{ は定数，} x \in \mathbf{R})$$
をとると，$f'(x)=c$ となるから，θ の値は任意であってよいことがわかる．次に，2次関数
$$f(x)=x^2 \quad (x \in \mathbf{R})$$
をとると，$f'(x)=2x$ となるから
$$f(a+h)-f(a)=2ah+h^2=2\left(a+\frac{h}{2}\right)h$$
より $\theta=\frac{1}{2}$ となることが導かれる．ここまでのところは簡単である．もう少しこみいった場合として，3次関数
$$f(x)=x^3 \quad (x \in \mathbf{R})$$
をとってみることにする．$f'(x)=3x^2$ となるから
$$f'(a+\theta h)h=3(a+\theta h)^2 h=(3a^2+6a\theta h+3\theta^2 h^2)h$$
また，他方
$$f(a+h)-f(a)=3a^2h+3ah^2+h^3=(3a^2+3ah+h^2)h$$
となるから，関係 (1) より，θ についての2次方程式
$$6a\theta+3\theta^2 h=3a+h \tag{4}$$
あるいは
$$\theta^2+2\frac{a}{h}\theta-\left(\frac{a}{h}+\frac{1}{3}\right)=0 \tag{5}$$
が得られる．この方程式が0と1との間にある解を少なくとも一つもつことは容易に示されるであろう．

ところが，4次関数，5次関数，…の場合を考えると，2次方程式 (5) の代わりに，3次方程式，4次方程式，…の解の問題となって，ますますめんどうになり，絶望的になるであろう．ましてや，もっとこみいった関数の場合になると，関係 (3) が成り立つような θ の値を求めることは，もちろんであるが，そのような θ の値の存在を具体的に示すことさえ断念せざるをえないであろう．

——そうなると，平均値定理は直観的には理解しえたように思っていたが，まだ十分には納得しかねる面が残っているように感ぜられる．問題点はどこにあるのだろうか．

前にも述べたように，平均値定理は理論的にはロールの定理から導かれているし，ロールの定理はワイエルシュトラスの定理から導かれている．それで，問題点はワイエルシュトラスの定理に移されるわけである．この定理は，直観的には，たとえば，関数のグラフの観点からすると，自明であるように思われるが，理論的には，すでに述べたように，生易しいものではない．しかし，ここでは証明そのものが問題ではなくて，述べられている内容の意味するところ

が問題なのである．この定理は，関数値の最大または最小となるような点 ξ が閉区間 $[a, b]$ に存在することを主張するもので，このような点 ξ を具体的に決定することまでには論及していない．このように存在することのみを主張する定理は**存在定理**とよばれる．微分積分入門のような**直観的色彩**を帯びた解析学の諸定理を追究してゆくとき，いくつかの存在定理に出会うのであるが，このような存在定理の証明から出発して理論を展開してゆくことは，すでに述べたように，**実解析学**または General topology に委ねるほうが賢策と信ずるので，わたくしたちはもっぱら内蔵する意味の掘り下げに努力を向けてゆきたいと考えることにする．

4. 平均値定理の別名と別形式

——用語の話になることであるが，平均値定理の関係 (1) を変形して

$$\frac{f(b)-f(a)}{b-a}=f'(\xi), \quad a<\xi<b \tag{6}$$

とすると，左辺は区間 $[a, b]$ での関数値 $f(x)$ の平均変化率を表わしているので，「平均値定理」という用語は心情的にも受け容れ易いのであるが，「有限増加（増分）の定理」という用語をも見ることがある．これはなんとなくぴったりしないのであるが…

平均値定理は英語の Mean value theorem，ドイツ語の Mittelwertssatz の訳語であるが，フランス語ではよく Théorème des accroissements finis といい，その訳語が**有限増加（増分）の定理**というわけである．この用語は，このごろではむしろ，本質的には平均値定理と同じ役割を演じる次の定理を意味している．

定理 2 「関数 f は閉区間 $[a, b]$ で連続で，開区間 (a, b) で微分可能かつ導関数 f' は (a, b) で連続であるとする．(a, b) で $m \leq f'(x) \leq M$（m, M は定数）ならば，関係式

$$m(b-a) \leq f(b)-f(a) \leq M(b-a) \tag{7}$$

が成り立つ．」

この定理の変形である次の定理もまたしばしば有限増加の定理とよばれる．

定理 3 「関数 f は閉区間 $[a, b]$ で連続かつ微分可能で，導関数 f' は連続であるとする．$[a, b]$ で $|f'(x)| \leq M$（M は定数）ならば，関係式

$$|f(b)-f(a)| \leq M(b-a) \tag{8}$$

が成り立つ．」

ところで，定理 3 は次の定理の結論として導かれるもので，この定理もまた有限増分の定理ともよばれることがある．

定理 4 「関数 f は閉区間 $[a, b]$ で連続かつ微分可能で，導関数 f' は連続であるとする．このとき，関係式

$$f(b)-f(a)=\int_a^b f'(x)\,dx \tag{9}$$

が成り立つ．」

この定理の証明は自明であろうから，わざわざ示すには及ばないことであろう．関係式 (9) は，$b=a+h$, $x=ht$ とおくと

$$f(a+h)-f(a)=\int_0^1 f'(a+ht)h\ dt \tag{10}$$

のように変形される．

定理 2, 3, 4 はまた，英語には Théorème des accroissements finis にあたる用語がないためであろう，英文数学書では Mean value theorem（平均値定理）とよばれている．ところで，最初に名ざした平均値定理は定理 2, 3, 4 にくらべて，導関数 f' に対する条件が弱くて一般的であるので，一般化好きの数学人の好みに合致するためであろうか，「平均値定理」の呼び名を独占しているのである．ところが，定理 2, 3, 4 は，やがて明らかにされるであろうが，発展性と応用の広範な点では，最初に名ざした平均値定理より優れた利点をもっているので，同じように平均値定理の呼び名に値するであろう．平均値定理における関係 (1) は，それぞれ

$$f(a+h)-f(a)=f'(a+\theta h)h, \quad 0<\theta<1 \tag{3}$$

および

$$f(a+h)-f(a)=\int_0^1 f'(a+ht)h\ dt \tag{10}$$

のように表わされることによって，わたくしたちは，最初に名ざした平均値定理および定理 4 をそれぞれ仮りに **θ形式** および **積分形式** と区別してよぶことにしよう．

——有限増加の定理の「有限」はどんなつもりなのか．「有限増加」に対しては「無限増加」が考えられているつもりなのか．有限増加の定理に対して「無限増加の定理」が考えられているのか．

そのような想像をしてみたくなるのも無理からぬことであろう．このことについては，たとえば

カルタン（H. Cartan）微分学 Calcul différentiel, Hermann, 2nd éd., 1971

の 41 ページでは，「有限増加」という用語は，微分学でかつては問題になっていた「無限小増加」accroissements "infinitésimaux" という観念に対立する観念であるという歴史的理由によって理解される，と述べられている．したがって，もともと「有限」の意味であった fini (finis は複数) は infinitésimal (infinitésimaux は複数)「無限小の」の反対 (対立) の意味に使われている．そうすると，有限増加の定理は「無限小でない増加 (増分) の定理」と訳し直すべきであろう．

5. 無限小増加の定理ともいうべきものは

——有限増加の定理を「無限小でない増加の定理」のように訳し直すと，必然的に「無限小増加の定理」ともいうべきものが考えられるはずであるが…

平均値定理の関係

$$f(a+h)-f(a)=f'(a+\theta h)h, \quad 0<\theta<1 \tag{3}$$

では，変数の変化 h は無限小でない変化であり，対応する関数の変化 $f(a+h)-f(a)$ も無限小でない変化であることに注意すべきであろう．カルタンが述べているように，微分学は，もともと変数の無限小変化に対する関数の無限小変化を問題にするもので，いわば局所的変化の割合を主題にするものであった．ところが，平均値定理は，変数の無限小でない変化に対する関数の無限小でない変化にかかわるもので，いわば，大域的変化の割合を主題にしているわけである．そこで，関係 (5) で h を無限小としたものを求めると，関係式

$$f(a+h)-f(a)=f'(a)h+o(h) \quad (h\to 0) \tag{11}$$

が考えられるであろう．ここに，o はランダウのオーである．

——関係式 (11) は微分係数 $f'(a)$ の定義そのものというべきもので，これを定理というのはどんなものであろうか．

いかにもいわれるとおりである．しかし，関係式 (11) は点 a で微分係数 $f'(a)$ が与えられている場合の問題であり，関係 (3) は区間 $(a, a+h)$ または $(a+h, a)$ で f' の値が与えられている場合の問題であって，適用にはそれぞれの分野がある．さらにまた，テーラー・マクローリンの定理が θ 形式の平均値定理の拡張として与えられると同時に，関係式 (11) の拡張としても与えられるという事情も考慮しなければならないであろう．このようなわけで，関係式 (11) をも平均値定理の一つの形態として取り扱うことにして，仮りに o 形式とよぶことにしよう．

——平均値定理を θ 形式，積分形式，o 形式の 3 形式もあげるには，そうしなければならない理由があるのだろうか．

3 形式には，条件の相違や適用の相違もあって，それぞれに特色が見出されるものである．従来の教科書には，しばしば θ 形式 1 本だけで通そうとするものがあって，条件をつけ加えたりして無理な工夫に骨折っているものがある．これはあまりにも θ 形式盲信というよりほかはないであろう．

——従来の教科書の θ 形式盲信というと大へんきびしい批判になりますが，そんなにきびしくしなければならないわけがあるのか．

関数値が実数である場合には，まずよいとして，関数値が実数以外の場合，たとえば，複素数値の関数やベクトル値の関数の場合には，θ 形式の平均値定理が必ずしも成り立たない，という致命的な事実が問題であるわけである．

具体的な 1 例として，写像 $\boldsymbol{f}: \boldsymbol{R} \to \boldsymbol{R}^2$ が

$$\boldsymbol{f}(t)=(\cos t, \sin t) \quad (t\in \boldsymbol{R})$$

によって定義されるとすると，導関数 $\boldsymbol{f}'$ は

$$\boldsymbol{f}'(t)=\lim_{h\to 0}\frac{\boldsymbol{f}(t+h)-\boldsymbol{f}(t)}{h}=\lim_{h\to 0}\left(\frac{\cos(t+h)-\cos t}{h}, \frac{\sin(t+h)-\sin t}{h}\right)$$

$$= \left(\lim_{h \to 0} \frac{\cos(t+h) - \cos t}{h}, \lim_{h \to 0} \frac{\sin(t+h) - \sin t}{h} \right)$$

$$= (\{\cos t\}', \{\sin t\}') = (-\sin t, \cos t)$$

によって与えられる．$a=0, b=2\pi$ とすると

$$f(2\pi) - f(0) = (0, 0) = \mathbf{0}$$

ところが，$f'(t) = (-\sin t, \cos t) = (0, 0) = \mathbf{0}$ となるような t の値は $(0, 2\pi)$ には存在しない．したがって，θ 形式の平均値定理は成り立たない．

ところが，o 形式はこのようなベクトル値関数に対しても成り立つのである．写像 $f: \mathbf{R} \to \mathbf{R}^2$ の成分写像を f_1, f_2 とすると，$f(t) = (f_1(t), f_2(t))$．導関数 f' は，上に示した場合と同じように

$$f'(t) = (f_1'(t), f_2'(t)), \quad t \in \mathbf{R}$$

によって与えられる．f_1, f_2 に対しては

$$f_1(t+h) - f_1(t) = hf_1'(t) + o(h),$$
$$f_2(t+h) - f_2(t) = hf_2'(t) + o(h).$$

いま，$\boldsymbol{o}(h) = (o(h), o(h))$ とおくと，$\displaystyle\lim_{h \to 0} \frac{\boldsymbol{o}(h)}{h} = \left(\lim_{h \to 0} \frac{o(h)}{h}, \lim_{h \to 0} \frac{o(h)}{h} \right) = (0, 0) = \mathbf{0}$．したがって

$$f(t+h) - f(t) = hf'(t) + \boldsymbol{o}(h) \tag{12}$$

が成り立つ．積分形式も同じように成り立つものである．

11 不定形の極限

微分係数は，もともと関数の無限小の変化と変数の無限小の変化との比としてはじまったもので，いわば不定形の極限の一つにすぎなかった．不定形の極限を掘り下げてみたり，その周辺をさぐってみたりすることは興味あることであろう．

1. 不定形という用語の意味

——不定形の極限という項目はたいていの教科書に出ているので，慣れっこになっているのであるが，「不定形」という用語は，よく考えてみるとなにかしら変な感じがするのだが…

この用語は単に伝習的に用いられているにすぎないもので，用語の意味に深入りしてもつまらないであろう．点 a の近傍で定義されている二つの関数 f および g について，$\lim_{x \to a} f(a) = 0$, $\lim_{x \to a} g(a) = 0$ のとき，極限に関する公式

$$\lim_{x \to a} \frac{f(x)}{g(x)} = \frac{\lim_{x \to a} f(x)}{\lim_{x \to a} g(x)} \tag{1}$$

をまったく形式的に適用すると

$$\lim_{x \to a} \frac{f(x)}{g(x)} = \frac{0}{0} \tag{2}$$

となるわけであるが，右辺が不定である（確定されてない）というわけで，(2)をもって不定形 $\frac{0}{0}$ の極限とよび慣わしたのである．大体，公式(1)の適用自体が保証されていないのに，強引に適用しているにすぎない．本質的にはなくてもすまされる用語であるから，「不定形」という用語は追放されて然るべきであろう．あだ名でよぶとつごうがよいといったような用語である．

高等学校や大学の一般教育の教科書には，よく不定形 $\frac{0}{0}$ の極限の最初の例題として

$$\lim_{x \to 2} \frac{x^2 - 4}{x - 2}$$

などがあげられている．$x \to 2$ のとき $x - 2 \ne 0$ となるからとして

$$\lim_{x \to 2} \frac{x^2 - 4}{x - 2} = \lim_{x \to 2} \frac{(x-2)(x+2)}{x-2} = \lim_{x \to 2} (x+2) = 4$$

として説明される．この例題自身とくにさしつかえのあるものではないが，あまりに作為的

という印象を与えるので，不定形 $\frac{0}{0}$ の極限のイメージ形成にはどうかとも思われる．むしろ，$a>0$ のときの例題

$$\lim_{x\to 0}\frac{\sqrt{a+x}-\sqrt{a-x}}{x}=\lim_{x\to 0}\frac{(a+x)-(a-x)}{x(\sqrt{a+x}+\sqrt{a-x})}=\lim_{x\to 0}\frac{2x}{x(\sqrt{a+x}+\sqrt{a-x})}$$

$$=\lim_{x\to 0}\frac{2}{\sqrt{a+x}+\sqrt{a-x}}=\frac{2}{2\sqrt{a}}=\frac{1}{\sqrt{a}}$$

のほうが不定形 $\frac{0}{0}$ の極限のイメージ形成により有効であろう．

最も有用で，基本的な不定形 $\frac{0}{0}$ の極限としては

$$\lim_{x\to 0}\frac{\sin x}{x}=1 \tag{3}$$

および

$$\lim_{x\to 0}\frac{e^x-1}{x}=1 \tag{4}$$

があげられる．基本的であるというのは，一つには公式 (3) および (4) は三角関数および指数関数の基本的な微分公式を証明するための補助定理となるからであり，もう一つには，同じような不定形 $\frac{0}{0}$ の極限を求めるための基本的公式となるからである．たとえば

$$\lim_{x\to 0}\frac{1-\cos x}{x^2}=\lim_{x\to 0}\frac{2\left(\sin\frac{x}{2}\right)^2}{x^2}=\lim_{x\to 0}\frac{1}{2}\left(\frac{\sin(x/2)}{x/2}\right)^2=\frac{1}{2}\left(\lim_{x\to 0}\frac{\sin(x/2)}{x/2}\right)^2=\frac{1}{2},$$

$$\lim_{x\to 0}\frac{e^x+e^{-x}-2}{x^2}=\lim_{x\to 0}e^{-x}\left(\frac{e^x-1}{x}\right)^2=\lim_{x\to 0}e^{-x}\left(\lim_{x\to 0}\frac{e^x-1}{x}\right)^2=1$$

のように公式 (3) および (4) に帰着しうるものがある．しかし

$$\lim_{x\to 0}\frac{x-\sin x}{x^3} \tag{5}$$

および

$$\lim_{x\to 0}\frac{e^x-e^{-x}-2x}{x^3} \tag{6}$$

には，公式 (3) および (4) そのままでは適用しえられそうもない．これらの極限はいわば本来の不定形 $\frac{0}{0}$ の極限ともみられるであろう．

2. ロピタルの定理の条件は

——極限 (5), (6) を求めるには，**ロピタル** (l'Hospital) **の定理**が必要となるわけか．

このような極限を求めるには，ロピタルの定理は手っとり早いことはたしかである．別な方法もあるけれど，まずはこの定理を引用してみよう．

定理 1（**ロピタル**）「関数 f, g は，(i) 点 a を除いた点 a の近傍 ——中心抜き近傍——

$N'(a)$ で連続かつ微分可能で, (ii) $\lim_{x \to a} f(x) = 0$, $\lim_{x \to a} g(x) = 0$ とする. 極限 $\lim_{x \to a} \dfrac{f'(x)}{g'(x)}$ が存在するならば, 極限 $\lim_{x \to a} \dfrac{f(x)}{g(x)}$ も存在して, 関係式

$$\lim_{x \to a} \frac{f(x)}{g(x)} = \lim_{x \to a} \frac{f'(x)}{g'(x)} \tag{7}$$

が成り立つ.」

——ここで, ちょっと待って… 他の教科書では, 関数 f, g についての条件が次のように述べられているのが多いのである. すなわち,「関数 f, g は, (i) 点 a の近傍 $N(a)$ で連続かつ微分可能で, (ii) $f(a) = 0, g(a) = 0$ とする.」と述べられているのである. このくいちがいは問題にならないのか.

定理では, 極限 $\lim_{x \to a} \dfrac{f'(x)}{g'(x)}$ と極限 $\lim_{x \to a} \dfrac{f(x)}{g(x)}$ とが関心事なのであるのだから, $f'(x)$, $g'(x), f(x), g(x)$ が点 a で定義されているかどうか, またどんな値をとるかはいっこうに問題にならないわけである. したがって, f, g については中心抜き近傍 $N'(a)$ で条件づけられていさえすれば十分なわけである.

——ところが, 定理1を証明するには, 平均値定理の一般化である次の **コーシー** (A. L. Cauchy) **の定理** を利用しなければならないではないか.

コーシーの定理 「関数 f, g は (i) 閉区間 $[a, b]$ で連続で, (ii) 開区間 (a, b) で微分可能, さらに (iii) (a, b) で $g'(x) \neq 0$ とする. このとき

$$\frac{f(b) - f(a)}{g(b) - g(a)} = \frac{f'(\xi)}{g'(\xi)}, \quad a < \xi < b \tag{8}$$

となるような ξ が少なくとも一つ存在する.」

いかにも指摘のとおりである. しかし, 定理1の証明には, 関数 f, g が点 a で定義されていないときは, f, g を $f(a) = 0, g(a) = 0$ のように拡張し, これを改めて f, g で表わし, または, 関数 f, g が点 a ですでに定義されているときは, $f(a) = 0, g(a) = 0$ のように変更し, 変更された関数を改めて f, g で表わせばよいであろう. コーシーの定理では, 条件 (iii) として (a, b) で $g'(x) \neq 0$ とされていたが, 定理1では, 極限 $\lim_{x \to a} \dfrac{f'(x)}{g'(x)}$ が存在するという仮定のうちにこの条件が含まれることがわかるであろう.

——定理1のように, f, g, f', g' の点 a でのノーコメントはなにかつごうのよいことがあるのか.

応用の場合には, 当然のことではないか. さらに, 次の系を導くには, f, g, f', g' の点 a でのノーコメントは理論的にすこぶるつごうがよいであろう.

定理1の系 「関数 f, g は (i) 無限区間 (a, ∞) で連続かつ微分可能で, (ii) $\lim_{x \to \infty} f(x) = 0$, $\lim_{x \to \infty} g(x) = 0$ とする. 極限 $\lim_{x \to \infty} \dfrac{f'(x)}{g'(x)}$ が存在するならば, 極限 $\lim_{x \to \infty} \dfrac{f(x)}{g(x)}$ も存在して, 関係式

$$\lim_{x \to \infty} \frac{f(x)}{g(x)} = \lim_{x \to \infty} \frac{f'(x)}{g'(x)} \tag{9}$$

が成り立つ.」

変数の十分大きな値の範囲だけが問題であるから，$a>0$ としてもさしつかえないであろう．$x=\frac{1}{z}$ によって，x の範囲 (a, ∞) は z の範囲 $\left(0, \frac{1}{a}\right)$，すなわち，$z=0$ の右側近傍に変換され，$x \to \infty$ は $z \to +0$ となる．いま

$$f(x) = f\left(\frac{1}{z}\right) = \bar{f}(z), \qquad g(x) = g\left(\frac{1}{z}\right) = \bar{g}(z)$$

とおくと

$$\bar{f}'(z) = \frac{d}{dx} f(x) \frac{dx}{dz} = -f'(x) \frac{1}{z^2}, \qquad \bar{g}'(z) = \frac{d}{dx} g(x) \frac{dx}{dz} = -g'(x) \frac{1}{z^2}$$

となるから

$$\lim_{z \to +0} \frac{\bar{f}'(z)}{\bar{g}'(z)} = \lim_{x \to \infty} \frac{f'(x)}{g'(x)}$$

定理1により，$\lim_{z \to +0} \frac{\bar{f}(z)}{\bar{g}(z)}$ が存在して，関係式

$$\lim_{z \to +0} \frac{\bar{f}(z)}{\bar{g}(z)} = \lim_{z \to +0} \frac{\bar{f}'(z)}{\bar{g}'(z)}$$

が成り立つ．したがって，関係式 (9) が成り立つ．

上のようにして，定理1での f, g の点 a での値についてのノーコメントであることによって，定理1からその系を導くのに理論的になめらかになることがわかったであろう．

3. ロールの定理，平均値定理，コーシーの定理の図形的な関連

——理論体系としてはさかのぼることになるが，コーシーの定理はロールの定理を使って証明されている．すなわち

$$f(b) - f(a) = k[g(b) - g(a)]$$

とおいて，関数

$$\varphi(x) = f(b) - f(x) - k[g(b) - g(x)]$$

にロールの定理を適用すればよい．こういってしまえば，解析的には納得できるのであるが，どうしてこのような思いつきをしたのか，と問われると返答に困ってしまう．内面的な関連についての理解がなされてないためかと思うのだが，この点解明してほしいが…

ロールの定理，平均値定理，コーシーの定理はいかにも解析の定理であって，解析的には一連の関連のある定理であるけれど，解析的にみる限り一般化の関連しか見出されないであろう．しかし，図形的にとらえるとき，これらが同一のものであることが見出されるであろう．

まず，ロールの定理を述べると

図 1

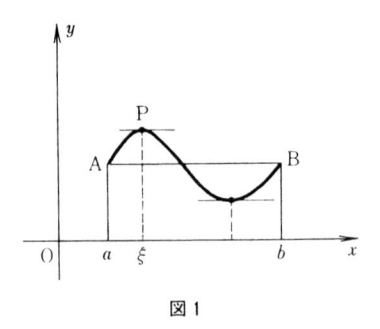

ロールの定理　「関数 f は閉区間 $[a, b]$ で連続で，開区間 (a, b) で微分可能であるとする．$f(a)=f(b)$ ならば，関係

$$f'(\xi)=0, \qquad a<\xi<b \tag{10}$$

が成り立つような ξ が少なくとも一つ存在する．」

　この定理を図形的にみると，関数 f のグラフの両端の高さが等しいならば，グラフの中間で，接線が x 軸に平行であるような点 $P(\xi, f(\xi))$ が存在することである．ところが，グラフの両端を結ぶ弦は x 軸に平行である．したがって，グラフの両端を結ぶ弦に平行な接線をもつ接点 P がグラフの中間に少なくとも一つ存在することとなる．このことがらは座標には関連のないグラフの性質である．このことがらを一般の位置の関数のグラフに適用すると（図 2）

$$\frac{f(b)-f(a)}{b-a}=f'(\xi), \qquad a<\xi<b \tag{11}$$

となる．このことがらは，解析的に表現すると，次の平均値定理となる．

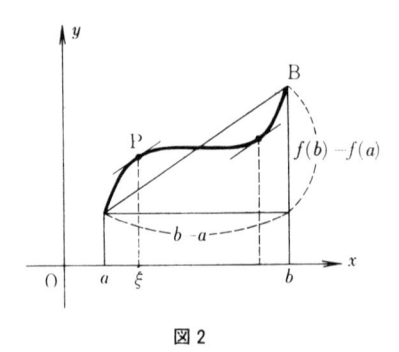

図 2

平均値定理　「関数 f は閉区間 $[a, b]$ で連続で，開区間 (a, b) で微分可能であるとする．このとき，関係

$$\frac{f(b)-f(a)}{b-a}=f'(\xi), \qquad a<\xi<b \tag{11}$$

3. ロールの定理，平均値定理，コーシーの定理の図形的な関連

または

$$f(b)-f(a)=f'(\xi)(b-a), \quad a<\xi<b \tag{12}$$

が成り立つような ξ が少なくとも一つ存在する．」

これまでは，関数 f のグラフについて考察したのであるが，次には，もっと一般的にして，平面曲線 C

$$x=\varphi(t), \quad y=\psi(t), \quad \alpha\leqq t\leqq\beta \tag{13}$$

図 3

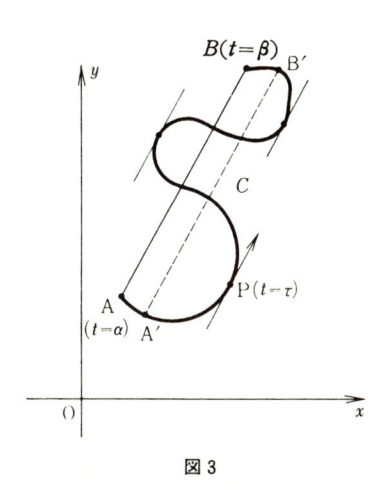

について考察してみることにしよう（図 3）．曲線 C の端点 A, B を結ぶ弦 AB を平行に移動してみると，接線が弦 AB に平行であるような C 上の接点 P が存在することが図形的に明らかであろう．この接点 P の t の値を τ とすると，P での接線ベクトルは

$$(\varphi'(\tau), \psi'(\tau)), \quad \alpha<\tau<\beta$$

で与えられる．これは弦 AB に平行であるから

$$(\varphi(\beta)-\varphi(\alpha), \psi(\beta)-\psi(\alpha))=c(\varphi'(\tau),\psi'(\tau))$$

となるような c が存在する．すなわち，関係

$$\varphi(\beta)-\varphi(\alpha)=c\varphi'(\tau), \quad \psi(\beta)-\psi(\alpha)=c\psi'(\tau), \quad \alpha<\tau<\beta \tag{14}$$

または

$$\frac{\psi(\beta)-\psi(\alpha)}{\varphi(\beta)-\varphi(\alpha)}=\frac{\psi'(\tau)}{\varphi'(\tau)}, \quad \alpha<\tau<\beta \tag{15}$$

が得られる．

関係 (14) で，$\psi, \varphi, \alpha\leqq t\leqq\beta, \tau$ の代わりにそれぞれ $f, g, a\leqq x\leqq b, \xi$ でおきかえると，コーシーの定理の関係 (8) が得られる．結局，ロールの定理，平均値定理，コーシーの定理の

3者は図形的には同じような内容をもっていることがわかる．コーシーの定理の証明に用いられる k および φ の意味は，図形的に考察するならば，容易に明らかにされるであろう．

4. ε-δ 論法からの解放の試み

——不定形 $\frac{\infty}{\infty}$ の極限に関する定理の証明はどの教科書でも ε-δ 論法を使っているので，ε-δ 論法に不慣れなわたくしたち初学者にはなじめない．結局のところ，公式だけ覚えて計算することに終ってしまうわけである．証明もわからないままで済ますのはなんとなくひっかかることなのであるが，もっとわかり易い証明がないものだろうか．

この定理は，微分積分入門のうちで ε-δ 論法を必要とする最初のものである．正確に証明しようとするには，ε-δ 論法はさけがたいようである．

——ε-δ 論法がさけがたいとするにしても，もっと証明のイメージが浮き上るようにはできないものであろうか．

それにはまず，問題の定理をはっきり述べておくことにしよう．

定理 2　「関数 f, g は　(i) 点 a を除いた点 a の近傍 $N'(a)$ で連続かつ微分可能で，　(ii) $\lim_{x \to a} f(x) = \infty$, $\lim_{x \to a} g(x) = \infty$ とする．極限 $\lim_{x \to a} \frac{f'(x)}{g'(x)}$ が存在するならば，$\lim_{x \to a} \frac{f(x)}{g(x)}$ も存在して，関係式 (7) が成り立つ．」

この定理を証明する前に，次の系が定理1系と同じようにして導かれることを前置きしておこう．

系　「関数 f, g は　(i) 無限区間 (a, ∞) で連続かつ微分可能で，(ii)　$\lim_{x \to \infty} f(x) = \infty$, $\lim_{x \to \infty} g(x) = \infty$ とする．極限 $\lim_{x \to \infty} \frac{f'(x)}{g'(x)}$ が存在するならば，極限 $\lim_{x \to \infty} \frac{f(x)}{g(x)}$ も存在して，関係式 (9) が成り立つ．」

定理 2 の証明に入る前に，系で $g(x) = x$ とした特別な場合にあたる次の補助定理を準備しておくとつごうがよい．そうすることによって定理の証明は見通しがよりよくなることであろう．

補助定理　「関数 φ は無限区間 (a, ∞) で連続かつ微分可能であるとする．極限 $\lim_{t \to \infty} \varphi'(t)$ が存在するならば，極限 $\lim_{t \to \infty} \frac{\varphi(t)}{t}$ も存在して，関係式

$$\lim_{t \to \infty} \frac{\varphi(t)}{t} = \lim_{t \to \infty} \varphi'(t) \tag{16}$$

が成り立つ．」

証明　まず，簡単のために，$\lim_{t \to \infty} \varphi'(t) = 0$ としよう．このことは，任意の正の数 ε に対して

$$t > G \quad \text{ならば} \quad -\frac{\varepsilon}{2} < \varphi'(t) < \frac{\varepsilon}{2}$$

となるように，(十分大きな) 正の数 G をとることができることである．（ε-G 論法というべき

であろうが，アイデアとしては $\varepsilon\text{-}\delta$ 論法と同じである．) したがって，$t > G$ ならば，平均値定理によって

$$\frac{\varphi(t)-\varphi(G)}{t-G}=\varphi'(\xi), \qquad G<\xi<t$$

となるような ξ が存在するから

$$-\frac{\varepsilon}{2}<\frac{\varphi(t)-\varphi(G)}{t-G}<\frac{\varepsilon}{2}$$

これより

$$-\frac{\varepsilon}{2}t<-\frac{\varepsilon}{2}(t-G)<\varphi(t)-\varphi(G)<\frac{\varepsilon}{2}(t-G)<\frac{\varepsilon}{2}t$$

両端の辺および中央の辺に $\varphi(G)$ を加えて，t で割ると

$$-\frac{\varepsilon}{2}+\frac{\varphi(G)}{t}<\frac{\varphi(t)}{t}<\frac{\varphi(G)}{t}+\frac{\varepsilon}{2} \qquad (17)$$

ここで，G よりも大きい，しかも十分大きな正の数 G' をとると

$$G'<t \text{ のとき} \quad -\frac{\varepsilon}{2}<\frac{\varphi(G)}{t}<\frac{\varepsilon}{2} \qquad (18)$$

(17), (18) により

$$G'<t \text{ のとき} \quad -\varepsilon<\frac{\varphi(t)}{t}<\varepsilon$$

これは $\lim_{t\to\infty}\frac{\varphi(t)}{t}=0$ となることを示すものである．ゆえに，関係式 (16) が成り立つ．

$\lim_{t\to\infty}\varphi'(t)=l$ のときは，$\psi(t)=\varphi(t)-lt$ とおくと，$\lim_{t\to\infty}\psi'(t)=0$ となるから，上に示したことによって，$\lim_{t\to\infty}\frac{\psi(t)}{t}=0$，したがって，$\lim_{t\to\infty}\frac{\varphi(t)}{t}=l$ となる．これで，補助定理は完全に証明された．

いよいよ定理 2 の証明に移ることになる．$g(x)=t$ とおいて，$x\to a+0$ のとき $t\to\infty$ となるとしよう．極限 $\lim_{x\to a}\frac{f'(x)}{g'(x)}$ が存在するという仮定により，a の十分近くでは $g'(x) \neq 0$ となり，したがって，$g(x)$ は a の十分近くでは単調である．そうすると，逆関数 $x=g^{-1}(t)$ は十分大きな t に対して微分可能で，$g^{-1\prime}(t)=\frac{1}{g'(x)}$．$F(t)=f(g^{-1}(t))$ とおくと，これは微分可能で，その導関数は

$$F'(t)=f'(g^{-1}(t))g^{-1\prime}(t)=\frac{f'(x)}{g'(x)}$$

となる．定理の仮定により，$\lim_{x\to a+0}\frac{f'(x)}{g'(x)}$ が存在するから，極限 $\lim_{t\to\infty}F'(t)$ も存在し，かつ $\lim_{x\to a+0}\frac{f'(x)}{g'(x)}=\lim_{t\to\infty}F'(t)$．補助定理により，極限 $\lim_{t\to\infty}\frac{F(t)}{t}$ も存在し，かつ $\lim_{t\to\infty}\frac{F(t)}{t}=\lim_{t\to\infty}F'(t)$．ところが，$\frac{F(t)}{t}=\frac{f(x)}{g(x)}$ となるから，極限 $\lim_{x\to a+0}\frac{f(x)}{g(x)}$ が存在し，かつ

$$\lim_{x\to a+0}\frac{f(x)}{g(x)}=\lim_{x\to a+0}\frac{f'(x)}{g'(x)}.\quad x\to a-0 \text{ の場合も同じようである．これによって定理2が証明されたわけである．}$$

5. 伝習的教科書への批判

——部分部分にはむずかしい感じがしませんが，大へん長い証明になったようです．もっと簡単にはならないものであろうか．

簡潔にしようとすれば，ふつうの教科書にあるような ε-δ 論法による証明に逆もどりするほかはないであろう．上の証明は ε-δ 論法（ε-G 論法）を最小限に使ったものである．さらに，図形的解説もわりに容易であるだろう．

——ちょっとばかり気にかかることがある．それは，ふつうの教科書の証明ではコーシーの定理を利用してるのに，上の証明ではもっと簡単な平均値定理しか使っていないことです．その上に，定理2より簡単なはずの定理1の証明には平均値定理より複雑なコーシーの定理を使っているのであるが，パラドックシカルな感じがしてなりません．

パラドックシカルと感じるのは，定理2の新証明と定理1の伝習的な証明とをいっしょくたにしているからである．定理1の証明にも，定理2についての証明の後半——補助定理の次の部分——の手法を利用したらよいであろう．ここでも平均値定理だけでよいのであるが，要点は

$$\frac{F(t)}{t}=\frac{F(t)-F(0)}{t-0}=F'(\xi),\quad 0<\xi<t$$

で，$t\to 0$ とすると

$$\lim_{t\to 0}\frac{F(t)}{t}=\lim_{t\to 0}F'(t)$$

となることを利用すればよいであろう．細部は読者に任せておこう．

——大学の一般教育のある教科書によると，定理2の場合は定理1の場合に帰着される，と述べてある．こうなると，定理2は不要ということになるのであるが…

それは，$\lim_{x\to a}f(x)=\infty$，$\lim_{x\to a}g(x)=\infty$ の場合は，逆数をとると，$\lim_{x\to a}\frac{1}{f(x)}=0$, $\lim_{x\to a}\frac{1}{g(x)}=0$ となるから

$$\lim_{x\to a}\frac{f(x)}{g(x)}=\lim_{x\to a}\frac{1/g(x)}{1/f(x)}\quad \left(=\frac{0}{0}\right)$$

となるからというわけであろう．これだけ聞かされると，いかにももっともらしく聞えるであろう．これは無責任な放言というよりほかはない．なぜならば，理論的に考えてもおかしいことである．伝習的な証明法によるにせよ，わたくしたちの新証明法によるにせよ，定理2の証明は定理1の証明よりも手数がかかっているのだから，定理2が定理1に帰着されるということは理に合わない話であろう．

このような無責任な放言に止めをさす有力な道は，具体例をあげることである．たとえば，極限
$$\lim_{x\to\infty}\frac{e^x}{x}$$
は不定形 $\frac{\infty}{\infty}$ の極限である．上記の教科書に従うと
$$\lim_{x\to\infty}\frac{e^x}{x}=\lim_{x\to\infty}\frac{\frac{1}{x}}{e^{-x}}\quad\left(=\frac{0}{0}\right)$$
とすればよいことになる．定理1系によると，右辺は
$$\lim_{x\to\infty}\frac{\left\{\frac{1}{x}\right\}'}{\{e^{-x}\}'}=\lim_{x\to\infty}\frac{-\frac{1}{x^2}}{-e^{-x}}=\lim_{x\to\infty}\frac{e^x}{x^2}$$
に等しくなるわけであるが，この極限が存在するかどうか，またこの極限がどんな値をとるのか．実は，問題がより簡明なものに帰着されるどころか，むしろより煩雑なものに導かれてしまったわけである．まったく人を愚弄するものといわざるをえないであろう．

　できるだけたくさんの 定理・公式 を教え伝えようとすることは，伝習的な教科書のしばしば目指すところである．単なる数学書としてなら至極当然なあり方の一つでもあろう．しかし，他面では，できるだけ少ない数の 定理・公式を駆使して，できるだけたくさんの結果を引き出すことを工夫することは数学学習の重要な，実りの豊かなあり方である．そのためには諸定理の内面的な関連をさぐることが必要となってくる．本稿はその一つの例示として役立つことであろう．

12 テーラーの定理

> テーラーの定理は，平均値定理の拡張であって，微分のバックボーンをなしているとみられる．理論と応用との両面から見直してみることは興味のあることであろう．

1. テーラーの定理の関係式の項の形はどうして

——テーラーの定理の証明そのものはべつにむずかしいとも感じないのであるが，それよりも定理の関係式がどうしてあのような形で与えられたのか，ということが気になって納得しがたい．**テーラー（B. Taylor）の定理**をくわしく述べると

定理1（テーラー）「関数 f が閉区間 $[a,b]$ で $n-1$ 回連続微分可能で，開区間 (a,b) で n 回微分可能であるならば，関係

$$f(b) = f(a) + \frac{f'(a)}{1!}(b-a) + \frac{f''(a)}{2!}(b-a)^2 + \cdots + \frac{f^{(n-1)}(a)}{(n-1)!}(b-a)^{n-1}$$
$$+ \frac{f^{(n)}(\xi)}{n!}(b-a)^n, \quad a < \xi < b \tag{1}$$

が成り立つような ξ が少なくとも一つ存在する．」

となるわけであるが，閉区間，開区間の区別については，ロールの定理や平均値定理の場合から一応理解しうるとして，(1)の関係式の係数がどうしてこのような形で与えられるのか，ということが納得できない．この点に関しては，講義の先生も大学の教科書もいっさいノーコメントである．こんなことがわたくしたち初学者に数学がなじみにくいものに感じさせるのではないかという気がするが……．

いかにもいわれるとおりである．極端な専門書になると，定義1，定理1，証明，定理2，証明，系，定義2，定理3，証明，定理4，証明，……という風に単調な繰り返しが書物全体にわたって続けられることがある．これはまったく極端な場合であるが，数学の教科書はとかくこういった傾向を帯びている．このような欠点を補うのが教室での講義のはずであるが，数学教官はとかく証明の厳密さや美しさに心を奪われがちで，学生の欲していることを忘れがちである．この点，わたくしたちは教師として反省しなければならないであろう．

さて，本論にもどることにして，テーラーの定理の系である**マクローリンの定理**について考えてみることにしよう．

定理2（マクローリン）「関数 f が点 0 の近傍で n 回微分可能であるならば，この近傍の点

x に対しては，関係

$$f(x)=f(0)+\frac{f'(0)}{1!}x+\frac{f''(0)}{2!}x^2+\cdots+\frac{f^{(n-1)}(0)}{(n-1)!}x^{n-1}+\frac{f^{(n)}(\theta x)}{n!}x^n, \quad 0<\theta<1 \quad (2)$$

が成り立つような θ が少なくとも一つ存在する．」

関係 (1) での項に対する気がかりは関係 (2) での項に対する気がかりと共通であるから，後者について考えてみればよいであろう．

いま，関数 f が点 0 の近傍で無限回微分可能で，関係式

$$\lim_{n\to\infty}\frac{f^{(n)}(\theta x)}{n!}=0 \quad (3)$$

が成り立つとき，関係 (2) によって，f は

$$f(x)=f(0)+\frac{f'(0)}{1!}x+\frac{f''(0)}{2!}x^2+\cdots+\frac{f^{(n)}(0)}{n!}x^n+\cdots \quad (4)$$

のように展開される．これが**マクローリン展開**である．そうすると，関数 f を x の整級数に展開すると，(4) によって示されるように，x^n の係数は $\frac{f^{(n)}(0)}{n!}$ に等しいことがわかるが，ここで，問題は関数 f を x の整級数に展開すると，x^n の係数が $\frac{f^{(n)}(0)}{n!}$ に等しくなるのはどうしてかということに帰着される．後者のことがらは次のようにして推察される．

関数 f は点 0 の近傍で

$$f(x)=a_0+a_1x+a_2x^2+\cdots+a_nx^n+\cdots \quad (5)$$

のように整級数で展開されると仮定しよう．両辺を次々に微分すると

$$f'(x) = a_1+2a_2x \;+\cdots+na_nx^{n-1}+\cdots,$$
$$f''(x) = \phantom{a_1+{}}2\cdot 1a_2+\cdots+n(n-1)a_nx^{n-2}+\cdots,$$
$$\cdots\cdots\cdots\cdots\cdots\cdots\cdots\cdots\cdots\cdots\cdots\cdots\cdots$$
$$f^{(n)}(x) = n!a_n+\cdots,$$
$$\cdots\cdots\cdots\cdots\cdots\cdots\cdots\cdots\cdots\cdots\cdots\cdots\cdots$$

ここで，$x=0$ とおくと

$$f(0)=a_0,\; f'(0)=a_1,\; f''(0)=2!a_2,\; \cdots,\; f^{(n)}(0)=n!a_n,\; \cdots$$

したがって

$$a_0=f(0),\; a_1=\frac{f'(0)}{1!},\; a_2=\frac{f''(0)}{2!},\; \cdots,\; a_n=\frac{f^{(n)}(0)}{n!},\; \cdots$$

となることがわかるであろう．

2. テーラーの定理の積分形式

——これで，テーラーの定理の関係 (1) での項に対する気がかりは氷解したが，整級数 (5) を何回も微分し，そして $x=0$ とおくようなことは，正しい手続なのか．

そのような手続きは無条件には正当化されるわけにはゆかない．しかし，このような手続によって，関係 (1) での項を求めえたことは重大な事実である．ただ，それだけでは関係 (1) が

論理的には正当化されていないので，ふつうの教科書にあるような証明が与えられてはじめて定理として取り扱われるわけである.

——それでは，テーラーの定理の関係 (1) については，発見する手続きと証明する手続きがまったく別々であるというわけか.

発見する手続きと証明する手続きとがまったく別であるということは，数学でははとんど出会う場面であるといっても過言ではないであろう．両ほうの手続きが共通する場面はとくに恵まれた幸運であるともいえるであろう．ただ，テーラーの定理の場合にも，観点を変えることによって，両ほうの手続きが共通する場面の可能性も考えられるのである.

問題は，どのように観点を変えるかという点にある．テーラーの定理の拡張の出発点である平均値定理の関係

$$f(b)-f(a)=(b-a)f(\xi), \quad a<\xi<b \tag{6}$$

を積分形式

$$f(b)-f(a)=\int_a^b f'(x)\,dx \tag{7}$$

でながめてみることにしよう．この右辺に部分積分法を適用すると

$$\int_a^b f'(x)dx=\left[f'(x)\{-(b-x)\}\right]_a^b+\int_a^b f''(x)(b-x)\,dx$$

$$=f'(a)(b-a)+\int_a^b f''(x)(b-x)\,dx$$

ここでまた，右辺の積分に部分積分法を適用すると

$$\int_a^b f''(x)(b-x)\,dx=\left[f''(x)\left\{-\frac{(b-x)^2}{2}\right\}\right]_a^b+\int_a^b f'''(x)\frac{(b-x)^2}{2}\,dx$$

$$=\frac{f''(a)}{2!}(b-a)^2+\int_a^b f'''(x)\frac{(b-x)^2}{2!}\,dx$$

となるから，(7) は

$$f(b)-f(a)=\frac{f'(a)}{1!}(b-a)+\frac{f''(a)}{2!}(b-a)^2+\int_a^b f'''(x)\frac{(b-x)^2}{2!}\,dx \tag{8}$$

となる．このような手続きを繰り返し続けると，帰納的に関係式

$$f(b)-f(a)=\frac{f'(a)}{1!}(b-a)+\frac{f''(a)}{2!}(b-a)^2+\cdots+\frac{f^{(n-1)}(a)}{(n-1)!}(b-a)^{n-1}$$

$$+\int_a^b \frac{f^{(n)}(x)}{(n-1)!}(b-x)^{n-1}\,dx \tag{9}$$

が導かれるであろう.

ここで，テーラーの定理の関係 (1) の各項が，最後の項を除いて，理論的に導き出されたわけである．ついでのことに上のことがらを定理の形式にまとめておくことにしよう.

定理3 「関数 f が閉区間 $[a, b]$ で n 回連続微分可能であるならば，関係式

$$f(b)=f(a)+\frac{f'(a)}{1!}(b-a)+\frac{f''(a)}{2!}(b-a)^2+\cdots+\frac{f^{(n-1)}(a)}{(n-1)!}(b-a)^{n-1}$$
$$+\int_a^b \frac{f^{(n)}(x)}{(n-1)!}(b-x)^{n-1}\,dx \qquad (10)$$

が成り立つ.」

ところで，(1) の最後の項 $\dfrac{f^{(n)}(\xi)}{n!}(b-a)^n$ と (10) の最後の項 $\int_a^b \dfrac{f^{(n)}(x)}{(n-1)!}(b-x)^{n-1}\,dx$ との比較の問題であるが，これがためには積分における**第1平均値定理**とよばれる次の補助定理を引用することになる．

補助定理(第1平均値定理)　「関数 f, g は閉区間 $[a,b]$ で連続で，$[a,b]$ で $g(x)\geqq 0$ とする．このとき，関係

$$\int_a^b f(x)g(x)\,dx = f(\xi)\int_a^b g(x)\,dx, \qquad a<\xi<b \qquad (11)$$

が成り立つような ξ が少なくとも一つ存在する．」

この補助定理を利用すると

$$\int_a^b \frac{f^{(n)}(x)}{(n-1)!}(b-x)^{n-1}\,dx = f^{(n)}(\xi)\int_a^b \frac{(b-x)^{n-1}}{(n-1)!}\,dx = f^{(n)}(\xi)\left[-\frac{(b-x)^n}{n!}\right]_a^b$$
$$= f^{(n)}(\xi)\frac{(b-a)^n}{n!}$$

となり，関係式(10)から関係 (1) が導かれる．こういうわけで，定理3をもやはりテーラーの定理をよび，定理1と区別して仮りに**積分形式**のテーラーの定理とよぶことにしよう．これに対して，関係(1)での項 $\dfrac{f^{(n)}(\xi)}{n!}(b-a)^n$ は，$\xi=a+\theta(b-a)$ とおくと，$0<\theta<1$ となることから

$$\frac{f^{(n)}(a+\theta(b-a))}{n!}(b-a)^n, \qquad 0<\theta<1$$

のようにも表わされ，定理1は仮りに **θ 形式** のテーラーの定理とよぶことにしよう．また，関係 (1) での項 $\dfrac{f^{(n)}(\xi)}{n!}(b-a)^n$ および関係式 (10) での項 $\int_a^b \dfrac{f^{(n)}(x)}{(n-1)!}(b-x)^{n-1}\,dx$ はともに**剰余項**とよばれ，R_n で表わされる．

3. テーラーの定理の o 形式

——テーラーの定理が平均値定理の拡張であって，平均値定理には θ 形式と積分形式との別があるに応じて，テーラーの定理にも θ 形式と積分形式との別が対応していることがわかった．ところで，平均値定理そのものとは異なるが，いわば o 形式の平均値定理ともいうべきものがあるが，これに対応するものがあるか．

o 形式の平均値定理ともいうべきものは，関数 f が点 a で微分可能であるとき，関係式

12 テーラーの定理

$$f(a+h)=f(a)+f'(a)h+o(h) \qquad (h\to 0) \qquad (12)$$

が成り立つことを意味している．これは実は微分係数 $f'(a)$ の定義そのものである．ところで，この関係式に対応する形式の平均値定理の関係は

$$f(a+h)=f(a)+f'(a+\theta h)h, \qquad 0<\theta<1 \qquad (13)$$

で与えられる．そうすると，θ 形式のテーラーの定理の関係は，$b=a+h$ とおくことによって

$$f(a+h)=f(a)+\frac{f'(a)}{1!}h+\frac{f''(a)}{2!}h^2+\cdots+\frac{f^{(n-1)}(a)}{(n-1)!}h^{n-1}$$
$$+\frac{f^{(n)}(a+\theta h)}{n!}h^n, \qquad 0<\theta<1 \qquad (14)$$

で与えられる．このことから類推すると，関係式 (12) の一般化の関係式は

$$f(a+h)=f(a)+\frac{f'(a)}{1!}h+\frac{f''(a)}{2!}h^2+\cdots+\frac{f^{(n-1)}(a)}{(n-1)!}h^{n-1}$$
$$+\frac{f^{(n)}(a)}{n!}h^n+o(h^n) \qquad (h\to 0) \qquad (15)$$

によって与えられるであろう．

簡単のために，$n=2$ の場合について，関係式 (15) を証明してみよう．すなわち，関係式

$$f(a+h)=f(a)+f'(a)h+\frac{f''(a)}{2}h^2+o(h^2) \qquad (h\to 0) \qquad (16)$$

が成り立つことを証明してみよう．いま，h を変数として

$$\varphi(h)=f(a+h)-f(a)-f'(a)h-\frac{f''(a)}{2}h^2$$

によって定義される関係 φ について考え，これを微分すると

$$\varphi'(h)=f'(a+h)-f'(a)-f''(a)h$$

関係式 (12) で，f の代わりに f' でおきかえると

$$\varphi'(h)=o(h) \qquad (h\to 0) \qquad (17)$$

となる．他ほう，平均値定理により

$$\varphi(h)-\varphi(0)=\varphi'(\theta h)h, \qquad 0<\theta<1$$

となるような θ が存在する．ところが，$\varphi(0)=0$ となるから

$$\left|\frac{\varphi(h)}{h^2}\right|=\left|\frac{\varphi'(\theta h)}{h}\right|<\left|\frac{\varphi'(\theta h)}{\theta h}\right|$$

関係式 (17) により

$$\frac{\varphi'(h)}{h}\to 0 \qquad (h\to 0)$$

となるから

$$\left|\frac{\varphi(h)}{h^2}\right|\to 0 \qquad (h\to 0)$$

すなわち
$$\varphi(h) = o(h^2) \qquad (h \to 0)$$
これは関係式(16)が成り立つことを示す.

このような論法で帰納法的に関係式(15)が成り立つことが導かれるのである. このことからをまとめると, 次の定理が導かれるであろう.

定理4 「関数 f が点 a の近傍で $n-1$ 回微分可能で, 点 a で n 回微分可能であるならば, 関係式

$$f(a+h) = f(a) + \frac{f'(a)}{1!}h + \frac{f''(a)}{2!}h^2 + \cdots + \frac{f^{(n-1)}(a)}{(n-1)!}h^{n-1}$$
$$+ \frac{f^{(n)}(a)}{n!}h^n + o(h^n) \qquad (h \to 0) \qquad (15)$$

が成り立つ. ここに, 項 $o(h^n)$ は関係式

$$\lim_{h \to 0} \frac{o(h^n)}{h^n} = 0 \qquad (18)$$

を満足する項である.」

関係式(12)を o 形式の平均値定理とよんでよいならば, 定理4を仮りに **o 形式**のテーラーの定理とよんでみることもよいであろう.

4. テーラーの定理の3形式での条件・結論の比較

——テーラーの定理が三つの形式, すなわち, θ 形式, 積分形式, o 形式の形式で述べられているが, なんとかして一つの形式には統一できないものか.

単に統一しようとすることよりも, 共通性と相異性とをゆっくりみくらべたらどうか. 比較するために, $b = a+h$ とおくと, すでにみてきたように, 定理1の関係(1)は

$$f(a+h) = f(a) + \frac{f'(a)}{1!}h + \frac{f''(a)}{2!}h^2 + \cdots + \frac{f^{(n-1)}(a)}{(n-1)!}h^{n-1}$$
$$+ \frac{f^{(n)}(a+\theta h)}{n!}h^n, \quad 0 < \theta < 1 \qquad (14)$$

のように変形された. また定理3の関係式(10)は

$$f(a+h) = f(a) + \frac{f'(a)}{1!}h + \frac{f''(a)}{2!}h^2 + \cdots + \frac{f^{(n-1)}(a)}{(n-1)!}h^{n-1}$$
$$+ \int_a^{a+h} \frac{f^{(n)}(x)}{(n-1)!}(a+h-x)^{n-1} dx \qquad (19)$$

にように変形される. 定理4の関係式(15)はそのまま書くと

$$f(a+h) = f(a) + \frac{f'(a)}{1!}h + \frac{f''(a)}{2!}h^2 + \cdots + \frac{f^{(n-1)}(a)}{(n-1)!}h^{n-1}$$

$$+\frac{f^{(n)}(a)}{n!}h^n+o(h^n) \qquad (h\to 0) \qquad (15)$$

である.

(14), (19), (15) を比較すると，右辺の最初の n 項は完全に一致するが，残りの項

$$\frac{f^{(n)}(a+\theta h)}{n!}h^n, \quad \int_a^{a+h}\frac{f^{(n)}(x)}{(n-1)!}(a+h-x)^{n-1}\,dx, \quad \frac{f^{(n)}(a)}{n!}h^n+o(h^n)$$

は一応異なった形のものである．これらをそれぞれ仮りに $R_n{}^1, R_n{}^2, R_n{}^3$ で表わすことにしよう．そうすると，(14), (19), (15) はいずれも

$$f(a+h)=f(a)+\frac{f'(a)}{1!}h+\frac{f''(a)}{2!}h^2+\cdots+\frac{f^{(n-1)}(a)}{(n-1)!}h^{n-1}+R_n{}^i \qquad (i=1,2,3) \quad (20)$$

のようにまとめられるであろう．ここでまた，$R_n{}^i$ ($i=1,2,3$) を**剰余項**とよぶことにしよう．

——こうしてみると，3形式のテーラーの定理については剰余項のちがいだけということに帰するといってよいものなのか.

それは急ぎすぎる結論というものである．関数 f に対する条件に着眼するとよい．θ 形式の場合は，関数 f は閉区間 $[a, a+h]$ で $n-1$ 回連続微分可能で，開区間 $(a, a+h)$ で n 回微分可能である，と前提されているのに対して，積分形式の場合は，関数 f は閉区間 $[a, a+h]$ で n 回連続微分可能である，と前提されている．つまり，積分形式の場合は前提条件について θ 形式の場合よりも強いわけである．さらに，すでにみてきたように，積分形式の場合の前提条件のもとでは，積分形式の場合の剰余項 $R_n{}^2$ は θ 形式の場合の剰余形式 $R_n{}^1$ の形となる．

——そうなると，θ 形式のテーラーの定理は，前提条件のゆるいという点で，積分形式のテーラーの定理よりも一般的であって，より優位な定理であると結論してよいものか.

前提条件のゆるいかどうかという観点からすれば，そのようにも結論されるであろうが，わたくしたちはそのような観点のみに限定することに急がないようにしたい．もっと別な観点からもながめるようにしてみたい．もっと時をかしてほしい．

次に，θ 形式の場合と o 形式の場合とを比較してみることにしよう．問題点は関数 f の n 回微分可能についての前提条件のいかんにある．θ 形式の場合は，点 a の点 a を除いた中心抜き近傍では f の n 回微分可能を前提するけれど，点 a では f の n 回微分可能を前提しない．形式 o の場合は，反対に点 a の中心抜き近傍では f の n 回微分可能を前提しないけれど，点 a だけで f の n 回微分可能を前提している．このように，両者の場合，n 回微分可能についての前提条件が完全にくいちがっているので，いずれか一ぽうが一般的であって，他ほうが特殊的であるという包括関係は見出されない．このようなデリケートな点はとかく性急に結論を下したがる論者には見落されがちであろう．

ところで，θ 形式の場合，点 a の近傍で f が n 回微分可能で，点 a で n 階導関数 $f^{(n)}$ が連続である，という付加条件が与えられていると，関係

$$\lim_{h\to 0}f^{(n)}(a+\theta h)=f^{(n)}(a)$$

が成り立つから，関係式

$$\frac{f^{(n)}(a+\theta h)}{n!}h^n = \frac{f^{(n)}(a)}{n!}h^n + o(h^n) \qquad (h \to 0)$$

が成り立つ．このとき，θ 形式のテーラーの定理の関係（14）は o 形式のテーラーの定理の関係式（15）の形をとることになる．

5. テーラーの定理の適用範囲の拡張は

——テーラーの定理の3形式の間には，簡単な包括関係が見出されないばかりか，関数 f に対する微分可能についての前提条件の差異については十分に明らかにされてきた．それでも気になることは，ふつうの教科書や講義では，ほとんどといってよいくらいに，θ 形式のテーラーの定理ばかりが取り扱われていることである．どういう理由があるのか．

いわれることはもっともである．テーラーの定理の取り扱われているのがほとんどが θ 形式であるということには，一つには，教科書の著者や講義の教官には，大へん失礼ないい分であるが，伝習的な考え方に支配されているからである．また，事実のところ，微分積分によく出てくる例示の関数は，指数関数，対数関数，三角関数，逆三角関数などのように，定義域で無限回連続微分可能である，すなわち，C^∞ 級であるから，いずれの形式のテーラーの定理についても，関数 f の微分可能の前提条件は共通にみたされるのである．それで，わざわざいろいろな形式のテーラーの定理の必要が感じられなくなり，したがって，最も伝習的な θ 形式のテーラーの定理の独占するところとなるわけであろう．

——よく「伝習的」といわれるが，なにかもっと具体的に説明してほしいが．

従来の微分積分の教科書および講義で取り扱われる関数のほとんどは，定義域が数直線 R の部分集合である区間（有限または無限）で，値域は数直線 R の部分集合であるようなもので，**1 変数実（数値）関数**とよばれるものである．このような関数に対しては，3形式のテーラーの定理はいずれも同じように問題はないのである．ところが，定義域が数直線 R の部分集合である区間 I で，値域が2次元ベクトル空間 R^2 の部分集合であるような関数，すなわち，I から R^2 への写像

$$f : I \to R^2$$

としての関数 f は **1 変数ベクトル（値）関数**とよばれる．ベクトル関数 f に対しては，θ 形式の平均値定理は必ずしも成り立たない［第10章「平均値定理」参照］．したがって，テーラーの定理は平均値定理の一般化であるから，θ 形式のテーラーの定理は必ずしも成り立たないと考えなければならないであろう．そのようなわけで，わたくしたちは，ベクトル関数に対しては θ 形式のテーラーの定理について語らないわけである．

——では，ベクトル関数に対しては，積分形式および o 形式のテーラーの定理は成り立つものか．

結論を先にいうと，これら2形式のテーラーの定理は成り立つのである．$I=[a,b]$ とし，ベクトル関数 f の成分関数を f_1, f_2 とする，すなわち

$$\boldsymbol{f}=(f_1, f_2)$$

とする．f_1, f_2 は1変数実関数であるから，それぞれ積分形式のテーラーの定理の関係式 (10) が成り立つ．すなわち，二つの関係式

$$f_1(b)=f_1(a)+\frac{b-a}{1!}f_1'(a)+\frac{(b-a)^2}{2!}f_1''(a)+\cdots+\frac{(b-a)^{n-1}}{(n-1)!}f_1^{(n-1)}(a)$$
$$+\int_a^b \frac{(b-x)^{n-1}}{(n-1)!}f_1^{(n)}(x)\,dx \qquad (10_1)$$

$$f_2(b)=f_2(a)+\frac{b-a}{1!}f_2'(a)+\frac{(b-a)^2}{2!}f_2''(a)+\cdots+\frac{(b-a)^{n-1}}{(n-1)!}f_2^{(n-1)}(a)$$
$$+\int_a^b \frac{(b-x)^{n-1}}{(n-1)!}f_2^{(n)}(x)\,dx \qquad (10_2)$$

が成り立つ．ところが，ベクトル関数の微分係数および積分に関しては

$$\boldsymbol{f}'(a)=(f_1'(a), f_2'(a)),\ \boldsymbol{f}''(a)=(f_1''(a), f_2''(a)),\ \cdots,$$
$$\boldsymbol{f}^{(n-1)}(a)=(f_1^{(n-1)}(a), f_2^{(n-1)}(a)),$$
$$\int_a^b \frac{(b-x)^{n-1}}{(n-1)!}\boldsymbol{f}^{(n)}(x)\,dx=\left(\int_a^b \frac{(b-x)^{n-1}}{(n-1)!}f_1^{(n)}(x)\,dx,\ \int_a^b \frac{(b-x)^{n-1}}{(n-1)!}f_2^{(n)}(x)\,dx\right)$$

となるから，(10_1) および (10_2) は次の関係式の成分表示である．

$$\boldsymbol{f}(b)=\boldsymbol{f}(a)+\frac{b-a}{1!}\boldsymbol{f}'(a)+\frac{(b-a)^2}{2!}\boldsymbol{f}''(a)+\cdots+\frac{(b-a)^{n-1}}{(n-1)!}\boldsymbol{f}^{(n-1)}(a)$$
$$+\int_a^b \frac{(b-x)^{n-1}}{(n-1)!}\boldsymbol{f}^{(n)}(x)\,dx \qquad (21)$$

これはベクトル関数に対する積分形式のテーラーの定理の関係式である．同じようにして o 形式のテーラーの定理の関係式が次のように与えられるであろう．

$$\boldsymbol{f}(a+h)=\boldsymbol{f}(a)+\frac{h}{1!}\boldsymbol{f}'(a)+\frac{h^2}{2!}\boldsymbol{f}''(a)+\cdots+\frac{h^{n-1}}{(n-1)!}\boldsymbol{f}^{n-1}(a)$$
$$+\frac{h^n}{n!}\boldsymbol{f}^{(n)}(a)+o(h) \qquad (h \to 0) \qquad (22)$$

ベクトル値関数の値域が3次元ベクトル空間 $\boldsymbol{R}^3$ または n 次元ベクトル空間 $\boldsymbol{R}^n$ の部分集合である場合にも，積分形式および o 形式のテーラーの定理が成り立つことが同じように導かれるであろう．

13 テーラーの定理の諸形式の使い分け

> テーラーの定理にはいろいろな形式があることは，理論的には一応納得できるのであるが，応用上の観点からはそれだけの存在理由があるものであろうか．

1. 諸形式の使分けの必要は

——テーラーの定理にはいろいろな形式があるが，応用上の使分けでもあるのであろうか．早い話が θ 形式だけではいけないものか．

では，反対質問するが，関数値 $f(x)$ の極大・極小の判定の場合，2階微分係数 $f''(a)$ の符号によって判定するのであるが，θ 形式のテーラーの定理をどのように使うのか，ちょっと復習してみせてほしいが．

——$f(x)$ が点 a で極大・極小となるためには，$f'(a)=0$ となることが必要であるから，θ 形式のテーラーの定理の $n=2$ の場合から

$$f(a+h)-f(a)=\frac{f''(a+\theta h)}{2}h^2, \qquad 0<\theta<1 \tag{1}$$

となる．2階導関数 $f''(x)$ が点 a の近傍で存在し，そして点 a で連続であると仮定すると，十分小さい $|h|$ に対しては，$f''(a+\theta h)$ は $f''(a)$ にごく近いから，$f''(a+\theta h)$ は $f''(a)$ と同符号となる．したがって，(1) の右辺は $f''(a)h^2$ と同符号となり，$h^2>0$ となることから，$f''(a)$ と同符号となる．それで，$f''(a)$ の正，負に従って，$f(x)$ は点 a で極小または極大となる．これがふつうの教科書にあるやり方であるが，これではいけないものか．

べつだんにいけないというのではない．試みに o 形式のテーラーの定理の $n=2$ の場合をとってみると，(1) は

$$f(a+h)-f(a)=\frac{f''(a)}{2}h^2+o(h^2) \qquad (h\to 0) \tag{2}$$

でおきかえられることがわかるであろう．右辺は

$$\left\{\frac{f''(a)}{2}+\frac{o(h^2)}{h^2}\right\}h^2$$

のように表わされるから，$f''(a)\neq 0$ の場合，十分小さい $|h|$ に対しては，右辺は $f''(a)h^2$ と同符号である．以下の推論は前と同じである．

o 形式によると，点 a での2階微分係数 $f''(a)$ の存在を前提するだけで十分であるが，θ

形式によると，点 a の近傍で 2 回微分可能であることと 2 階導関数 $f''(x)$ が点 a で連続であることとを前提しなければならない．もちろん，このような前提はふつうの関数については満足されるものであろう．それにしても，多くの前提をするよりも少ない前提をするほうが数学としては望ましいことである．そういう意味では，θ 形式一点張りという考え方には反省を要するものであって，o 形式の併用という柔軟性があってほしいわけである．

——ほかにも同じようなことがあるものであろうか．

まだほかにも同じようなことがある．それは関数のグラフの凹凸の判定の問題である．関数 $f(x)$ のグラフ上の点 P の近傍のグラフの部分が点 P での接線 PT の上側にあるかまたは下側にあるかに従って，関数 $f(x)$ のグラフはそれぞれ点 P で**下に凸**または**下に凹**であるという（図1）．いま，関数 $f(x)$ のグラフ上の点 P の x 座標を a，近くの点 Q の x 座標を $a+h$ とする（図2）．PR は x 軸に平行で，RSQ は y 軸に平行で，S は RSQ と接線 PT との交点であるとする．このとき，RQ$=f(a+h)-f(a)$，RS$=f'(a)h$ となるから

$$SQ = RQ - RS = f(a+h) - f(a) - f'(a)h$$

となる．θ 形式のテーラーの定理の $n=2$ の場合により

$$SQ = \frac{f''(a+\theta h)}{2}h^2, \quad 0<\theta<1 \qquad (3)$$

ここで，前の極大・極小の判定の場合と同じように，2 階導関数 $f''(x)$ が点 a で連続であることを前提して，$f''(a) \neq 0$ の場合，十分小さい $|h|$ に対して (3) の右辺は $f''(a)h^2$ と同符号である．したがって，$f''(a)>0$ または <0 に従って，グラフは点 P で下に凸または下に凹であるということができる．

従来の多くの教科書は上のように述べているのであるが，o 形式のテーラーの定理の $n=2$ の場合を利用すると，(3) は

$$SQ = \frac{f''(a)}{2}h^2 + o(h^2) \quad (h \to 0) \qquad (4)$$

となって，極大・極小の判定の場合と同じように，推論はより容易になるであろう．

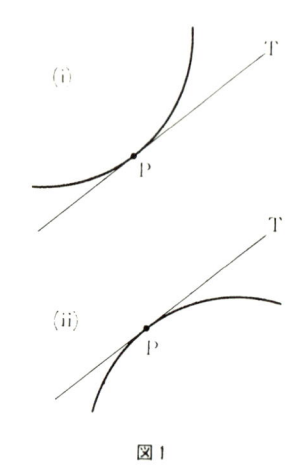

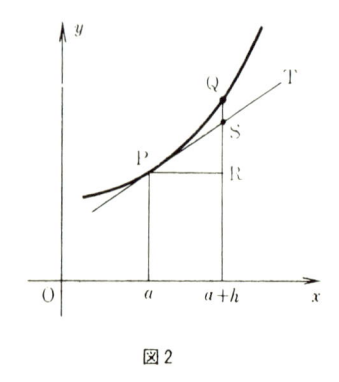

図1

図2

2. 使分けはことがらが局所的か大域的かによる

——いままでの話からすると，テーラーの定理は θ 形式よりも o 形式のほうが役に立つように判断されるけれど，そう結論してよいものか．

そう結論することは早計というものである．要は利用目的いかんによるものである．極大・極小は局所的な最大・最小の問題であって，局所的な変化だけが問題である．テーラーの定理の o 形式は明らかに局所的な変化に関するものであるのに対して，θ 形式のほうは大域的な変化に関するものである．そういうわけであるから，極大・極小の問題や上に述べたグラフの凹凸の問題には，テーラーの定理の o 形式のほうが直接的であって，θ 形式のほうは間接的で，したがって，まわりくどい解説が必要になってくるわけである．

——テーラーの定理の θ 形式の利用が直接的であるような場面について説明してほしいが．

θ 形式の利用が直接的であるような場面は決して乏しいわけではない．しかし，ここでは，上に述べた関数のグラフの凹凸について少しく掘り下げてみることにしよう．上に述べたようなグラフの凹凸は，グラフ上の各点の近傍での凹凸であって，いわば局所的な性質のものである．これに対して，次に述べる凹凸は大域的な性質のものである．

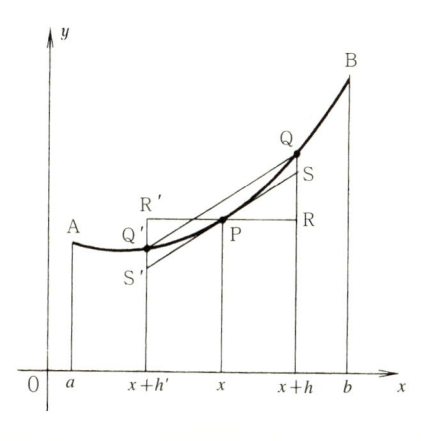

図3

関数 $f(x)$ のグラフの弧 AB 上に，図3に示すように，順次にしかも「任意に」3点 Q′,P, Q をとる場合に，中間の点Pが弦 QQ′ の下側にあるとき，グラフの弧 AB は**下に凸**であるという．反対に，点 P が弦 QQ′ の上側にあるとき，弧AB は**下に凹**であるという．このように定義されたグラフの凹凸は，前に定義された凹凸が局所的であるに対して，大域的であるというわけである．

——グラフ上の各点で下に凸（または凹）であるということから，グラフが大域的に下に凸（または凹）であると結論することはできないのか．

局所的な性質が大域的性質に移されると考えることは早計であろう．簡単な例でいうならば，

局所的に最大・最小である極大・極小が全体での最大・最小とはならないということからもわかるはずである．そこで，大域的に下に凸（または凹）ということを改めて別個に考えてみることにしよう．

大域的に下に凸（または凹）ということは次のようにもとらえられる．点Pでのグラフの接線をSPS′とするとき，Pの両側の点Q, Q′がともに接線SPS′の上側にあるならば，弧ABは下に凸で，逆に，点Q, Q′がともにSPS′の下側にあるならば，弧ABは下に凹であるということになる．

つぎに，弧ABが下に凸であることの解析的表現を求めてみることにする．点A, B, P, Q, Q′のx座標をそれぞれ$a, b, x, x+h, x+h'$とすると，$a \leq x+h' < x < x+h \leq b$となる．図3では，$RQ = f(x+h) - f(x)$, $RS = f'(x)h$となるから

$$SQ = RQ - RS = f(x+h) - f(x) - f'(x)h$$

となる．テーラーの定理のθ形式の$n=2$の場合により

$$SQ = \frac{f''(x+\theta h)}{2} h^2, \qquad 0 < \theta < 1$$

となり，同じように

$$S'Q' = \frac{f''(x+\theta' h')}{2} h'^2, \qquad 0 < \theta' < 1$$

となる．そこで，開区間(a, b)で$f''(x) > 0$ならば，$SQ > 0$, $S'Q' > 0$, したがって，弧ABは下に凸である．同じようにして，開区間(a, b)で$f''(x) < 0$ならば，弧ABは下に凹である．

このようにして，大域的に下に凸または凹であることについては，テーラーの定理のθ形式によって判定定理を与えることができたわけであるが，このことはo形式によっては望みえないことであろう．問題が大域的な性質のものであるから，大域的な性格をもっているθ形式のテーラーの定理が利用されることは，しごく自然のことであろう．

3. θ形式が有力な場合

——問題が局所的な性格のものであるか大域的な性格のものであるかに従って，テーラーの定理のo形式かθ形式かのいずれかが利用されることは興味深いものである．近似計算での誤差の問題はいずれの形式のテーラーの定理を利用したらよいものか．

o形式の場合の最後の項

$$o(h^n) \qquad (h \to 0)$$

は，誤差を表わす項にあたるわけであるが，$h \to 0$のときの無限小になる度合を示すにすぎないものである．ところが，近似計算では$|h|$が十分小さいといってもある固定した値をとるものである．そういうわけで，o形式の最後の項は誤差の限界の算定には役に立たないことは明らかであろう．誤差の限界の算定にはθ形式によるほかはない．ただ，このとき，θは$0 < \theta < 1$というだけで具体的に求めることができないという問題点がある．

たとえば，指数関数 $f(x)=e^x$ に対して，テーラーの定理を適用すると，o 形式と θ 形式については，次の公式が得られる．

$$e^x = 1 + \frac{x}{1!} + \frac{x^2}{2!} + \cdots + \frac{x^n}{n!} + o(x^n) \quad (x \to 0) \tag{5}$$

$$e^x = 1 + \frac{x}{1!} + \frac{x^2}{2!} + \cdots + \frac{x^{n-1}}{(n-1)!} + \frac{e^{\theta x}}{n!} x^n, \quad 0 < \theta < 1 \tag{6}$$

これらの公式のうち，(5) は近似計算には利用できそうもないが，(6) は近似計算には利用可能であることは明らかであろう．

(6) で $x=1$ とおくと

$$e = 1 + \frac{1}{1!} + \frac{1}{2!} + \cdots + \frac{1}{(n-1)!} + \frac{e^{\theta}}{n!}, \quad 0 < \theta < 1 \tag{7}$$

これによって，定数 e の近似値が容易に求められる．たとえば，$n=8$ とすると，簡単な計算手続きで

$$1 + \frac{1}{1!} + \frac{1}{2!} + \cdots + \frac{1}{7!} = 2.71825\cdots$$

となることがわかる．$2<e<3$ より誤差の限界は

$$0 < \frac{e^{\theta}}{8!} < \frac{3}{8!} < 0.000072$$

で与えられる．このことから，e の近似値

$$e = 2.718\cdots$$

が得られる．

公式 (6) では，n は任意の整数であるから，n の代わりに $n+1$ とおきかえると

$$e^x = 1 + \frac{x}{1!} + \frac{x^2}{2!} + \cdots + \frac{x^n}{n!} + \frac{e^{\theta x}}{(n+1)!} x^{n+1}, \quad 0 < \theta < 1 \tag{6'}$$

この公式はすべての実数値 x に対して成り立つ．そこで，$x>0$ とすると

$$e^x > \frac{x^n}{n!} \tag{8}$$

この不等式は含蓄のあるものである．すなわち，$x \to \infty$ のとき $x^n \to \infty, e^x \to \infty$ となるものであるが，e^x は任意の正の整数 n に対して x^n よりも大きくなってゆくものである．このことがらを公式化してみると，m を任意に与えられた正の数とするとき，$m<n$ のように n をとると

$$\frac{e^x}{x^m} > \frac{x^{n-m}}{n!} \to \infty \quad (x \to \infty)$$

となる．このことは次のように公式化される．

$$\lim_{x \to \infty} \frac{e^x}{x^m} = \infty \quad (m \text{ は任意の正の数}) \tag{9}$$

これは次のようにも変形される．

$$\lim_{x\to\infty}\frac{x^m}{e^x}=0 \qquad (m \text{ は任意の正の数}) \tag{10}$$

公式(9)または(10)は不定形 $\frac{\infty}{\infty}$ の極限に関するロピタルの定理を繰り返し使用すると導かれるのであるが，この定理の証明は初学者にはめんどうであるために，この定理を省略したり，いい加減にしてしまったりする教科書もある．このような教科書の読者のためには上のような公式の導き方は助けになるであろう．このような読者のために上の公式の展開をさらに続けよう．

公式(10)で，$m=1$ として，$e^x=z$，すなわち，$x=\log z$ とおくと，$z\to\infty$ のとき $x\to\infty$ となるから，公式(10)は

$$\lim_{z\to\infty}\frac{\log z}{z}=0$$

となる．z の代わりに x と書き改めると

$$\lim_{x\to\infty}\frac{\log x}{x}=0 \tag{11}$$

$\log x$ は $x\to\infty$ のとき無限大になるものであるが，公式(11)は $\log x$ の無限大になる度合は x 自身に比してはるかに小さいことを示す．

公式(11)で，$x=1/z$ とおくと，$z\to+0$ のとき $x\to\infty$ となるから，公式(11)は

$$\lim_{z\to+0}(-z\log z)=0$$

となる．z の代わりに x と書き改めると

$$\lim_{x\to+0} x\log x=0 \tag{12}$$

4. o 形式が有力な場合

——指数関数 $f(x)=e^x$ に対する θ 形式の公式(6)についての利用はよくわかったが，o 形式の公式(5)についての活用をも説明してほしいが．

公式(5)で，$n=3$ とすると

$$e^x=1+\frac{x}{1!}+\frac{x^2}{2!}+\frac{x^3}{3!}+o(x^3) \qquad (x\to 0) \tag{13}$$

x の代わり $-x$ とおきかえると

$$e^{-x}=1-\frac{x}{1!}+\frac{x^2}{2!}-\frac{x^3}{3!}+o(x^3) \qquad (x\to 0) \tag{13'}$$

(13),(13′)とから

$$e^x-e^{-x}-2x=\frac{x^3}{3}+o(x^3) \qquad (x\to 0)$$

これから次の結果が得られる．

$$\lim_{x\to 0}\frac{e^x-e^{-x}-2x}{x^3}=\frac{1}{3} \tag{14}$$

―― いま得られた結果は不定形 $\frac{0}{0}$ の極限であって，ロピタルの定理から容易に得られるものではないか．

いかにもそのとおりである．しかし，ここで主張したいことは，不定形 $\frac{0}{0}$ の極限に関するロピタルの定理から得られる結果は，具体的な場合には，o 形式のテーラーの定理からも導かれることを示すことにある．たとえば，極限

$$\lim_{x \to 0} \frac{x - \sin x}{x^3} \tag{15}$$

の場合ならば，$f(x) = \sin x$ に対する o 形式のテーラーの定理の結果

$$\sin x = x - \frac{x^3}{3!} + o(x^3) \quad (x \to 0)$$

を利用すればよいであろう．

次に，無限小になる関係式について少しく調べてみることにする．関数 $f(x) = \log(1+x)$ に o 形式のテーラーの定理を利用すると次の結果が得られる．

$$\log(1+x) = \frac{x}{1} - \frac{x^2}{2} + \frac{x^3}{3} - \cdots + (-)^{n-1}\frac{x^n}{n} + o(x^n) \quad (x \to 0) \tag{16}$$

両辺を x で割ると

$$\frac{o(x^n)}{x} = o(x^{n-1}) \quad (x \to 0)$$

となることから，$n=3$ の場合

$$\frac{1}{x}\log(1+x) = 1 - \frac{x}{2} + \frac{x^2}{3} + o(x^2) \quad (x \to 0) \tag{17}$$

ところで，関係式

$$(1+x)^{\frac{1}{x}} = e^{\frac{1}{x}\log(1+x)}$$

に (17) を代入すると

$$(1+x)^{\frac{1}{x}} = e^{1 - \frac{x}{2} + \frac{x^2}{3} + o(x^2)} = e \cdot e^{-\frac{x}{2} + \frac{x^2}{3} + o(x^2)}$$

となる．そこで

$$z = -\frac{x}{2} + \frac{x^2}{3} + o(x^2) \tag{18}$$

とおくと，$x \to 0$ のとき $z \to 0$ となり

$$(1+x)^{\frac{1}{x}} = e \cdot e^z = e\left(1 + \frac{z}{1!} + \frac{z^2}{2!} + o(z^2)\right) \quad (z \to 0)$$

ところで

$$z^2 = \left(-\frac{x}{2} + \frac{x^2}{3} + o(x^2)\right)^2 = \frac{x^2}{4} - x\left(\frac{x^2}{3} + o(x^2)\right) + \left(\frac{x^2}{3} + o(x^2)\right)^2 = \frac{x^2}{4} + o(x^2) \quad (x \to 0)$$

となるから

$$1 + \frac{z}{1!} + \frac{z^2}{2!} + o(z^2) = 1 - \frac{x}{2} + \frac{x^2}{3} + o(x^2) + \frac{x^2}{8} + o(x^2) = 1 - \frac{x}{2} + \frac{11}{24}x^2 + o(x^2)$$

したがって，関係式

$$(1+x)^{\frac{1}{x}} = e\left(1 - \frac{x}{2} + \frac{11}{24}x^2\right) + o(x^2) \qquad (x \to 0) \qquad (19)$$

が得られる．

ここで，評論させてもらうなら，旧式の教科書では，ランダウのオーoの代わりに記号 … でもやかしてあるのだが，わたくしたちは，そのようなもやかしの代わりに，無限小になる項をランダウのオーoでもって無限小になる度合を明確に示すことにしてある．これは正確な解析的計算をするためには必要なことである．

5. 剰余項のいろいろの形式は

—— θ形式のテーラーの定理の関係式

$$f(b) = f(a) + \frac{f'(a)}{1!}(b-a) + \frac{f''(a)}{2!}(b-a)^2 + \cdots + \frac{f^{(n-1)}(a)}{(n-1)!}(b-a)^{n-1}$$

$$+ \frac{f^{(n)}(a+\theta(b-a))}{n!}(b-a)^n, \qquad 0 < \theta < 1 \qquad (20)$$

の最後の項(剰余項)にはほかの形式のものがあるが，どのようにしてほかの形式が得られるものか．

それを調べるには，関係式(20)の証明を見直せばよいであろう．証明としては

$$f(b) = f(a) + \frac{f'(a)}{1!}(b-a) + \frac{f''(a)}{2!}(b-a)^2 + \cdots + \frac{f^{(n-1)}(a)}{(n-1)!}(b-a)^{n-1}$$

$$+ k(b-a)^n \qquad (21)$$

とおいて

$$\varphi(x) = f(b) - f(x) - \frac{f'(x)}{1!}(b-x) - \frac{f''(x)}{2!}(b-x)^2 - \cdots - \frac{f^{(n-1)}(x)}{(n-1)!}(b-x)^{n-1}$$

$$- k(b-x)^n \qquad (22)$$

によって定義される関数φに対してロールの定理を適用すればよいわけであるが，このときにkの値として上の剰余項が得られるのである．ところが，(21)での項 $k(b-a)^n$ および(22)での項 $k(b-x)^n$ の代わりにそれぞれ

$$k(b-a)^p \quad \text{および} \quad k(b-x)^p \qquad (p>0)$$

でおきかえると

$$k = \frac{f^{(n)}(a+\theta(b-a))}{(n-1)!p}(b-a)^n(1-\theta)^{n-p}, \qquad 0 < \theta < 1 \qquad (23)$$

が得られるであろう．ここで，特に $p=1$ とすると

$$k = \frac{f^{(n)}(a+\theta(b-a))}{(n-1)!}(b-a)^n(1-\theta)^{n-1}, \qquad 0 < \theta < 1 \qquad (24)$$

となる．(23)は**ロッシュ-シュレミルヒ**（Roche-Schlömilch）**の剰余形式**，(24)は**コーシーの剰余形式**とよばれ，関係式(20)での剰余項は**ラグランジュ**（J. L. Lagrange）**の剰余形式**とよばれる．

──いくつもの剰余形式があって，使い道がちがうのか．

だいたいはラグランジュの剰余形式が一番よく使われるのであるが，場合によってはコーシーの剰余形式が役立つこともある．たとえば，関数の整級数展開のうちで，展開式

$$\log(1+x) = \frac{x}{1} - \frac{x^2}{2} + \frac{x^3}{3} - \cdots + (-1)^{n-1}\frac{x^n}{n} + \cdots \quad (-1 < x \leq 1) \tag{25}$$

の証明で，$-1 < x < 0$ の部分はコーシーの剰余形式が利用され，また，展開式

$$(1+x)^m = 1 + \binom{m}{1}x + \binom{m}{2}x^2 + \cdots + \binom{m}{n}x^n + \cdots \quad (-1 < x < 1) \tag{26}$$

の証明にもコーシーの剰余形式が利用される［福原・稲葉，新数学通論 I ，共立出版，昭和42年，95～96ページ参照］．

──積分形式のテーラーの定理の使い道はどんなものか．

数値解析方面では積分形式のほうがよく使われるといわれているが，ここでは，積分形式の場合の剰余項

$$\int_a^b \frac{f^{(n)}(x)}{(n-1)!}(b-x)^{n-1}\,dx \tag{27}$$

から三つの剰余形式が導かれることだけを注意しておこう．それには，次の補助定理を利用すればよい．

補助定理（第1平均値定理）　「閉区間 $[a, b]$ で関数 f, g は連続で，$g(x) \geq 0$ とする．このとき，関係式

$$\int_a^b f(x)g(x)\,dx = f(\xi)\int_a^b g(x)\,dx, \quad a < \xi < b \tag{28}$$

が成り立つような ξ が少なくとも一つ存在する．」

関数 f および g としてそれぞれ

$$\frac{f^{(n)}(x)}{(n-1)!} \quad \text{および} \quad (b-x)^{n-1}$$

を(27)に適用すると，ラグランジュの剰余形式が容易に導かれるであろう．また，f および g としてそれぞれ

$$\frac{f^{(n)}(x)}{(n-1)!}(b-x)^{n-p} \quad \text{および} \quad (b-x)^p$$

を(27)に適用すると，$\theta = \dfrac{\xi-a}{b-a}$ とおくことによって，ロッシュ-シュレミルヒの剰余形式が同じように導かれるであろう．

14 不定積分

高等学校や大学の一般教育の数学教科書に書かれてある積分について，掘り下げてみると，ありふれていたことにも意外な問題点が見出される．

1. 不定積分の定義が教科書ごとにくいちがっていては

——高等学校や大学の一般教育の数学教科書を見くらべてみると，不定積分 $\int f(x)\,dx$ の定義で少しずつくいちがいがある．どちらでもよいことかもしれないが…

どのようにくいちがっているのか．具体的に述べてもらわないと，なんのことかわかりかねるのだけど．

——具体的に述べることにすると，関数 $f(x)$ に対して
$$F'(x)=f(x)$$
となるような関数 $F(x)$ を $f(x)$ の**原始関数**または**不定積分**といい，記号
$$\int f(x)\,dx$$
で表わす，と書いてある教科書が多いようである．教科書によると，「となるような関数」の代わりに「となるような一つの関数」という風に「一つの」ということばがつけられている．後者のほうははっきりしているけれど，前者のほうは比較してみるとぼけているような感じがしてならない．こんなことでよいものだろうか．

英語でいうならば，a function such that … というところを，日本語のように冠詞 a も the もない国語に訳すと，上のように2とおりに訳されるであろう．不定冠詞 a に力点をおくと，後者のように「となるような一つの関数」となるし，a に力点をおかないと前者のように「となるような関数」となるわけである．

——問題は訳文のことではないのです．教科書ごとにいろいろな表現のちがいのあることでよいのかということです．もっと極端なのは，「となるような関数」の代わりに「となるような関数の一般のもの」としてある教科書もあるのです．こうなると益々問題だと思われるのだが…

理論的に考えると，定義がさまざまであることは困ったことと思われることであろう．ところで，実際の場面で困ったことがほんとうにあるのか．

——たとえば，関数 $f(x)=x^2$ の不定積分を求めよという問題に対しては，前者の定義ならば

$$\int x^2 dx = \frac{x^3}{3} \tag{1}$$

としても

$$\int x^2 dx = \frac{x^3}{3} + 1 \tag{2}$$

としてもよいであろうが，最後の定義ならば

$$\int x^2 dx = \frac{x^3}{3} + C \quad (Cは任意の定数) \tag{3}$$

としなければ正しくないのではないか．

　不定積分を求めることが最終目標であるとすると，たしかにいわれるとおり困ったことになるであろう．しかし，不定積分を求めることを最終目標とすること自体に問題がある．むしろ，不定積分を求めることは，定積分を計算したり，微分方程式の解を求めたりすることに奉仕するものと考えるべきである．微分方程式の解を求めることに関することは別の機会にゆずるとして，定積分については，基本的な関係

$$\int_a^b f(x)\,dx = \left[\int f(x)\,dx\right]_a^b \tag{4}$$

を思い出してみればよい．簡単な場合について考えてみれば十分であろうから，$f(x)=x^2$ としてみると，(1), (2), (3) のいずれをとってみても，結果は同じことである．こうしてみると，定義がさまざまであるということは，いっこうに問題にならなくなったわけである．(3) の定数 C は **積分定数** とよばれていて，教科書によっては，積分定数は省略することにする，と断っていることもある．このような教科書の意味では，(1) も (3) と同じものと解されているわけである．不定積分そのものを求めることが第2義的なものとされている，という観点は各教科書に共通しているものと理解されたらよいであろう．

2. 不定積分の公式にまつわるパラドックス

——これで，不定積分の定義に関することでは問題がなくなったと考えてよいわけか．

　最初の二つの定義については問題はないが，最後の定義については問題が残っている．もちろん，関数 $f(x)=x^2$ のような簡単な関数に対しては問題はない．多くの教科書には次の公式があげられているであろう．

$$\int \frac{dx}{x} = \log|x| + C \quad (Cは任意の定数) \tag{5}$$

右辺を微分すると，明らかにその結果は $\frac{1}{x}$ に等しくなるから，この点に関する限り公式 (5) は正しいであろう．しかし，$\int \frac{dx}{x}$ は微分すると，導関数が $\frac{1}{x}$ に等しくなるような関数の

一般のものとする限りは正しくはない．次のものこそ (5) よりも一般的であろう．

$$\int \frac{dx}{x} = \log(-x) + C_1 \quad (x<0)$$
$$= \log x + C_2 \quad (x>0)$$
(6)

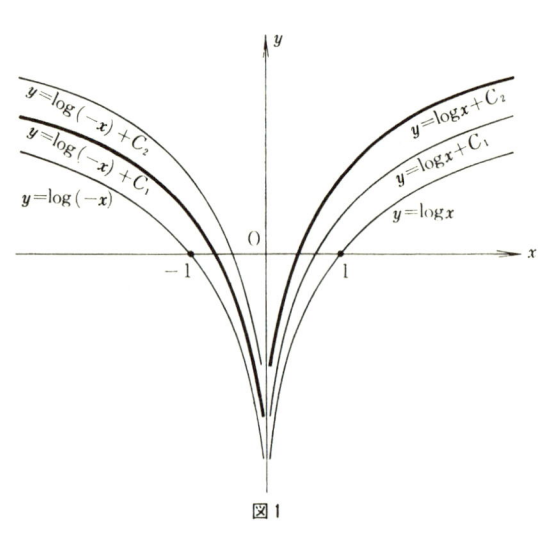

図1

ここに，C_1, C_2 は一般に異なる定数である．図1では，(6) の右辺は太線で示されている．つまり，最後の定義に従うならば，公式 (5) は正しくなく，公式 (6) こそ正しいものである．

——ふつうの教科書では，公式 (5) はよく見るけれど，公式 (6) のほうは見たことがないような気がする．これはどうしたことなのか．

公式 (5) は伝習的であるにすぎないもので，必ずしも理論的裏付けがあるとも思われない．与えられた関数の不定積分は無数に存在し，定数の差にすぎないということが基本的であるが，これは次の定理に基いている．

定理　「関数 f, g は閉区間 $[a, b]$ で連続で，開区間 (a, b) で微分可能であるとする．(a, b) で $f'(x) = g'(x)$ ならば，$f(x), g(x)$ は $[a, b]$ で定数の差である，すなわち，$f(x) = g(x) + c$（c は定数）．」

この定理は，閉区間 $[a, b]$ の代わりに，開区間 (a, b)，半開区間 $[a, b), (a, b]$，または，無限区間 $[a, \infty), (a, \infty), (-\infty, b], (-\infty, b), (-\infty, \infty)$ をとっても成り立つものである．定理の焦点は，取り扱われている関数が区間で連続や微分可能の条件を満足してなければならない，ということにある．ところが，公式 (5) では，被積分関数 $\frac{1}{x}$ と右辺の関数 $\log|x| + C$ はともに，点 $x=0$ を除外点としていて，一つの区間で連続と微分可能という条件を満足しているわけではないから，上の定理の適用を受けることができない．これで，理論的裏付けがあるわけではなくて，伝習的であるにすぎないといった意味が理解されるであろう．もう一

つなじみ易い例をあげると，公式

$$\int \frac{dx}{x^2} = -\frac{1}{x} + C \tag{7}$$

も同じタイプのものである．これを最も一般的なものとしては

$$\int \frac{dx}{x^2} = -\frac{1}{x} + C_1 \quad (x<0),$$
$$= -\frac{1}{x} + C_2 \quad (x>0) \tag{8}$$

をかかげるべきである．

――どうしてこのような奇妙な事態がおこっているのか．

答は簡明である．数学教育の現代化で，中学校・高等学校 ではすでに関数を写像としてとらえることを指導しているのに，高等学校の 教科書の 微分積分の 部分や 大学の 一般教養の 微分積分教科書では，相変わらず オイラー 流の「解析的式」としての関数を取り扱っている．関数を写像としてとらえる限り，関数の定義域を明示しなければならないけれど，関数を「解析的式」としてとらえる限り，その「解析的式」が意味をもつ範囲を明示することは要請されていない．いわば，定義域なしの関数が堂々とまかり通っているしまつである．

――それでは，当面の問題としてはどうしたらよいのか．

それには，まず，関数の定義域を明示することである．次には，積分に関する限り，取り扱う関数は定義域が区間であって，そこで連続であることに限定することである．そこで，公式(5)をそのまま採り上げないで，次の二つの公式を採り上げることにする．

$$\int \frac{dx}{x} = \log x + C \quad (x>0) \tag{9}$$

$$\int \frac{dx}{x} = \log(-x) + C \quad (x<0) \tag{10}$$

これは公式(5)を二つの場合に分割したと考えるべきでなく，二つの異なる $f_1(x) = \frac{1}{x}$ ($x>0$) と $f_2(x) = \frac{1}{x}$ ($x<0$) についての不定積分の公式であって，それぞれ別々の番号をつけるべきである．公式(9),(10)での $(x>0)$, $(x<0)$ は場合わけの意味でなく，被積分関数の定義域を明示する一つの表現であることに注意してもらいたい．

3. 伝習的な積分公式からどんな誤りがおこるか

――いままで述べられたことの趣旨は理念としては十分理解できるが，公式の数が多くなってきて煩雑のように思われるのであるが…

公式の数が多くなることはそれほど問題ではなかろう．それよりも，公式(5)のように伝習的であるにすぎないものを反省せずにかかげている神経のほうが問題であろう．それなのに，たとえば，大学教官はしばしば学生が次のような誤った計算をすることをなげくのである．

$$\int_{-1}^{1}\frac{dx}{x}=\left[\int\frac{dx}{x}\right]_{-1}^{1}=\Big[\log|x|+C\Big]_{-1}^{1}$$
$$=(\log 1+C)-(\log|-1|+C)=0-0=0$$

この誤りは，一面学生の不注意にもよるのであるが，むしろ，公式 (5) を無反省に教えておいた教官の責任に起因するといえるであろう．公式 (5) の代わりに，公式 (9) および (10) を示しておいたならば，そして学生が関数の定義域を明示するように習慣づけられていたならば，上のような計算に入る前に立止ってしまったことであろう．

積分公式に定義域をつけることにすると，公式の数が多くなり，外見上は煩雑になったように思われるであろう．たとえば，公式

$$\int x^n\,dx=\frac{x^{n+1}}{n+1}+C \qquad (n\neq -1) \tag{11}$$

の代わりに，二つの公式

$$n\text{ が正の整数のとき，}\int x^n\,dx=\frac{x^{n+1}}{n+1}+C \qquad (-\infty<x<\infty) \tag{12}$$

$$n\text{ が実数で，}n\neq 1\text{ のとき，}\int x^n\,dx=\frac{x^{n+1}}{n+1}+C \qquad (x>0) \tag{13}$$

をかかげることになるであろう（これだけでは十分ではないであろうが）．また，公式

$$\int\frac{dx}{x-a}=\log|x-a|+C \tag{14}$$

の代わりに，二つの公式

$$\int\frac{dx}{x-a}=\log(x-a)+C \qquad (x>a) \tag{15}$$

$$\int\frac{dx}{a-x}=-\log(a-x)+C \qquad (x<a) \tag{16}$$

をかかげることになるであろう．

公式

$$\int\frac{dx}{\sqrt{a^2-x^2}}=\sin^{-1}\frac{x}{a} \qquad (a>0) \tag{17}$$

の代わりに，公式

$$\int\frac{dx}{\sqrt{a^2-x^2}}=\sin^{-1}\frac{x}{a} \qquad (-a<x<a) \tag{18}$$

をかかげるべきであろう．$x=a$ および $x=-a$ では被積分関数は定義されていないし，$\sin^{-1}\frac{x}{a}$ は微分可能ではないから，公式には $(-a<x<a)$ を付記すべきであろう．ここまではまだよいとして，次に公式

$$\int\sqrt{a^2-x^2}\,dx=\frac{a^2}{2}\sin^{-1}\frac{x}{a}+\frac{x}{2}\sqrt{a^2-x^2} \tag{19}$$

の代わりに，公式

$$\int \sqrt{a^2-x^2}\,dx = \frac{a^2}{2}\sin^{-1}\frac{x}{a} + \frac{x}{2}\sqrt{a^2-x^2} \qquad (-a<x<a) \qquad (20)$$

をかかげるべきであろう．$x=a$ および $x=-a$ では，右辺が微分可能というわけにはゆかないであろう．ところが，大学の一般教育の数学教科書の多くに

$$\int_{-a}^{a} \sqrt{a^2-x^2}\,dx = \left[\frac{a^2}{2}\sin^{-1}\frac{x}{a} + \frac{x}{2}\sqrt{a^2-x^2}\right]_{-a}^{a}$$

のようなことが述べられているのはどうしたことか．このような教科書には，公式(20)の代わりに，公式(19)がかかげられていて，定義域が無視されているのである．それならば，学生が公式(17)を利用して

$$\int_{-a}^{a} \frac{dx}{\sqrt{a^2-x^2}} = \left[\sin^{-1}\frac{x}{a} + C\right]_{-a}^{a} = \sin^{-1}1 - \sin^{-1}(-1) = \frac{\pi}{2} - \left(-\frac{\pi}{2}\right) = \pi$$

のような計算をしたからとて批難することはできないであろう．

　上のようなおかしいことを書いてある教科書は最初からラフな叙述をしているわけではなく，時に，関数の連続などについての存在定理に立入って証明したりして，いかにも数学の厳密性を展開するかのような印象すら与えることがある．ところが，ページが進むにつれて，厳密性を維持しようとする姿勢は漸次に崩れてくるらしく，それでも積分の存在の証明のところになると姿勢を正したと思われることもあるが，またもや伝習的なものにもどってしまうのが一般教育の数学教科書の常のようである．

　はじめは羽織はかまで礼儀正しく，やがて羽織脱ぎ，はかま脱ぎ，ついには尻からげ，というのは，高等学校および大学の一般教育の数学教科書の大方にあてはまる標語ともいえるであろう．

4. 微分の逆としての不定積分からはじまる学習体系は

　——先生たちの話によると，積分を指導するときの導入としては，二つの道，すなわち，微小な量の和の極限（定積分）からはじめるのと，微分の逆としての不定積分（原始関数）からはじめるのとの二つのアプローチがある．いずれのアプローチをとるかは教育指導上の問題であるという．このごろ高等学校の教科書では，不定積分からはじめるのが多くなってきたようであるが，そのほうがよいものか．

　たしかに，導入のアプローチは教育指導上にとっては重大なことである．理論的に考えると，いずれのアプローチをとってもさしつかえないことであろう．しかし，忘れてならぬことは，積分には微小な量の和の極限という面と微分の逆という面との両者に同じウェイトの重要性があるということである．いずれか一方の面にのみ没入して，他方の面を無視することがあるならば，致命的な欠陥となるであろう．だから，一方の面からはじまっても，必ず他方の面との関連に論及して，この面についても同様に詳述しなければならない．このような配慮が欠けるならば，教科書および教育指導としては問題であろう．ところで，反対質問することになるが，高等学校の教科書はどのように述べているのか．

――関数 $f(x)$ の不定積分 $\int f(x)\,dx$ を微分の逆として定義して

$$F(x) = \int f(x)\,dx$$

とおいて，定積分を

$$\int_a^b f(x)\,dx = F(b) - F(a) = \Big[F(x)\Big]_a^b \tag{21}$$

によって定義する．そうすると，不定積分についての諸公式がすでに導かれているのであるから，定積分についての諸公式がいとも簡単に導かれるわけで，展開がスムースになるらしい．このような行き方でよいのではないか．

それだけを聞くと，高等学校数学のワク内だけで考えたり，数学以外のことを考えない数学第一主義の立場に立ったりする限りでは，それでもよいようにも考えられるであろう．しかし，上のような定積分の定義では，微小な量の和の極限としての定積分のイメージは育成されそうもない．その結果としては，定積分の広範な応用が期待されそうにもない．これらのことは問題点の序の口である．上のような定積分の定義には致命的な問題点が含まれている．

――致命的な問題点ということはどういうことなのか．具体的に説明してほしいが．

高等学校数学の微分積分で取り扱う関数は1変数関数に限られている．そのこと自体は止むをえないことであるけれど，問題は，1変数関数に限られたような取り扱いに精をこらし，それ以外には通用しないような取り扱い方に埋没させてしまうという点にある．1変数関数 $f(x)$ の微分は簡単であるから，その逆である不定積分を考えることは容易であることらしい．ところが，2変数関数 $f(x,y)$ の微分ということはどういうことなのかを考えてみると，同じようにはいかない．大学の一般教育の数学では，2変数関数 $f(x,y)$ の微分としては，二つの偏導関数

$$f_x(x,y),\quad f_y(x,y)$$

を学ぶわけであるが，この微分の逆としての「不定積分」とはどういうものなのか，は語られていない．(21)によって与えられるような定積分に対応するものは語られていない．ということは，そのようなものの定義に腐心することは，めんどうなことでもあり，そして実りの乏しいことでもある，というわけである．

このようなわけで，高等学校の数学教科書によく見られるような，(21)によって定積分を定義することができるのは高等学校数学のワク内だけで通用するものであることがわかるであろう．大学の一般教育の数学では，改めて微小な量の和の極限としての定積分について学び直さねばならないことになる．そうしない限り，2変数関数 $f(x,y)$ の定積分，すなわち，**重積分**の学習に進むことが不可能になるわけである．さらに進んだ専門課程で，もっと一般の積分を取り扱う積分論やこれに関連した測度論を学ぼうとするにはなおさらのことである．

高等学校で学んだことが発展させられて，大学数学となってゆくことが最も望ましいことであるのに，高等学校で学んだことはいけないからとて，大学数学で別のように学び直すということは，学習体系としては非能率的であり，極端な表現が許されるならば，学ぶ側は殺人的被

害を受けることになる．

5. 残る問題点は

——微分の逆としての不定積分からはじまって，(21)によって定積分を定義するというゆき方は学習体系としては問題点があるということは理解できたが，学習体系のことはさておいて，理論体系の理解の面では問題はないと見てよいものか．

いや，理論体系の理解の面でも問題がある．不定積分の公式は，すでにかかげたもののほか，大ていの教科書には次のものが基本的なものとしてあげられている．

$$\int e^{ax} \, dx = \frac{e^{ax}}{a} \tag{22}$$

$$\int \sin ax \, dx = -\frac{\cos ax}{a} \tag{23}$$

$$\int \cos ax \, dx = \frac{\sin ax}{a} \tag{24}$$

$$\int \frac{dx}{a^2 + x^2} = \frac{1}{a} \tan^{-1} \frac{x}{a} \tag{25}$$

$$\int \frac{dx}{\sqrt{x^2 \pm a^2}} = \log(x + \sqrt{x^2 \pm a^2}) \tag{26}$$

簡単な場合はこれら基本的な積分に帰着されるし，さらに複雑した場合は置換積分法と部分積分法によればよい，と教科書は述べている．

ところが，応用上重要な定積分

$$\int_{-\infty}^{\infty} e^{-x^2} \, dx \tag{27}$$

$$\int_0^1 x^{\alpha-1}(1-x)^{\beta-1} \, dx \quad (\alpha, \beta \text{ は正の実数}) \tag{28}$$

$$\int_0^{\infty} e^{-x} x^{s-1} \, dx \quad (s \text{ は正の定数}) \tag{29}$$

の不定積分 $\int e^{-x^2} \, dx$，$\int x^{\alpha-1}(1-x)^{\beta-1} \, dx$，$\int e^{-x} x^{s-1} \, dx$ については，大ていの教科書は何も語らない．何も語らないということは，これらの不定積分が「求められない」というわけか．「求められない」という表現は数学的でないが，これらの不定積分の被積分関数 e^{-x^2}，$x^{\alpha-1}(1-x)^{\beta-1}$，$e^{-x} x^{s-1}$ はいずれも，いわゆる初等関数および初等関数の結合であるが，これらの不定積分は初等関数および初等関数の結合によっては表わされないという意味に解されるであろう．

——そういう意味で「求められない」ということは，不定積分が「存在しない」ということは異なるものか，それとも同一のことか．

不定積分が「存在しない」とすると，定積分を語ることは意味を失うことになるであろう．さればとて，不定積分が存在するとするならば，存在することについて，理論的証明はなくと

も，せめて直観的なし方でも，たとえば，グラフによる理解によってでも納得させられることが望ましいことであろう．しかし，それは望みえないことであるようである．

——いわれることの意味がはっきりしなくなってしまったのであるが，もっとつっこんで説明してほしいが．

もっと適確にいうならば，微分の逆としての不定積分の存在を微分の観点から一般教育の範囲で証明することは無理な注文に属することであろうから，せめてグラフによっても不定積分の存在を理解することが望ましいのであるが，それすら望みえないとなると，(21)によって定積分を定義しようとすることは空疎な形式主義に堕するものと見られるであろう．

——結局のところ，いいたいことはどんなことなのか．

平凡なことである．存在についての理論的証明は抜きにしても，直観的に存在がつかめる道をとることが一番賢明であろう．積分記号 $\int$ は微分積分の創始者の一人であるライプニッツ

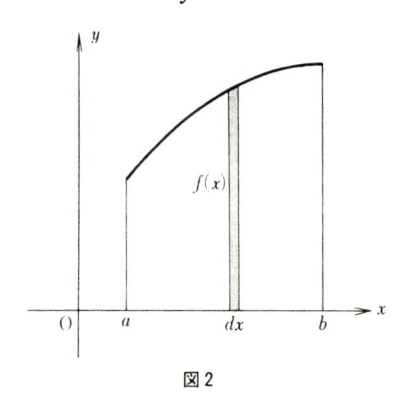

図2

がラテン語の Summa（英語の sum，「和」)の頭文字Sの筆書体の変形として使いはじめたものであるといわれ，関数 $y=f(x)$ のグラフの面積は微小な面積 $f(x)\,dx$ の総和としてみられ(図2)，後になって

$$\int_a^b f(x)\,dx$$

のような記号が定着したものであると見られている．いきなり，微分すると $f(x)$ になるような関数を記号

$$\int f(x)\,dx$$

で表わすと，頭ごなしに押しつけられたのでは，記号や概念のイメージ育成を無視することになるであろう．抽象概念に慣れていない初学者にとってはイメージ育成の線に沿うことはたいせつにすべきである．

15 定積分

> 定積分の定義に入る前に，その存在についての重苦しい証明が前置きされているが，初学者には空転するばかり．なんとかならぬものか

1. 定積分の存在の証明はなんのためなのか

——大学の一般教育の数学教科書の多くは，積分の章のはじめに，微小な量の和の極限としての定積分の存在について証明をかかげている．高等学校の数学では，そのような証明なしでも微分積分の学習ができたのに，どうして大学の数学になってからそのような証明をしなければならないのか，ということが納得できないのである．その点については，講義の先生もいっこう説明してくれそうもないので，釈然としないままで過ごしてきたのであるが…

数学というものは，本質として証明なしではなにごとも受けいれないものである．それで，数学者や数学教官は証明なしでは気もちが悪くて落着かないような習性になっている．それに，微分積分の講義をするのに，高等学校の数学ⅡBや数学Ⅲの接続という形で，いわば，数学Ⅳを講義するというようなわけにはいかないと考えることになるのであろう．そうすると，大学数学としての姿勢をはっきりさせたくなることであろう．そのあげくには，高等学校数学の直観的なやり方，とくに図形的直観に委ねていくというやり方に対して批判的になってくるわけである．微分積分は，その起源は主として図形的問題から出ていることは歴史的事実にちがいないけれど，今日では解析学のれっきとした一分科であり，その出発点であるから，図形的直観に委ねるという安易さから脱却して，解析学の立場で自立すべきである，というのが大かたの大学教官の考え方であろう．このような考え方によると，まず，実数の集合についての性質を研究する実数論からはじまり，ついで関数の極限や連続を ε–δ 論法で取り扱い，連続関数の性質についての諸定理を証明する．そうした準備のもとで，定積分の存在の証明するのが，このような考え方の必然の帰結のようである．そうでなければ，高等学校数学と区別するものがないではないか，というのが大学教官のいい分のようである．

——そのように論理的に論じられると抵抗のしようもないのです．しかし，なんとしても納得しがたいのは，定積分の存在のめんどうな証明は知らなくとも，教科書にある不定積分を求めたり，定積分を計算したりすることにはいっこうに事欠かないことです．つまり，定積分の存在の証明は無用のアクセサリーのようなもので，教科書の著者や大学教官の理論好みを満足させるためにあるように思われてならないのだが．

話がかみあわなくなってきたようである．問題は教科書のあり方にも帰因しているようである．教科書としては，新しい概念や定理を採り入れた場合，抽象論だけでは読者に理解させることは不可能でもあるので，採り入れた定理で処理できる例題や問題をかかげる．このことはしごく当然のことであって，そのこと自体なんら非難すべきことではない．問題はそれに尽きている点にある．

――教科書を弁護したり，批判したりしているが，抽象的で理解しかねる．もっと具体的に説明してほしいが．

要するに，教科書の叙述していることだけに局限するならば，いいかえると，ミクロの観点に立つならば，特に問題はないといえるであろう．しかし，数学の学習することの目標は何かというマクロの観点に立つと，教科書のこのようなあり方は批判されるべきであろう．数学そのものを学習するというごく特殊のひとびとを除いては，数学は科学・技術その他の現実の問題に奉仕するものと考えられるであろう．このような観点に立つならば，数学教科書にある問題は教科書にある定理のためにつくった問題であって，現実の問題の解決に奉仕するものではないことに気づくはずである．教科書にある問題が現実に役立つということは，確率は 0 に等しく，それこそまったくの思いがけない幸運といえるであろう．

つくった問題ということばで思い出したのであるが，大学入学試験問題の大部分はまったくのつくった問題で，しかも採用者選別のための問題，というよりは，少しひがんだ見方をすることが許されるならば，多数の受験者をたたき落すための問題ともいえるであろう．この種の問題をいくらたくさん解いてみたところで，現実の問題の解決に役立つどころか，ますます受験型の頭を固めることに役立つだけであろう．話がどうやら脱線してしまったような気がするが．

2. 微分の逆としての**不定積分**が「求められない」ときは

――話がひどく脱線して，抽象的すぎる．問題は，教科書にある例題や問題を解くためには，定積分の存在の証明が不要ではないか，ということであった．話の本筋にもどって，もっと具体的にしてほしいのだが．

脱線といえばそうともみられるかもしれないけれど，むしろことがらをもっと明確にするためのまわり道をしてきたというほうが適切であると考えたい．教科書の例題や問題を解くためというならば，いわれるとおりであるとしてもよいであろう．それは first step にすぎないのである．すでに述べてきたように，数学の学習は，科学・技術その他の現実の問題の解決に奉仕すべきであるというマクロの立場に立つべきであること，を銘記してもらわないと困るのである．

話を数学以外の領域にわたると，事がめんどうであるから，ここでは数学の範囲にとどめることにしよう．大学で確率・統計を学ぶときには，さっそく次の積分に出会うであろう．

$$\frac{1}{\sqrt{2\pi}\,\sigma}\int_{-\infty}^{x} e^{-\frac{(t-\mu)^2}{2\sigma^2}}\,dt \quad (\mu,\sigma \text{ は定数}) \tag{1}$$

$$\int_{0}^{\infty} e^{-x} x^{s-1}\,dx \quad (s \text{ は正の定数}) \tag{2}$$

$$\int_{0}^{1} x^{\alpha-1}(1-x)^{\beta-1}\,dx \quad (\alpha,\beta \text{ は正の定数}) \tag{3}$$

さらに, 数学の他の領域では, 楕円 $\dfrac{x^2}{a^2}+\dfrac{y^2}{b^2}=1$ の周の長さを求める積分に関連した積分, すなわち, **楕円積分**

$$\int_{0}^{1}\frac{dx}{\sqrt{(1-x^2)(1-k^2x^2)}} \quad (0<k<1) \tag{4}$$

$$\int_{0}^{1}\sqrt{\frac{1-k^2x^2}{1-x^2}}\,dx \quad (0<k<1) \tag{5}$$

$$\int_{0}^{1}\frac{dx}{(1+nx^2)\sqrt{(1-x^2)(1-k^2x^2)}} \quad (0<k<1,\,n>0) \tag{6}$$

にも出会うであろう.

　これらの定積分はいずれも, 教科書の定理の理解のためにつくられた問題ではなく, さまざまの現実の問題の解決のためによび出されたものである. ところが, これらの定積分については, 被積分関数の不定積分が求められていない. そうすると, 定積分は不定積分によって求めることができるということが効力を失なってくることになる. それでは困ることになるであろう.

　18世紀の数学者たちが楕円積分を攻撃するのに, さまざまに変数変換を試みて, たくさんの公式を発見したのであるが, その不定積分を求めるのに成功しなかったことは数学史上の有名な話である. つまり, 楕円積分の被積分関数のように, しごく簡単な関数の不定積分が初等関数で求められなかったわけである. このように不定積分が初等関数で求められないことを「俗に」不定積分が求められないということがある. ここに, 不定積分が求められないという「俗的」表現ははなはだあいまいである. それは, 不定積分が存在しないということを意味することではないはずである. 存在するけれど, これまでの関数(初等関数)では表現できないというわけであろう.

　── 被積分関数の不定積分が初等関数で表現されないとすると, どうしたらよいのか.

　それにはまず, 次の定理を承認すればよい.

　定理　「関数 f が閉区間 $[a,b]$ で連続であるならば, 定積分 $\int_{a}^{b} f(x)\,dx$ は存在する.」

この定理によって, 閉区間 $[a,b]$ の任意の点 x に対しては, 定積分 $\int_{a}^{x} f(t)\,dt$ の値が対応する. この対応 $x \to \int_{a}^{x} f(t)\,dt$ によって, 写像 $F:[a,b] \to \mathbf{R}$ が定義され, すなわち, f の不定積分 F が定義される.

$$F(x)=\int_{a}^{x} f(t)\,dt \quad (x \in [a,b]) \tag{7}$$

この関数 F に対して，よく知られた関係式

$$F'(x)=f(x) \tag{8}$$

を保証すると，不定積分 F が関数 f の一つの微分の逆としての不定積分(原始関数)であることが導かれるわけである．

——関係式 (8) ならば，いまさらわざわざいい立てなくとも，わかりきっていることだが．

わかりきっているというならば，大へんつごうのよいことである．問題は，ものごとをみてゆく観点にある．関係式 (8) がよくわかっていて，18世紀の数学者たちのように，初等関数の不定積分を初等関数で表現しようと執念ぶかくすることを反省すべきであると忠告したい．ただ，少しく工夫すると，不定積分が初等関数で表現できることがわかるのに，努力を惜しんだために表現できないというならば，学習の怠慢が責められてしかるべきであろう．

3. 定積分の存在に関する定理の承認のあり方

——話の中心はどこにあるのか．

問題は，上に述べた定積分の存在に関する定理の承認にあるというべきであろう．

——すると，定積分の存在に関する定理を証明しなければいけないというわけか．それならば，大学の一般教育の数学教科書の多くのものや大学教官の証明好みと共通することになって，話は再び出発点にもどってしまうのではないか．

そういいきってしまうことは，あまりにも性急すぎるものである．わたくしたちが定理を「承認」するといったが，この表現はどうも数学的でない．ことばを変えていうならば，定理の事実内容，すなわち，定理の条件と結論とはっきり認識し，そしてその後の展開がこの定理を基礎としていることの確認をもつことを意味するのである．

もちろん，純粋数学研究の立場からするならば，定理をあげた場合には，必ず証明をつけるべきである．ところが，数学教育の立場——教科書や数学教官の講義の立場はこの立場であるべきであろう——からするならば，純粋数学研究を指導するという特別の場合を除いては，一般教育の数学は数学についてのイメージの育成と応用の理解に重点をおくべきである．この観点からすると，定積分の存在に関する定理について，証明をつけるべきか，またどの程度の証明にすべきかは，学習者のレベル，学習目標および関心の状態に従って定められるべきである．

高等学校数学のレベルならば，極限のアイデアにははじめて接するのであるから，微分積分の学習が図形的直観によってすすめられることは自然的であろう．それでも，定積分のアイデアと定義とは正確に叙述されなければならない．ただ，この場合，定積分の存在に関する定理の承認は図形的直観に委ねることは自然的であろう．それならば，このような高等学校数学を学習してきた大学生の一般教育の場合にはどうかというと，これも一概にいいきることは無理であろう．それは，上にもふれたように，学習者の学習目標と関心の状態に従ってこの定理の承認のあり方を定めるべきであろう．

——話が相変らず抽象的なので，つかみにくくて困る．もっと具体的に説明してほしいが

高等学校以来，連続関数の定積分の存在などは疑うことがなかったのに，大学に入ってから微分積分の講義でわかりきったことと思っていたことがらにいきなり証明をぶっつけられた感じがして，なんのための証明か理解できなかったことであろう．疑いの気分のうちに，講義がおかまいなしにすすみ，終れば証明のことはわからなくとも解ける問題ばかり続くので，証明のことはいつしか忘れてしまったことであろう．証明が身にしみてくるのは，不定積分がなんとかして求められるような学習がすんでから，不定積分がいくら工夫しても求められない学習に入ってから，定積分の存在についての反省がおこりうる時期になってからであろう．この時期にあたって，定積分の存在に関する定理を改めて承認することによって，(7) によって与えられる不定積分 F が微分の逆として定義される不定積分として存在することを確信することができることとなるであろう．

　——いわれることの趣旨がだんだんはっきりしてきました．それにしても，この定理の証明は初学者にとっては重苦しくって，「証明のための証明」という印象が強くてならない．とにかく準備がたくさんである．なんとかならないものか．

　話を具体的にするために，数式で話をすすめることにしよう．区間 $[a, b]$ を分点
$$a = a_0 < a_1 < \cdots < a_{i-1} < a_i < \cdots < a_{n-1} < a_n = b \tag{9}$$
によって小区間
$$[a_0, a_1], [a_1, a_2], \cdots, [a_{i-1}, a_i], \cdots, [a_{n-1}, a_n] \tag{10}$$
に分 このような分割を記号 Δ で表わし，区間の長さ $a_i - a_{i-1}$ ($i = 1, 2, \cdots, n$) の最大を $d(\Delta)$ で表わす．ここまでは，本質的ではない記号のちがいがあるだけで，どの教科書にも共通している．関数値 $f(x)$ の小区間 $[a_{i-1}, a_i]$ での「上限」，「下限」をそれぞれ M_i, m_i とし，和
$$\overline{S}(\Delta) = \sum_{i=1}^{n} M_i (a_i - a_{i-1}), \quad \underline{S}(\Delta) = \sum_{i=1}^{n} m_i (a_i - a_{i-1})$$
を考えると，明らかに不等式
$$\overline{S}(\Delta) \geqq \underline{S}(\Delta) \tag{11}$$
が成り立つ．$[a, b]$ のあらゆる分割 Δ に対する $\overline{S}(\Delta)$ の「下限」，$\underline{S}(\Delta)$ の「上限」をそれぞれ $\overline{S}, \underline{S}$ で表わす．
$$\overline{S} = \inf_{\{\Delta\}} \overline{S}(\Delta), \quad \underline{S} = \sup_{\{\Delta\}} \underline{S}(\Delta)$$
一般に，不等式
$$\overline{S} \geqq \underline{S} \tag{12}$$
が成り立つことが証明される．特に，$\overline{S} = \underline{S}$ となるとき，関数 f は $[a, b]$ で**積分可能**であるといい，この共通の値を f の a から b までの**定積分**という．これが多くの教科書に述べられている定積分の定義である．

4. 存在定理の証明の分析

——関数値の「上限」,「下限」には抵抗を感じないわけにはいかない.教科書には「上限」,「下限」の定義があげられているが,それだけではイメージはいっこうに浮んでこない.連続関数の場合には「上限」,「下限」は最大,最小に一致すると説明されたが,それならば,はじめから 最大,最小 としてはどうしていけないのか.なぜならば,広義の積分(特異積分・無限積分)の節に入るまでは,閉区間 $[a,b]$ で連続な関数の定積分しか取り扱っていないのだから…

教科書の著者や数学教官というものは,とかくできるだけ一般性を保持しようとする傾向をもっている.あらゆる場面を想定して,どの場面にも対応しうるように考慮しすぎたことが,教育の場面では裏目に出たわけであろう.

——連続関数の場合に限定すると,あらゆる分割 $\varDelta$ に対する $\overline{S}(\varDelta)$ の「下限」,$\underline{S}(\varDelta)$ の「上限」の代わりに,$\overline{S}(\varDelta)$ の最小,$\underline{S}(\varDelta)$ の最大としてもよいか.

この場合の「上限」,「下限」は,連続関数の場合でも,最大,最小としてよいという保証はなにもない.「上限」,「下限」という用語をさけるには,これもよく教科書にもあることであるが,分割の系列をとって考えることがある.$[a,b]$ の分割 $\varDelta$ に対して,$\varDelta$ の分点に分点を付加して得られる $[a,b]$ の分割を $\varDelta'$ とするとき,$\varDelta'$ を $\varDelta$ の**細分**といい,仮りに記号 $\varDelta<\varDelta'$ で表わすことにする.$\varDelta$ は自身の細分であるとし,$\varDelta<\varDelta$ とする.関係

$$\varDelta<\varDelta' \quad \text{のとき} \quad \overline{S}(\varDelta)\geqq\overline{S}(\varDelta'),\ \underline{S}(\varDelta)\leqq\underline{S}(\varDelta') \tag{13}$$

が成り立つことは容易に導かれるであろう.

$[a,b]$ の分割の細分の系列を $\varDelta_n$ とすると,すなわち

$$\varDelta_1<\varDelta_2<\cdots<\varDelta_n<\cdots \tag{14}$$

とすると,関係 (13) により,数列 $\{\overline{S}(\varDelta_n)\}$ および $\{\underline{S}(\varDelta_n)\}$ はそれぞれ単調減少および単調増加であって,関係 (11) および (13) により,不等式

$$\overline{S}(\varDelta_n)\geqq\underline{S}(\varDelta_1),\quad \underline{S}(\varDelta_n)\leqq\overline{S}(\varDelta_1)$$

が成り立つ.したがって,数列 $\{\overline{S}(\varDelta_n)\}$ および $\{\underline{S}(\varDelta_n)\}$ は収束する.これらの極限をそれぞれ $\overline{S}$ および $\underline{S}$ とする.

$$\overline{S}=\lim_{n\to\infty}\overline{S}(\varDelta_n),\quad \underline{S}=\lim_{n\to\infty}\underline{S}(\varDelta_n)$$

m を任意の正の整数とするとき,関係 (11) および (13) により,関係

$$n\geqq m \quad \text{のとき} \quad \overline{S}(\varDelta_n)\geqq\underline{S}(\varDelta_m)$$

が成り立つ.ここで,$n\to\infty$ とすると

$$\lim_{n\to\infty}\overline{S}(\varDelta_n)=\overline{S}\geqq\underline{S}(\varDelta_m)$$

m は任意であるから,$m\to\infty$ とすると,不等式

$$\overline{S}\geqq\underline{S} \tag{12}$$

が得られる.

ここで,わたくしたちは,数列 $\{\overline{S}(\varDelta_n)\}$,$\{\underline{S}(\varDelta_n)\}$ の収束のために,次の補助定理を利用し

たことを思い出そう.

補助定理1 「単調増加(または減少)数列は,上に(または下に)有界ならば,収束する.」

さらに,「上限」,「下限」の代わりに,最大,最小をとってもよいことを保証するためには,次の補助定理を利用したことも思い出そう.

補助定理2（ワイエルシュトラウス）「関数 f は,閉区間 $[a, b]$ で連続ならば,$[a, b]$ で最大値および最小値をとる.」

最後に,不等式(12)からすすめて,分割を限りなく細かにしてゆくときの,すなわち,$d(\Delta_n) \to 0$ のとき等式

$$\bar{S} = \underline{S} \tag{15}$$

を導くためには,次の補助定理を利用しなければならない.

補助定理3 「関数 f は,閉区間 $[a, b]$ で連続ならば,$[a, b]$ で**一様連続**である.すなわち,任意の正の数 ε に対して,関係

$$a \leq x' < x'' \leq b,\ 0 < x'' - x' < \delta \ \ ならば \ \ |f(x') - f(x'')| < \varepsilon \tag{16}$$

が成り立つように,正の数 δ をとることができる.」

ことはこれだけで終らない.というのは,(15)の $\bar{S} = \underline{S}$ が分割の系列 $\{\Delta_n\}$ に関係しないことを示さねばならない.すなわち,もう一つの分割の系列 $\{\Delta_n'\}$ $(d(\Delta_n') \to 0)$ に対する(15)の値を $\bar{S}' = \underline{S}'$ とするとき,両者が一致することを示さねばならない.それには,Δ_n の分点の集合と Δ_n' の分点の集合との和集合を分点とする分割を Δ_n'' とすると,$\Delta_n < \Delta_n''$,$\Delta_n' < \Delta_n''$,$d(\Delta_n'') \to 0$ となることから,分割の系列 $\{\Delta_n''\}$ に対する(15)の値を $\bar{S}'' = \underline{S}''$ とすると,関係

$$\bar{S} \geq \bar{S}'',\ \bar{S}' \geq \bar{S}'',\ \underline{S} \leq \underline{S}'',\ \underline{S}' \leq \underline{S}''$$

が導かれるであろう.

5. 定積分の定義のあり方

――これで証明が終わったようであるが,とにかく大へんであるという印象はまぬかれない.補助定理を三つも利用する上に,これらの補助定理の証明はわたくしたち初学者にとっては重苦しいものである.ところで,$\bar{S}(\Delta)$,$\underline{S}(\Delta)$ の定義式で「上限」,「下限」の概念を使った最初の場合の証明はもっと大へんなのではないか.

ところが,それほどに大へんというわけではない.この場合の証明には,補助定理3と補助定理1に対応する定理――「上限」,「下限」の存在に関する定理――とを利用すればよいわけで,簡潔な理論の好きな教科書の著者や大学教官の選びたがるところである.しかし,いかに理論的にすっきりしていても,初学者に拒否反応をおこさせるのでは一般教育の場面では歓迎されないであろう.

――いずれにしても,重苦しい定積分存在の証明をした後でなければ,定積分の定義は与えられないものか.証明が重苦しいだけのために,定積分のイメージは高等学校数学の場合より

いっこうに深められそうもない．定義そのものをズバリと，しかも明確に与えられないものか．
　ズバリの定義を述べることにするが，ズバリといっても，実は上に述べたようなことがらが背景になっているのである．区間 $[a, b]$ の分割 $\varDelta$ に対して，分割の各小区間 $[a_{i-1}, a_i]$ に任意の点 ξ_i をとり，組 $(\xi_1, \xi_2, \cdots, \xi_n)$ を記号 ξ で表わし，$\bar{S}(\varDelta), \underline{S}(\varDelta)$ の代わりに $S(\varDelta)$ を次のように定義する．

$$S(\varDelta)=S(\varDelta, \xi)=\sum_{i=1}^{n} f(\xi_i)(a_i-a_{i-1}) \tag{17}$$

そうすると，不等式

$$\bar{S}(\varDelta) \geqq S(\varDelta) \geqq \underline{S}(\varDelta) \tag{18}$$

が成り立つことは容易にわかるであろう．上に述べたことにより，分割 $\varDelta$ を限りなく細かくすると，$\bar{S}(\varDelta), \underline{S}(\varDelta)$ は共通の値 $\bar{S}=\underline{S}(=S)$ に限り近づく，したがって，$S(\varDelta)$ も同じ値 S に近づくことがわかるであろう．そこで，わたくしたちは次の定義に導かれる．区間 $[a, b]$ の分割 $\varDelta$ に対して，$S(\varDelta)$ を (17) によって定義し，分割 $\varDelta$ を限りなく細かにしてゆくときの $S(\varDelta)$ の極限をもって，f の a から b までの定積分 $\int_a^b f(x)\,dx$ と定義する．この定義は解析的に表現すると次のように述べられる．すなわち

　任意の正の数 ε に対して，関係

$$d(\varDelta) < \delta \quad \text{ならば} \quad |S(\varDelta) - S| < \varepsilon \tag{19}$$

が成り立つように，正の数 δ をとることができるとき，定値 S をもって f の a から b までの定積分と定義する．

$$S = \int_a^b f(x)\,dx$$

このことがらはまた次のようにも表現される．

$$\lim_{d(\varDelta) \to 0} S(\varDelta) = S = \int_a^b f(x)\,dx$$

——この定義は前に述べた定義と異なったものであるか．

　内容としては異なるものではない．ただ，初学者にも受け容れ易いことであろうし，極限 $\lim_{d(\varDelta) \to 0} S(\varDelta)$ の存在も図形的直観に委ねても明らかであろう．さらに，論理的証明に関心をもつ学習者にもこの定義の定積分の存在証明も別段のこともないであろう [たとえば，福原・稲葉，新数学通論 I，共立出版，昭和42年，103〜105ページ参照]．また，わたくしたちの定義は，必ずしも連続でない関数に対する定積分，すなわち，**リーマン** (B. Riemann) **積分**に一致するものであることも，もし必要を感じるならば，証明することもできるであろう [拙著，実解析学入門，共立出版，昭和45年，100ページ，定理4.10参照]．さらにいうならば，この形式の定義は応用にも公式の証明にも直接する点でつごうのよいものである．

16 広義の積分

広義の積分はどのような背景のもとで導入されたか．有界の範囲にはいっていない図形や閉じていない図形の面積はどのように定義されているのか．

1. 広義の積分はなんのために導入されるか

——特異積分と無限積分とは，どのような観点または背景のもとで導入されたものか．教科書では，ただ…と，いきなり定義しているだけなので，定義そのものがわからないわけではないが，イメージがいっこうにはっきりしてこない．観点なり背景なりを具体的に説明してほしいが．

それにはまず，なによりもふつうの定積分

$$\int_a^b f(x)\,dx$$

について分析してみるのが一番よいであろう．これまで考えていた定積分は，被積分関数 f が閉区間 $[a, b]$ で連続である，という条件のもとで考えられてきた．このことは，$f(x) \geq 0$ の場合，図形的には定積分が平面図形 $M = \{(x, y); a \leq x \leq b, 0 \leq y \leq f(x)\}$ の面積を表わすことになるのであるが，ここに特に留意すべきことは，平面図形 M が有界の範囲にある閉じた図形であるということである．そうしてみると，自然的に問題になることは，この平面図形が有界の範囲になかったり，閉じた図形でなかったりする場合には，どのようになるのかということであろう．

まずなによりも，具体的な例をあげることにしよう．関数 f_1 が

$$f_1(x) = \frac{1}{\sqrt{1-x^2}} \qquad (0 \leq x < 1) \tag{1}$$

によって定義されているとき，平面図形 $M_1 = \left\{(x, y); 0 \leq x < 1, 0 \leq y \leq \dfrac{1}{\sqrt{1-x^2}}\right\}$ の面積を考えるとしよう（図1）．$x \to 1-0$ のとき $f_1(x) \to \infty$ となることから，図形 M_1 は限りなく上のほうに延びてゆくもので，明らかに有界の範囲にはいっていない．境界集合である直線 AC：$x = 1$ は図形 M_1 に属さないから，図形 M_1 は閉じた図形ではない．もう一つの例をあげると，$\alpha > 0$ で，関数 f_2 が

$$f_2(x) = e^{-\alpha x} \qquad (x \geq 0) \tag{2}$$

によって定義されているとき，平面図形 $M_2=\{(x,y); x\geq 0, 0\leq y\leq e^{-\alpha x}\}$ の面積を考えるとしよう（図2）．この場合には，関数 f_2 の定義域は半直線 ($x\geq 0$) であるから，図形 M_2 は x の無限大のほうに限りなく延びてゆくので，明らかに有界の範囲にはいっていない．

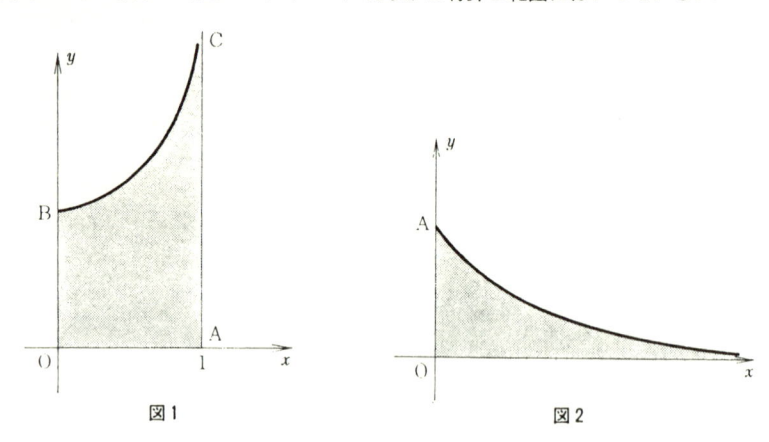

図1

図2

ところで，最初の場合，すなわち，関数 f が閉区間 $[a,b]$ で連続で，$f(x)\geq 0$ のときの平面図形 $M=\{(x,y); a\leq x\leq b, 0\leq y\leq f(x)\}$ の面積は，定積分の概念の導入のときに明らかにされているように，この図形に含まれる長方形の和集合としての多角形 $\underline{P}$ の面積 $\underline{S}$ と，この図形を含む長方形の和集合としての多角形 $\bar{P}$ の面積 $\bar{S}$ によって，内と外から近似される．すなわち，M の面積は，$\underline{S}$ と $\bar{S}$ との共通の極限としての定積分

$$\int_a^b f(x)\,dx$$

によって与えられる．ところが，上にあげられた例の平面図形 M_1, M_2 については，これを含む多角形 $\bar{P}$ が考えられないので，事情はちがってきて同じようにとはゆかないであろう．ただ，M_1, M_2 に含まれる多角形 $\underline{P}$ は考えられるので，$\underline{P}$ の面積 $\underline{S}$ の極限として M_1, M_2 の面積が考えられるであろう．このことがらによって，有界の範囲にはいっていない図形 M_1, M_2 の面積の定義への一つのアプローチがサジェストされることであろう．

2. 閉じてない図形の面積の定義は

——では，実際には有界でない図形 M_1 の面積は，M_1 に含まれる長方形の和集合としての多角形 $\underline{P}$ の面積 $\underline{S}$ の極限とし定義されてはいないのか．

そのようなアイデアでは問題の定式化の見こみは薄いことであろう．その代わりに，そのようなアイデアの方向だけを活かして，M_1 に含まれて，かつ有界の範囲にある閉じた図形——M_1 の**有界閉部分**とよぶことにする——によって M_1 を近似することを考えることにするのである．すなわち，直線 AC にごく近い直線 A'D：$x=1-\varepsilon$ ($\varepsilon>0$) によって有界閉部分 OA'DB を切りとり，この有界部分の面積によって図形 M_1 の面積を近似させることにする（図3）．

2. 閉じてない図形の面積の定義は

あるいは，もっと解析的に表現するならば，直線 A'D : $x=1-\varepsilon$ を y 軸に平行に移動させて直線 AC : $x=1$ に限りなく近づけてゆくときの，すなわち，$\varepsilon \to +0$ のときの有界閉部分 OA'DB の面積の極限をもって，図形 M_1 の面積と定義することにする．

ところで，有界閉部分 OA'DB $= \left\{ (x,y) ; 0 \leq x \leq 1-\varepsilon, 0 \leq y \leq \dfrac{1}{\sqrt{1-x^2}} \right\}$ の面積は，関数 $f_1(x) = \dfrac{1}{\sqrt{1-x^2}}$ が閉区間 $[0, 1-\varepsilon]$ で連続であるから，定積分 $\int_0^{1-\varepsilon} f_1(x)\,dx$ によって与えられる．そして

$$\int_0^{1-\varepsilon} f_1(x)\,dx = \int_0^{1-\varepsilon} \frac{dx}{\sqrt{1-x^2}} = \left[\int \frac{dx}{\sqrt{1-x^2}} \right]_0^{1-\varepsilon}$$

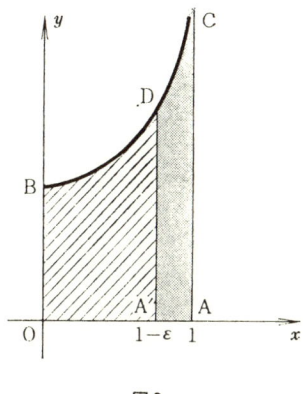

図 3

$$= [\sin^{-1} x]_0^{1-\varepsilon} = \sin^{-1}(1-\varepsilon) - \sin^{-1} 0 = \sin^{-1}(1-\varepsilon)$$

となり，図形 M_1 の面積は，上の定義により

$$\lim_{\varepsilon \to +0} \int_0^{1-\varepsilon} f_1(x)\,dx = \lim_{\varepsilon \to +0} \sin^{-1}(1-\varepsilon) = \sin^{-1} 1 = \frac{\pi}{2}$$

となる．これで，有界でなく，かつ閉じていない図形 M_1 の面積の問題は解決されたわけである．

——ここで問題の中心は図形 M_1 が有界の範囲にはいっていないことだけであるのか．それとも，M_1 が閉じていないこともやはり問題になっているのか．

そのとおりである．そこで，有界の範囲にはいっているが，閉じてはいない図形の例をあげよう．関数 f_3 が

$$f_3(x) = x^2 \qquad (0 \leq x < 1) \tag{3}$$

によって定義されているとき，平面図形 $M_3 = \{(x, y) ; 0 \leq x < 1, 0 \leq y \leq x^2\}$ は有界の範囲にはいっているが，その境界部分 $\{(x, y) ; x=1, 0 \leq y \leq 1\}$ が M_3 に属さないので，閉じていない（図 4）．また，関数 f_4 が

$$f_4(x) = x^2 \quad (0 \leq x < 1), \quad = \frac{1}{2} \quad (x=1) \tag{4}$$

によって定義されているとき，平面図形 $M_4 = \left\{ (x, y) ; 0 \leq x < 1, 0 \leq y \leq x^2 \text{ または } x=1, 0 \leq y \leq \dfrac{1}{2} \right\}$ もまた，同じように有界の範囲にはいっているが，閉じていない（図 5）．

ところで，図形 M_3 および M_4 の「面積」は「定積分」

$$\int_0^1 f_3(x)\,dx \quad \text{および} \quad \int_0^1 f_4(x)\,dx$$

によって与えられるということは，いまのところなんら確定した意味をもたない．まず，閉じていない図形 M_3 および M_4 の「面積」を定義しなければならない．それには図形 M_1 の面積と同じように，直線 $AB: x=1$ に平行な直線 $A'C: x=1-\varepsilon$ ($\varepsilon>0$) によって切りとった有

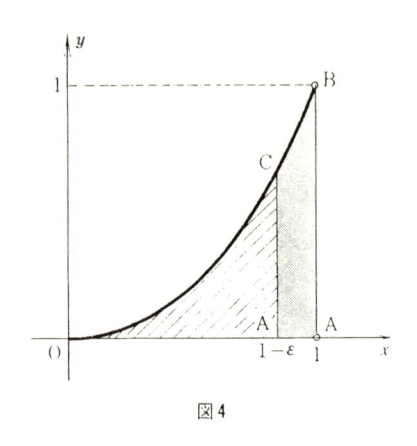

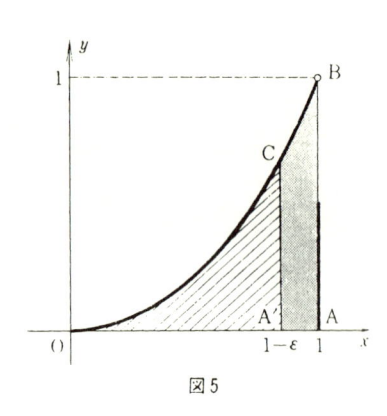

図4

図5

界閉部分 $OA'C\{(x, y); 0 \leqq x \leqq 1-\varepsilon, 0 \leqq y \leqq x^2\}$ の面積は定積分

$$\int_0^{1-\varepsilon} x^2\,dx = \left[\int x^2\,dx\right]_0^{1-\varepsilon} = \left[\frac{x^3}{3}\right]_0^{1-\varepsilon} = \frac{(1-\varepsilon)^3}{3}$$

によって与えられる．そこで，閉じていない図形 M_3 および M_4 の「面積」を $\varepsilon \to +0$ のときの閉じている有界閉部分 $OA'C$ の面積の極限によって定義することにする．そうすると，図形 M_3 および M_4 の面積はともに

$$\lim_{\varepsilon \to +0} \int_0^{1-\varepsilon} x^2\,dx = \lim_{\varepsilon \to +0} \frac{(1-\varepsilon)^3}{3} = \frac{1}{3}$$

であるということができる．このことからは，記号的に表現すると，次のように表わされる．

$$M_3 \text{ の面積} = \lim_{\varepsilon \to +0} \int_0^{1-\varepsilon} f_3(x)\,dx = \frac{1}{3},$$

$$M_4 \text{ の面積} = \lim_{\varepsilon \to +0} \int_0^{1-\varepsilon} f_4(x)\,dx = \frac{1}{3}$$

3. 閉じていない図形の面積の定義から特異積分の定義に

——さまざまな閉じていない図形 M_1, M_3, M_4 の面積の定義を与えて，その値を求めてみたが，このことからどんなことがらをひき出そうとするのか．

　図形 M_1, M_3, M_4 の面積の問題に関連して，それらの図形を定義する関数 f_1, f_3, f_4 に共通していることがらを調べてみよう．これらの関数はいずれも半開区間 $[0, 1)$ で連続であって，区間の右端 1 では，f_1 および f_3 は定義されていないし，f_4 は定義されてはいるが連続では

ない．しかし，[0, 1) の部分である閉区間 $[0, 1-\varepsilon]$ $(\varepsilon>0)$ では，これらの関数はいずれも連続であるから，関数の 0 から $1-\varepsilon$ までの積分が存在する．そして，図形 M_1, M_3, M_4 の面積はこれらの積分の $\varepsilon \to +0$ のときの極限

$$\lim_{\varepsilon\to+0}\int_0^{1-\varepsilon}f_1(x)\,dx, \quad \lim_{\varepsilon\to+0}\int_0^{1-\varepsilon}f_3(x)\,dx, \quad \lim_{\varepsilon\to+0}\int_0^{1-\varepsilon}f_4(x)\,dx$$

によって与えられる．

上のことがらから，定積分の概念を拡張した一つの広義の積分の概念に導かれる．関数 f は半開区間 $[a, b)$ で連続で，点 b では定義されていないかまたは連続でないとする．（一般には，$f(x) \geq 0$ という条件はつけないものとする．）そうすると，任意の正の数 ε に対して，f の a から $b-\varepsilon$ までの定積分 $\int_a^{b-\varepsilon}f(x)\,dx$ は存在する．この定積分の $\varepsilon \to +0$ のときの極限

$$\lim_{\varepsilon\to+0}\int_a^{b-\varepsilon}f(x)\,dx$$

が存在するとき，この極限をもって**広義の積分** $\int_a^b f(x)\,dx$ と定義する．

$$\int_a^b f(x)\,dx = \lim_{\varepsilon\to+0}\int_a^{b-\varepsilon}f(x)\,dx$$

この定義によると，上に述べた図形 M_1, M_3, M_4 の面積はそれぞれ広義の積分

$$\int_a^b f_1(x)\,dx, \quad \int_a^b f_3(x)\,dx, \quad \int_a^b f_4(x)\,dx$$

によって与えられることになる．

——ところで，関数 f_1 および f_3 は点 b では定義されていないのに，二つの広義の積分 $\int_a^b f_1(x)\,dx$ および $\int_a^b f_3(x)\,dx$ をも a から b までの積分とよぶのも，ちょっと妙な感じがするのだが．

そのような呼び名にこだわらないほうがよいであろう．関数 f が閉区間 $[a, b]$ で連続である場合，従来の積分 $\int_a^b f(x)\,dx$ を区間 $[a, b]$ での積分とよんで，記号 $\int_{[a,b]} f(x)\,dx$ で表わすという表現のし方もある．これにならって，上述の積分は半開区間 $[a, b)$ での積分とよんで，記号

$$\int_{[a,b)} f_1(x)\,dx \quad \text{および} \quad \int_{[a,b)} f_3(x)\,dx$$

で表わすことができる．この論法でゆくと，関数 f_4 の広義の積分も閉区間 $[a, b]$ での積分とよんで，記号

$$\int_{[a,b]} f_4(x)\,dx$$

で表わすことができる．

話を本論にもどして発展させることにしよう．関数 f は半開区間 $(a, b]$ で連続で，点 a で

は定義されていないかまたは連続でないとする. $\varepsilon>0$ として, f の $a+\varepsilon$ から b までの積分 $\int_{a+\varepsilon}^{b} f(x)\,dx$ の $\varepsilon \to +0$ のときの極限

$$\lim_{\varepsilon \to +0} \int_{a+\varepsilon}^{b} f(x)\,dx$$

が存在するとき, この極限をもって広義の積分 $\int_{a}^{b} f(x)\,dx$ と定義する.

$$\int_{a}^{b} f(x)\,dx = \lim_{\varepsilon \to +0} \int_{a+\varepsilon}^{b} f(x)\,dx$$

この広義の積分も, f が点 a で定義されているか否かに従って, 閉区間 $[a, b]$ または半開区間 $(a, b]$ での積分とよばれ, 記号 $\int_{[a,b]} f(x)\,dx$ または $\int_{(a,b]} f(x)\,dx$ で表わされる.

さらに, 関数 f は開区間 (a, b) で連続で, 点 a, b では定義されていないかまたは連続でないとする. $a<c<b$ となるような点 c をとり, 広義の積分 $\int_{a}^{c} f(x)\,dx$ および $\int_{c}^{b} f(x)\,dx$ がともに存在するとき, これらの広義の積分の和をもって広義の積分 $\int_{a}^{b} f(x)\,dx$ と定義する.

$$\int_{a}^{b} f(x)\,dx = \int_{a}^{c} f(x)\,dx + \int_{c}^{b} f(x)\,dx$$

——(5) の右辺は形の上では c のとり方に依存しているように見えるのだが, そのままでよいものか.

そのような気がかりが思いつかれたら, c に無関係であることを確かめるべきであろう. それには, $c<c'<b$ とすると

$$\int_{c}^{b-\varepsilon} f(x)\,dx = \int_{c}^{c'} f(x)\,dx + \int_{c'}^{b-\varepsilon} f(x)\,dx$$

$\varepsilon \to +0$ とすると

$$\int_{c}^{b} f(x)\,dx = \int_{c}^{c'} f(x)\,dx + \int_{c'}^{b} f(x)\,dx$$

同じようにして

$$\int_{a}^{c'} f(x)\,dx = \int_{a}^{c} f(x)\,dx + \int_{c}^{c'} f(x)\,dx$$

これから等式

$$\int_{a}^{c} f(x)\,dx + \int_{c}^{b} f(x)\,dx = \int_{a}^{c'} f(x)\,dx + \int_{c'}^{b} f(x)\,dx$$

が導かれるであろう. これまでの広義の積分は**特異積分**とよばれる.

4. 有界でない図形の面積の定義から無限積分の定義に

——もう一つの有界の範囲にはいっていない図形 M_2 の面積も有界の範囲にある閉じた図形の面積によって近似すればよいわけか.

そのとおりである. ただ, 近似の有界の範囲にある閉じた図形, すなわち, M_2 の有界閉部分のとり方にちがいがある. 直線 BC : $x=b$ によって切りとった M_2 の有界閉部分 OBCA の

面積によって図形 M_2 の面積を近似するのである（図6）．あるいは，もっと解析的に表現するならば，直線 BC : $x=b$ を y 軸に平行に移動させて原点から限りなく遠ざけてゆくときの，すなわち，$b\to\infty$ のときの有界閉部分 OBCA の面積の値の極限をもって，有界でない平面図形 M_2 の面積と定義することにする．

ところで，有界閉部分 OBCA$=\{(x,y); 0\leq x\leq b, 0\leq y\leq e^{-\alpha x}\}$ の面積は，関数 $f_2(x)=e^{-\alpha x}$ が閉区間 $[0,b]$ で連続であるから，定積分 $\int_0^b f_2(x)\,dx$ によって与えられる．

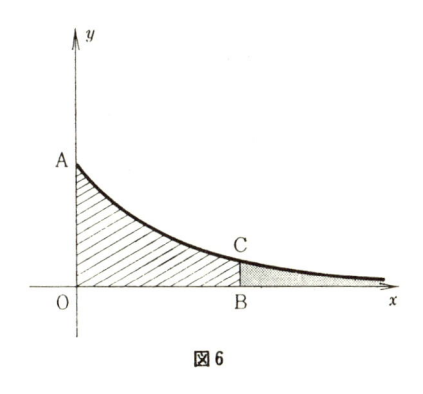

そして

$$\int_0^b f_2(x)\,dx = \int_0^b e^{-\alpha x}\,dx = \left[\int e^{-\alpha x}\,dx\right]_0^b = \left[-\frac{e^{-\alpha x}}{\alpha}\right]_0^b = \frac{1}{\alpha} - \frac{e^{-\alpha b}}{\alpha}$$

となり，図形 M_2 の面積は，上の定義により，

$$\lim_{b\to\infty}\int_0^b f_2(x)\,dx = \lim_{b\to\infty}\left[\frac{1}{\alpha} - \frac{e^{-\alpha b}}{\alpha}\right] = \frac{1}{\alpha}$$

となる．これで，有界でない図形 M_2 の問題も解決されたわけである．

平面図形 M_1, M_3, M_4 の面積の問題から特異積分の概念に導かれたように，平面図形 M_2 の面積の問題からもう一つの広義の積分の概念に導かれる．関数 f は無限区間 $[a, \infty)$ で連続であるとする．（ここでも，一般には，$f(x)\geq 0$ という条件はつけないものとする．）このとき，任意の数 $b(>a)$ に対して，f の a から b までの定積分 $\int_a^b f(x)\,dx$ は存在する．この定積分の $b\to\infty$ のときの極限

$$\lim_{b\to\infty}\int_a^b f(x)\,dx$$

が存在するとき，この極限をもって広義の積分 $\int_a^\infty f(x)\,dx$ と定義する．

$$\int_a^\infty f(x)\,dx = \lim_{b\to\infty}\int_a^b f(x)\,dx$$

次に，関数 f は無限区間 $(-\infty, b]$ で連続であるとする．関数 f の a から b までの定積分 $\int_a^b f(x)\,dx$ の $a\to -\infty$ のときの極限

$$\lim_{a\to -\infty}\int_a^b f(x)\,dx$$

が存在するとき，この極限をもって広義の積分 $\int_{-\infty}^b f(x)\,dx$ と定義する．

$$\int_{-\infty}^b f(x)\,dx = \lim_{a\to -\infty}\int_a^b f(x)\,dx$$

また，関数fは無限区間$(-\infty, \infty)$で連続であるとする．このとき，点cをとり，広義の積分 $\int_{-\infty}^{c} f(x)\,dx$ および $\int_{c}^{\infty} f(x)\,dx$ がともに存在するとき，これらの広義の積分の和をもって広義の積分 $\int_{-\infty}^{\infty} f(x)\,dx$ と定義する．

$$\int_{-\infty}^{\infty} f(x)\,dx = \int_{-\infty}^{c} f(x)\,dx + \int_{c}^{\infty} f(x)\,dx \tag{6}$$

この広義の積分の定義も，特異積分 (5) の場合と同じように，点cに無関係であることが容易に証明されるであろう．

上に導入した広義の積分 $\int_{a}^{\infty} f(x)\,dx$, $\int_{-\infty}^{b} f(x)\,dx$, $\int_{-\infty}^{\infty} f(x)\,dx$ はまた，それぞれ $[a, \infty)$, $(-\infty, b]$, $(-\infty, \infty)$ での積分とよんで，それぞれ記号

$$\int_{[a,\infty)} f(x)\,dx, \quad \int_{(-\infty,b]} f(x)\,dx, \quad \int_{(-\infty,\infty)} f(x)\,dx$$

で表わすことがある．これらの広義の積分は**無限積分**とよばれる．

5. 広義の積分のさまざま

——特異積分と無限積分で広義の積分は尽されたものか．

基本的な広義の積分はこの二つの積分で尽されたとみてよいけれど，これらの組合せでいろいろな広義の積分が導き出される．まず，特異積分の組合せについて考えてみよう．関数fは閉区間 $[a, b]$ のn個の点

$$a_1 < a_2 < \cdots < a_i < \cdots < a_n$$

では定義されてはいないかまたは連続でないとする．左端aまたは右端bはこのような点であることもありうるとする．これらの点以外の $[a, b]$ の点ではfは連続であるとする．特異積分

$$\int_{a}^{a_1} f(x)\,dx, \quad \int_{a_1}^{a_2} f(x)\,dx, \quad \cdots, \quad \int_{a_n}^{b} f(x)\,dx$$

がいずれも存在するとき，これらの特異積分の和をもって特異積分 $\int_{a}^{b} f(x)\,dx$ と定義する．

$$\int_{a}^{b} f(x)\,dx = \int_{a}^{a_1} f(x)\,dx + \int_{a_1}^{a_2} f(x)\,dx + \cdots + \int_{a_n}^{b} f(x)\,dx \tag{7}$$

——この一般化された特異積分はふつうの積分とは大に異なった性質をもっているものか．

ふつうの積分に対して成り立つ 定理・公式 はほとんどそのまま成り立つとみてよい．ただ，少しく注意を要することは，不定積分

$$F(x) = \int_{a}^{x} f(x)\,dx \quad (x \in [a, b])$$

についての基本的性質

$$F'(x) = f(x) \tag{8}$$

に関することである．関数fが定義されていない点や連続でない点では，この性質は成り立たないが，fが連続であるような点ではこの性質は成り立つことが証明されるであろう．

5. 広義の積分のさまざま

次に，特異積分と無限積分との組合せを考えてみよう．関数 f_5 が

$$f_5(x)=\frac{1}{\sqrt{x}} \quad (0<x\leqq 1), \quad =\frac{1}{x^2} \quad (x\geqq 1) \tag{9}$$

によって定義されているとき，特異積分 $\int_0^1 f_5(x)\,dx$ と無限積分 $\int_1^\infty f_5(x)\,dx$ との和をもって，広義の積分 $\int_0^\infty f_5(x)\,dx$ が定義される．ところで

$$\int_0^1 f_5(x)\,dx = \lim_{\varepsilon \to +0}\int_\varepsilon^1 \frac{dx}{\sqrt{x}} = \lim_{\varepsilon \to +0}\left[\int x^{-\frac{1}{2}}dx\right]_\varepsilon^1 = \lim_{\varepsilon \to +0}\left[\frac{x^{-\frac{1}{2}+1}}{-\frac{1}{2}+1}\right]_\varepsilon^1 = \lim_{\varepsilon \to +0}2(1-\varepsilon^{\frac{1}{2}}) = 2,$$

$$\int_0^\infty f_5(x)\,dx = \lim_{b \to \infty}\int_1^b \frac{dx}{x^2} = \lim_{b \to \infty}\left[\int x^{-2}dx\right]_1^b = \lim_{b \to \infty}\left[\frac{x^{-2+1}}{-2+1}\right]_1^b = \lim_{b \to \infty}\left(1-\frac{1}{b}\right) = 1$$

したがって

$$\int_0^\infty f_5(x)\,dx = \int_0^1 f_5(x)\,dx + \int_1^\infty f_5(x)\,dx = 2+1 = 3$$

このことがらは次のように一般化される．関数 f は区間 (a,∞) で連続で，点 a では定義され

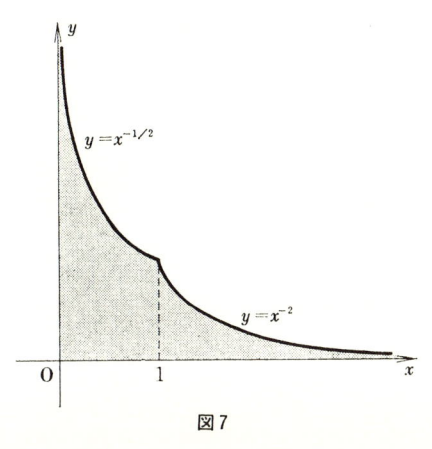

図7

ていないかまたは連続でないとする．$a<c$ となるような c をとり，特異積分 $\int_a^c f(x)\,dx$ および無限積分 $\int_c^\infty f(x)\,dx$ がともに存在するとき，これらの二つの広義の積分の和をもって，広義の積分 $\int_a^\infty f(x)\,dx$ と定義する．

$$\int_a^\infty f(x)\,dx = \int_a^c f(x)\,dx + \int_c^\infty f(x)\,dx$$

これはまた c のとり方に無関係であることが容易に示されるであろう．この広義の積分はまた (a,∞) または $[a,\infty)$ での積分ともよばれ，記号

$$\int_{(a,\infty)} f(x)\,dx \quad \text{または} \quad \int_{[a,\infty)} f(x)\,dx$$

で表わすことがある．また，関数 f は区間 $(-\infty, a)$ で連続で，点 a では定義されていないかまたは連続でないとする． $c<a$ となるような c をとり，無限積分 $\int_{-\infty}^{c} f(x)\,dx$ および特異積分 $\int_{c}^{a} f(x)\,dx$ がともに存在するとき，これら二つの広義の積分の和をもって，広義の積分 $\int_{-\infty}^{a} f(x)\,dx$ と定義する．

$$\int_{-\infty}^{a} f(x)\,dx = \int_{-\infty}^{c} f(x)\,dx + \int_{c}^{a} f(x)\,dx$$

さらに一般化すると，関数 f は点

$$a < a_1 < a_2 < \cdots < a_i < \cdots < a_n < b$$

では定義されていないかまたは連続でないとし，これらの点以外のすべての点では連続であるとする．広義の積分 $\int_{-\infty}^{a} f(x)\,dx,\ \int_{a}^{a_1} f(x)\,dx,\ \int_{a_1}^{a_2} f(x)\,dx,\ \cdots,\ \int_{a_n}^{b} f(x)\,dx,\ \int_{b}^{\infty} f(x)\,dx$ がいずれも存在するとき，これらの広義の積分の和をもって，広義の積分 $\int_{-\infty}^{\infty} f(x)\,dx$ と定義する．

17 　　　　　　　　　　　　　　　　　　　　　特殊な積分

> 応用上によく現われる広義の積分は，たいてい不定積分
> が求められないし，その値もすぐさま計算されない．どう
> 考えたらよいものか．

1. 不定積分が求められない特殊な積分の値を求める前に

——広義の積分のうちでも，無限積分 $\int_0^\infty e^{-x}\,dx$ の場合のように，不定積分が求めることができると

$$\int_0^\infty e^{-x}\,dx = \lim_{b\to\infty}\int_0^b e^{-x}\,dx = \lim_{b\to\infty}\left[\int e^{-x}\,dx\right]_0^b = \lim_{b\to\infty}\left[-e^{-x}\right]_0^b = \lim_{b\to\infty}[1-e^{-b}] = 1$$

のように，積分の値が求めることができるけれど，無限積分 $\int_0^\infty e^{-x^2}\,dx$ の場合のように．不定積分が求めることができないと，どうしたらよいものか．

どうしたらよいものかという問い方はあいまいであるが，察するに，この無限積分の値を求めるにはどうしたらよいのか，という意味に解されるであろう．積分の値を求めようとする前に，積分が存在するかどうかということがまず問題になるはずである．なぜならば，積分が存在しないのに積分の値を求めようとすることは意味のないことである．それこそ文字どおりナンセンスである（nonsense!）．もう一つの例をあげると，無限積分

$$\int_e^\infty \frac{dx}{1+x\log x}$$

の値を求めようとする前に，この無限積分が存在するかどうかを確めないと，無意味なことに終るであろう．

——無限積分の値を求めもしないで，無限積分の存在を確めようということは，実感としては納得できないのであるが．

抽象的に説明しても納得できないであろうから，具体的な例示によって考え方の転換をすることにしよう．最初の無限積分 $\int_0^\infty e^{-x^2}\,dx$ にもどることにするが，無限積分 $\int_1^\infty e^{-x^2}\,dx$ が存在することを確めることができるならば

$$\int_0^\infty e^{-x^2}\,dx = \int_0^1 e^{-x^2}\,dx + \int_1^\infty e^{-x^2}\,dx$$

として，問題の無限積分の存在を確めることができるであろう．

$x \geq 1$ のとき, $x^2 \geq x$, したがって，$e^{-x^2} \leq e^{-x}$ となるから，任意の正の数 $b(>1)$ に対して，不等式

$$\int_1^b e^{-x^2}\,dx \leq \int_1^b e^{-x}\,dx \qquad (1)$$

が成り立つ．ところで，この不等式の右辺は b の増加にともなって増加し，かつ

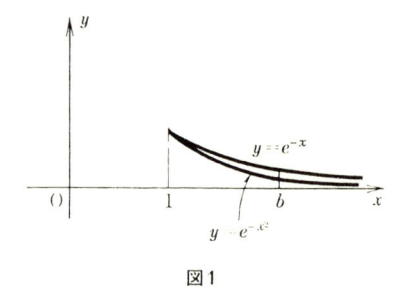

図1

$$\lim_{b\to\infty}\int_1^b e^{-x}\,dx = \lim_{b\to\infty}\left[\int e^{-x}\,dx\right]_1^b = \lim_{b\to\infty}\left[-e^{-x}\right]_1^b = \lim_{b\to\infty}(e^{-1}-e^{-b}) = e^{-1}$$

となるから，不等式

$$\int_1^b e^{-x^2}\,dx \leq e^{-1} \qquad (2)$$

が成り立つ．ところで，(2)の左辺は b の増加にともなって増加し，かつその値は定数 e^{-1} をこえない．このことから，$b \to \infty$ のときの左辺の極限は存在して，不等式

$$\lim_{b\to\infty}\int_1^b e^{-x^2}\,dx \leq e^{-1} \qquad (3)$$

が成り立つ．これは無限積分 $\int_1^\infty e^{-x^2}\,dx$ が存在することを示す．このことがらは図形的問題としてみると (図1)，有界でない図形 $\{(x,y); x\geq 1, 0\leq y\leq e^{-x}\}$ の面積が有限値として存在するから，その部分集合である図形 $\{(x,y); x\geq 1, 0\leq y\leq e^{-x^2}\}$ の面積も有限値として存在するということを示すものである．

上のことがらの推論は，図形的にみると自明のように思われるが，解析的にみると，実は次の補助定理を前提していることに注意しなければならない．

補助定理「関数 f が無限区間 $[a, \infty)$ で x とともに増加し，かつ上に有界，すなわち，$f(x) \leq c$ となるような定数 c が存在するならば，極限 $\lim_{x\to\infty} f(x)$ は存在して，不等式

$$\lim_{x\to\infty} f(x) \leq c \qquad (4)$$

が成り立つ．」

2. 広義の積分の存在の判定は

——個々の無限積分について存在を確かめる代わりに，なにか判定する一般定理がないものか．

いましがた述べた無限積分の存在の証明の推論は一般化されるもので，次の定理が得られるであろう．

定理1「関数 f, g は無限区間 $[a, \infty)$ で連続で，$0 \leq f(x) \leq g(x)$ とする．無限積分

$\int_a^\infty g(x)\ dx$ が存在するならば，無限積分 $\int_0^\infty f(x)\ dx$ も存在して，不等式

$$\int_a^\infty f(x)\ dx \leqq \int_a^\infty g(x)\ dx \tag{5}$$

が成り立つ.」

上の具体的な例については，$f(x)=e^{-x^2}$, $g(x)=e^{-x}$ として，この定理を適用することができるであろう.

——もう一つの無限積分

$$\int_e^\infty \frac{dx}{1+x\log x}$$

については，どうしたらよいものか.

おうざっぱな直観的な推測からはじめよう. 問題の中心は x の十分大きな値に対する被積分関数の状態いかんにあるということである. 被積分関数 $\dfrac{1}{1+x\log x}$ はおうざっぱに考えると，$\dfrac{1}{x\log x}$ とみなしてよいであろう. この関数の無限積分はというと

$$\int_e^\infty \frac{dx}{x\log x} = \lim_{b\to\infty}\left[\int \frac{dx}{x\log x}\right]_e^b = \lim_{b\to\infty}\bigl[\log(\log x)\bigr]_e^b$$
$$= \lim_{b\to\infty}[\log(\log b)-\log(\log e)] = \lim_{b\to\infty}\log(\log b) = \infty$$

となって，この無限積分が存在しないことがわかる. このことから，関数 $\dfrac{1}{1+x\log x}$ の無限積分も存在しないであろう，という推測がなされるであろう. ところで二つの関数 $\dfrac{1}{1+x\log x}$ と $\dfrac{1}{x\log x}$ との間には，不等式

$$\frac{1}{1+x\log x} < \frac{1}{x\log x} \tag{6}$$

が成り立つのであるが，これではいっこうに処理のしようがない. 困ったことになるわけである. しかし，また，$x\geqq e$ のとき $x\log x>1$ となるから，不等式

$$\frac{1}{1+x\log x} > \frac{1}{2x\log x} \tag{7}$$

が成り立つ. そこで，左辺の関数の無限積分が存在すると仮定するならば，右辺の関数の無限積分も定理1により存在することになるであろう. このことはすでに成り立たないのであるから，問題の無限積分は存在しないと結論される.

——関数 $\dfrac{1}{1+x\log x}$ の無限積分は存在しないとはっきりしたからには，それで問題は終わったといえるが，関数 e^{-x^2} の無限積分は存在するとわかっているのであるというけれど，その値についてはまだいっこうにわからない. なんとかして求められないのか.

関数 e^{-x^2} の不定積分はわたくしたちの知っている初等関数では表現されないのであるから，

ふつうのし方では一応断念しなければならないであろう．ただ，思いがけもなくも，2重積分のほうから

$$\int_0^\infty e^{-x^2}\,dx = \frac{\sqrt{\pi}}{2} \tag{8}$$

あるいは，同じことであるが

$$\int_{-\infty}^\infty e^{-x^2}\,dx = \sqrt{\pi} \tag{9}$$

という結果が得られるということだけを述べておこう［証明は，たとえば，福原・稲葉，新数学通論Ⅰ，共立出版，昭和42年，185ページ，問題A10参照］．ここでは，この結果の得られるプロセスを追求することはしばらく割愛することにして，この結果の重要性について銘記することに止めよう．

確率・統計で重要な正規分布の分布密度

$$f(x) = \frac{1}{\sqrt{2\pi}\,\sigma^2} e^{-\frac{(x-\mu)^2}{2\sigma^2}}$$

についての基本的関係式

$$\int_{-\infty}^\infty f(x)\,dx = \frac{1}{\sqrt{2\pi}\,\sigma^2}\int_{-\infty}^\infty e^{-\frac{(x-\mu)^2}{2\sigma^2}}\,dx = 1 \tag{10}$$

は，変数変換 $t = \dfrac{x-\mu}{\sqrt{2}\,\sigma}$ をほどこすと，関係式

$$\frac{1}{\sqrt{\pi}}\int_{-\infty}^\infty e^{-t^2}\,dt = 1$$

に変形されることは容易にわかるであろう．これは関係式 (9) そのものである．

3. 広義の積分の値をひとつひとつ求めようとすることは

——無限積分に対する定理1と同じようなことがらは特異積分に対しても成り立つのか．そのとおりである．条件の表現を少しく変えると，次の定理が得られる．

定理2 「関数 f, g は半開区間 $[a, b)$ で連続で，点 b では定義されていないかまたは連続でないかであって，さらに $a \leq x < b$ のとき $0 \leq f(x) \leq g(x)$ とする．特異積分 $\int_a^b g(x)\,dx$ が存在するならば，特異積分 $\int_a^b f(x)\,dx$ も存在して，不等式

$$\int_a^b f(x)\,dx \leq \int_a^b g(x)\,dx \tag{11}$$

が成り立つ．」

半開区間 $[a, b)$ および点 b の代わりに，半開区間 $(a, b]$ および点 a でおきかえられた場合にも，同じようなことがらが成り立つものである．次に，例示してみよう．

$\alpha > 0, \beta > 0$ のとき，積分

$$\int_0^1 x^{\alpha-1}(1-x)^{\beta-1}\,dx \tag{12}$$

を考えよう．$0<\alpha<1,\ 0<\beta<1$ の場合，$0<x\leqq\frac{1}{2}$ のとき $x^{\alpha-1}(1-x)^{\beta-1}\leqq x^{\alpha-1}\left(\frac{1}{2}\right)^{\beta-1}$ となり，特異積分

$$\int_0^{\frac{1}{2}} x^{\alpha-1}\left(\frac{1}{2}\right)^{\beta-1} dx = \left(\frac{1}{2}\right)^{\beta-1} \int_0^{\frac{1}{2}} x^{\alpha-1}\ dx = \left(\frac{1}{2}\right)^{\beta-1} \frac{\left(\frac{1}{2}\right)^{\alpha}}{\alpha}$$

は存在するから，特異積分 $\int_0^{\frac{1}{2}} x^{\alpha-1}(1-x)^{\beta-1}\ dx$ は存在する．特異積分 $\int_{\frac{1}{2}}^1 x^{\alpha-1}(1-x)^{\beta-1}\ dx$ も同じようにして存在する．したがって，特異積分

$$\int_0^1 x^{\alpha-1}(1-x)^{\beta-1}\ dx = \int_0^{\frac{1}{2}} x^{\alpha-1}(1-x)^{\beta-1}\ dx + \int_{\frac{1}{2}}^1 x^{\alpha-1}(1-x)^{\beta-1}\ dx$$

は存在することが証明された．この積分の値は α,β の正の値に対して定まるもので

$$B(\alpha,\beta) = \int_0^1 x^{\alpha-1}(1-x)^{\beta-1}\ dx$$

によって定義される写像 $B: (0,\infty)\times(0,\infty) \to \boldsymbol{R}$ はベータ関数とよばれる．

——積分 (12) の被積分関数の不定積分は初等関数では表わされないが，その存在の証明がなされたことはわかった．そこで，$\int_0^{\infty} e^{-x^2}\ dx$ のように，α,β の値の組に対して積分 (12) の値を求めることができるのか．

積分 (12) の値は，α,β の特別な値に対しては，割に簡単に求めることができる．たとえば，β が正の整数の場合，仮りに $\beta=5$ のとき，被積分関数は

$$x^{\alpha-1}(1-x)^{5-1} = x^{\alpha-1}(1-4x+6x^2-4x^3+x^4)$$
$$= x^{\alpha-1}-4x^{\alpha}+6x^{\alpha+1}-4x^{\alpha+2}+x^{\alpha+3}$$

となって，その不定積分は

$$\frac{x^{\alpha}}{\alpha}-4\frac{x^{\alpha+1}}{\alpha+1}+6\frac{x^{\alpha+2}}{\alpha+2}-4\frac{x^{\alpha+3}}{\alpha+3}+\frac{x^{\alpha+4}}{\alpha+4}$$

として簡単に求められるので，積分 (12) の値は容易に求められる．また，α が正の整数の場合には，変数変換 $t=1-x$ をほどこすと

$$\int_0^1 x^{\alpha-1}(1-x)^{\beta-1}\ dx = \int_0^1 t^{\beta-1}(1-t)^{\alpha-1}\ dt$$

となって，β が正の整数の場合に帰着される．別な特別な場合，$\alpha=\beta=\frac{1}{2}$ の場合には，変数変換 $t=x^{\frac{1}{2}}$ をほどこすと，積分 (12) は

$$\int_0^1 x^{-\frac{1}{2}}(1-x)^{-\frac{1}{2}}\ dx = 2\int_0^1 \frac{dt}{\sqrt{1-t^2}} = 2\frac{\pi}{2} = \pi$$

として求められる．

このほかに，積分 (12) の値が簡単に求められる特別の場合は，もう少しく追求するならば，探し求められることであろう．しかし，このような特別の場合の追求は，一般の応用を考慮するならば，あまり価値のあるものとは認められないであろう．

—— ということは，積分 (12) の値を求めることは止めたがよいという意味か．そのままでよいものか．

いわれるとおり，積分 (12) の値をふつうの微分積分の教科書に述べられたふつうのし方で求めることは断念すべきである．その代わりに，数値解析の方法によって，所要の精度までの値を求めることに考え方を切り替えるべきである．現実にはコンピューターを利用するかまたはベータ関数 $B(\alpha, \beta)$ の数値表を利用することになるであろう．それで，数学の学習としては，ベータ関数 $B(\alpha, \beta)$ についての諸性質を調べ，そしてその応用を研究すべきである．

同じようなことは，確率・統計の学習に欠くことのできない**基準型正規分布関数**

$$\Phi(x) = \frac{1}{\sqrt{2\pi}} \int_{-\infty}^{x} e^{-\frac{t^2}{2}} dt \qquad (-\infty < x < \infty) \tag{13}$$

や広義の積分

$$\Gamma(s) = \int_{0}^{\infty} e^{-x} x^{s-1} dx \qquad (s > 0) \tag{14}$$

によって定義される**ガンマ関数** $\Gamma : (0, \infty) \to \boldsymbol{R}$ についてもいえるであろう．

4. ふつうの積分と広義の積分とのちがいは

—— これまでは，$f(x) \geqq 0$ となるような関数の広義の積分ばかり取り扱ってきたようである．$f(x) \leqq 0$ となる場合は符号のちがいの問題だけであるから同じように取り扱うことができることはわかる．$f(x)$ の符号が正になったり負になったりする一般の場合についても同じようなことがいえるものか．

同じようなことという表現はあまりあいまいなので，ことがらを具体的にみてゆくことにしよう．その前に，ふつうの積分の場合には，関数 f が連続ならば，$|f|$ もまた連続であるから，積分 $\int_{a}^{b} f(x) dx$ とともに積分 $\int_{a}^{b} |f(x)| dx$ も存在するけれども，広義の積分の場合にはそうはゆかない，ということを例示しよう．関数 $f : [0, \infty) \to \boldsymbol{R}$ は，$n = 1, 2, \cdots$ のとき，次のように定義されているとする．

$$f(x) = \frac{x - (4n-4)}{2n-1} \quad (4n-4 \leqq x \leqq 4n-3); \quad -\frac{x - (4n-3)}{2n-1} \quad (4n-3 \leqq x \leqq 4n-2);$$

$$-\frac{x - (4n-2)}{2n} \quad (4n-2 \leqq x \leqq 4n-1); \quad \frac{x - (4n-1)}{2n} \quad (4n-1 \leqq x \leqq 4n)$$

この関数のグラフは振動しながら漸次減衰してゆく（図 2）．無限積分 $\int_{0}^{\infty} f(x) dx$ を計算するために，その予備として，積分

$$\int_{4n-4}^{4n-2} f(x) dx = \frac{1}{2n-1}, \quad \int_{4n-2}^{4n} f(x) dx = -\frac{1}{2n}$$

図2

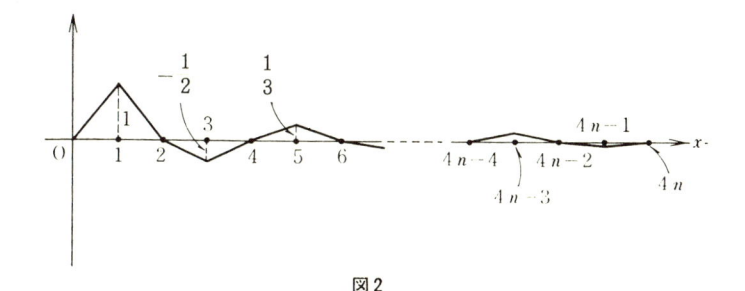

を導いておこう．そうすると
$$\int_0^{4n-2} f(x)\, dx = \frac{1}{1} - \frac{1}{2} + \frac{1}{3} - \cdots - \frac{1}{2n-2} + \frac{1}{2n-1},$$
$$\int_0^{4n} f(x)\, dx = \frac{1}{1} - \frac{1}{2} + \frac{1}{3} - \cdots + \frac{1}{2n-1} - \frac{1}{2n}$$

これら二つの関係式を一つにまとめると
$$\int_0^{2m} f(x)\, dx = \sum_{i=1}^{2m} (-1)^{i-1} \frac{1}{i} \tag{15}$$

ここで，$m \to \infty$ とすると
$$\lim_{m \to \infty} \int_0^{2m} f(x)\, dx = \sum_{i=1}^{\infty} (-1)^{i-1} \frac{1}{i} \tag{16}$$

右辺は交項級数として収束することが知られている．このことから
$$\int_0^{\infty} f(x)\, dx = \lim_{b \to \infty} \int_0^{b} f(x)\, dx = \sum_{i=1}^{\infty} (-1)^{i-1} \frac{1}{i} \tag{17}$$
となることが推察されるであろう．

——おうよそのところは見当がついたが，(16)では積分の上限は偶数 $2m$ をとっていたのであるのに，(17)では上限 b は任意の数をとってゆくのではないか．このくいちがいはどうしたものか．

それには次のようにすればよい．$4n-2 < b < 4n$ のときは
$$\int_0^{b} f(x)\, dx = \int_0^{4n-2} f(x)\, dx + \int_{4n-2}^{b} f(x)\, dx = \sum_{i=1}^{2n-1} (-1)^{i-1} \frac{1}{i} + \int_{4n-2}^{b} f(x)\, dx$$
ところで
$$\left| \int_{4n-2}^{b} f(x)\, dx \right| \leq \left| \int_{4n-2}^{4n} f(x)\, dx \right| < \frac{1}{2n} \to 0 \quad (n \to \infty)$$
となるであろう．また，$4n-4 < b < 4n-2$ のときも同じことがいえるであろう．そうすると，(17)が成り立つことが保証されたことになるであろう．

(15)で $f(x)$ の代わりに $|f(x)|$ とすると
$$\int_0^{2m} |f(x)|\, dx = \sum_{i=1}^{2m} \frac{1}{i} \tag{18}$$

となり，したがって，(16) の代わりに

$$\lim_{m\to\infty}\int_0^{2m}|f(x)|\,dx=\sum_{i=1}^{\infty}\frac{1}{i}=\infty \qquad (19)$$

となり，右辺は調和級数で，∞に発散することも知られている．したがって，(17) の代わりに

$$\lim_{b\to\infty}\int_0^b|f(x)|\,dx=\infty$$

すなわち，無限積分 $\int_0^{\infty}|f(x)|\,dx$ は存在しない．

　いまあげた例の積分のように，無限積分 $\int_a^{\infty}fx(x)\,dx$ は存在するが，無限積分 $\int_a^{\infty}|f(x)|\,dx$ が存在しないとき，無限積分 $\int_a^{\infty}f(x)\,dx$ は**条件収束**であるという．このようなことはふつうの積分におこりえなかった新しい事態である．特異積分についてもまったく同じようなことがらが考えられ，同じく条件収束という用語が用いられている．

5. 広義の積分の存在の一般の判定は

　――f の広義の積分が存在するが，$|f|$ の広義の積分が存在しないような場合のあることはわかったが，逆に，$|f|$ の広義の積分が存在するが，f の広義の積分が存在しないような場合があるのか．

　結論を答える代わりに，結論をひき出す推論をすすめることにしよう．関数 f に対して

$$f^+(x)=f(x) \quad (f(x)\geqq 0), \quad =0 \quad (f(x)<0)$$
$$f^-(x)=0 \quad (f(x)\geqq 0), \quad =-f(x) \quad (f(x)<0)$$

図3

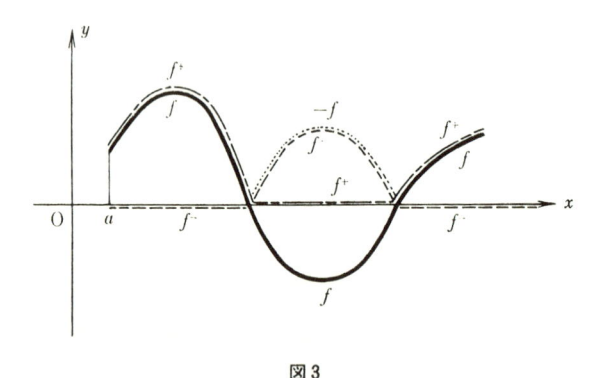

によって定義される二つの関数 f^+, f^- を考えると，次のことがらは容易に確められるであろう（図3）．

$$f^+(x)\geqq 0, \quad f^-(x)\geqq 0,$$
$$f(x)=f^+(x)-f^-(x), \quad |f(x)|=f^+(x)+f^-(x)$$

関数 $f(x)$ が連続ならば, $f^+(x), f^-(x), |f(x)|$ も連続である.

いま, 無限積分 $\int_a^\infty |f(x)|\,dx$ が存在するとしよう. 上に示したことにより, 明らかに $0 \leq f^+(x) \leq |f(x)|$, $0 \leq f^-(x) \leq |f(x)|$. したがって, 定理1により, 無限積分 $\int_a^\infty f^+(x)\,dx, \int_a^\infty f^-(x)\,dx$ はともに存在し, 不等式

$$0 \leq \int_a^\infty f^+(x)\,dx \leq \int_a^\infty |f(x)|\,dx, \quad 0 \leq \int_a^\infty f^-(x)\,dx \leq \int_a^\infty |f(x)|\,dx \quad (20)$$

が成り立つ. このことから無限積分 $\int_a^\infty f(x)\,dx$ が存在し, 関係式

$$\int_a^\infty f(x)\,dx = \int_a^\infty f^+(x)\,dx - \int_a^\infty f^-(x)\,dx \quad (21)$$

が成り立つ. この関係式の右辺は $\int_a^\infty f(x)\,dx$ より大きくない, 負でない数の差であるから, その絶対値は $\int_a^\infty |f(x)|\,dx$ よりは大きくはない, すなわち

$$\left|\int_a^\infty f(x)\,dx\right| \leq \int_a^\infty |f(x)|\,dx \quad (22)$$

これまでのことをまとめると, 次の定理となる.

定理3 「関数 f は無限区間 $[a, \infty)$ で連続であるとする. 無限積分 $\int_a^\infty |f(x)|\,dx$ が存在するならば, 無限積分 $\int_a^\infty f(x)\,dx$ も存在して, 不等式 (22) が成り立つ.」

特異積分に対しても, 同じような定理が成り立つものである.

定理4 「関数 f は半開区間 $[a, b)$ で連続で, 点 b では定義されていないかまたは連続でないとする. 特異積分 $\int_a^b |f(x)|\,dx$ が存在するならば, 特異積分 $\int_a^b f(x)\,dx$ も存在して, 不等式

$$\left|\int_a^b f(x)\,dx\right| \leq \int_a^b |f(x)|\,dx \quad (23)$$

が成り立つ.」

定理3または定理4が成り立つ場合, 広義積分 $\int_a^\infty f(x)\,dx$ または $\int_a^b f(x)\,dx$ は**絶対収束**であるという.

——定符号でない関数に対しても, 定理1および定理2に対応する判定定理があるものか. それはいともやすいことであろう. なぜならば, $|f(x)| \leq g(x)$ であって, 無限積分 $\int_a^\infty g(x)\,dx$ が存在するとするならば, 定理1により無限積分 $\int_a^\infty |f(x)|\,dx$ が存在し, 定理3により無限積分 $\int_a^\infty f(x)\,dx$ が存在することになる. このことがらを定理の形で述べると次のようになる.

定理5 「関数 f および g は無限区間 $[a, \infty)$ で連続で, $|f(x)| \leq g(x)$ とする. 無限積分 $\int_a^\infty g(x)\,dx$ が存在するならば, 無限積分 $\int_a^\infty f(x)\,dx$ も存在して, 不等式

$$\left|\int_a^\infty f(x)\,dx\right| \leq \int_a^\infty g(x)\,dx \tag{23}$$

が成り立つ.」

　たとえば，無限積分 $\int_0^\infty e^{-x^2}\sin ax\,dx$ が存在することは，不等式

$$|e^{-x^2}\sin ax| \leq e^{-x^2}$$

が成り立つこととすでに示した無限積分 $\int_0^\infty e^{-x^2}\,dx$ の存在から導かれるであろう．
$e^{-x^2}\sin ax$ の不定積分も初等関数では表現できないけれど，その無限積分が存在することが保証されているのであるから，その値は数値解析の方法で求めることもできるであろう．そういう意味で，この無限積分はわたくしたちの掌中にあるものとして取り扱うことができるわけである．特異積分に対しても，定理5に対応する定理が容易に得られるであろう．

18　曲線弧の長さ

曲線弧の長さは，内接している折線の長さの極限として定義されているが，公式の証明に煩わしさがある．もっと素朴なアイデアを活かして考えられないものであろうか．

1. ふつうの教科書での曲線弧の長さの定義と公式

——微分積分の教科書では，曲線弧の長さは，弧の上に角点をもつ折線の長さの極限として定義されている．ところが，大むかしから，円は内接多角形と外接多角形とによって近似されると考えられている．微分積分の教科書に述べてある曲線弧の長さの定義は円の場合の内接多角形による近似のアイデアの展開と考えられるわけであろう．円の場合の外接多角形による近似のアイデアの方向の展開はありえないものだろうか．

それは大へんよい提案である．それに対して答える前に，いろいろと在来の定義や公式をもう一度掘り返してみることにしよう．いま，曲線弧 AB は閉区間 $[a, b]$ で定義された関数 $y=f(x)$ によって与えられているとしよう（図1）．弧 AB 上に角点 $A_1, A_2, \cdots, A_{i-1}, A_i,$

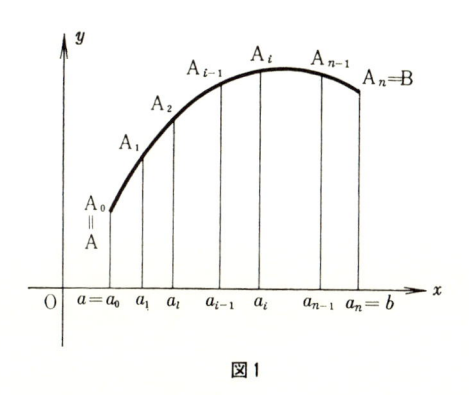

図1

$\cdots, A_{n-1}$ をもつ折線をとり，この折線の長さ

$$\sum_{i=1}^{n} A_{i-1}A_i \quad (ただし，A_0=A, A_n=B)$$

の分割を限りなく細かにしてゆくときの極限をもって，曲線弧ABの長さ $l(AB)$ と定義する．角点 $A_1, A_2, \cdots, A_i, \cdots, A_{n-1}$ の x 座標をそれぞれ $a_1, a_2, \cdots, a_i, \cdots, a_{n-1}$ とすると，点の組

$$a(=a_0), a_1, a_2, \cdots, a_i, \cdots, a_{n-1}, (a_n=)b$$

は区間 $[a, b]$ の分割となる．線分 $A_{i-1}A_i$ の長さ

$$\overline{A_{i-1}A_i} = \sqrt{(a_i-a_{i-1})^2+(f(a_i)-f(a_{i-1}))^2}$$

について，平均値定理を適用すると

$$\overline{A_{i-1}A_i} = \sqrt{1+[f'(\xi_i)]^2}\,(a_i-a_{i-1}), \quad a_{i-1}<\xi_i<a_i$$

したがって，曲線弧 AB の長さは

$$l(AB) = \lim \sum_{i=1}^{n} \overline{A_{i-1}A_i} = \lim \sum_{i=1}^{n} \sqrt{1+[f'(\xi_i)]^2}\,(a_i-a_{i-1}) \tag{1}$$

定積分の定義によって，(1) は次のよく知られた公式となる．

$$l(AB) = \int_a^b \sqrt{1+[f'(x)]^2}\,dx = \int_a^b \sqrt{1+\left(\frac{dy}{dx}\right)^2}\,dx \tag{2}$$

ここで，後のつごうもあるので，注意しておきたいことは，導関数 f' が連続であることである．このとき，関数 f は**なめらか**であるといわれ，そのグラフはいたるところ連続的に変化する接線をもっているもので，なめらかな曲線である．

ここまではしごく平凡であるが，問題はこれからである．曲線弧 AB が

$$x=\varphi(t), \quad y=\psi(t), \quad \alpha \leq t \leq \beta \tag{3}$$

によって与えられているとき，弧 AB の長さが

$$l(AB) = \int_\alpha^\beta \sqrt{[\varphi'(t)]^2+[\psi'(t)]^2}\,dt = \int_\alpha^\beta \sqrt{\left(\frac{dx}{dt}\right)^2+\left(\frac{dy}{dt}\right)^2}\,dt \tag{4}$$

によって与えられる．

——この公式がどうして問題になるのか．公式 (2) から簡単に導き出せるではないか．

公式 (2) から公式 (4) を導き出す計算は形式的には簡単であることは，いわれるとおりである．まず，問題点を掘りあてるために，ふつうの教科書にあるやり方を引用してみよう．公式 (2) に対して，変数変換 $x=\varphi(t), \alpha \leq t \leq \beta$ をほどこすと，関係式

$$\frac{dy}{dx} = \frac{dy}{dt} \bigg/ \frac{dx}{dt} \tag{5}$$

を利用して

$$l(AB) = \int_a^b \sqrt{1+\left(\frac{dy}{dx}\right)^2}\,dx = \int_\alpha^\beta \sqrt{1+\left(\frac{dy}{dt} \bigg/ \frac{dx}{dt}\right)^2}\,\frac{dx}{dt}\,dt$$

$$= \int_\alpha^\beta \sqrt{\left(\frac{dx}{dt}\right)^2+\left(\frac{dy}{dt}\right)^2}\,dt \tag{6}$$

これで，公式 (4) が導かれたわけである．

2. 公式の導き方の問題点やとりつきにくさ

——このような導き出し方で，どの点が問題点なのかを指摘してほしいが．

図1のような場合だったら，なんら問題点はないであろう．しかし，図2の場合であったら，点Cおよび点Dのように $\dfrac{dx}{dt}$ の符号の変わり目では，変化式(6)で平方根号内の $1/\left(\dfrac{dx}{dt}\right)^2$ を平方根号外におし出すとき，±をつけなければならないであろう．これについては，なんとか「いいわけ」的な説明もつけられて，難局が切り抜けることもできるようである．

ところが，もう一つの，しかも致命的な問題点が見出されるであろう．変化式(6)では，関係式(5)が利用されているが，図2の点Cおよび点Dでは $\dfrac{dx}{dt}=0$ となるので，関係式(5)は保証されていないのである．このような問題点に対しては，「いいわけ」的な説明もつけられていないようである．無理もないことであろう．

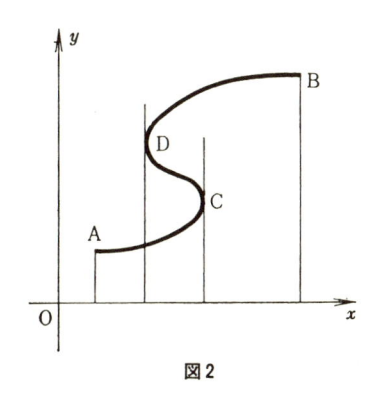

——そうすると，公式(4)を公式(2)から導き出すことは断念しなければならないものか．

そう考えたほうがよいであろう．特殊的な簡単なものから一般的な複雑なものに導いてゆくことは，もっとも望ましい行き方ではあるけれど，曲線弧の長さの公式の場合はそうはゆかないらしい．どうやら公式(4)を直接導いて，その特殊な場合として公式(2)をあげておくほうが順当らしい．わかり易さをねらわないで，厳密さをねらう教科書はこの方向をとっているようである．

曲線弧 AB は

$$x=\varphi(t), \quad y=\psi(t), \quad \alpha \leqq t \leqq \beta \tag{3}$$

によって与えられているとする．弧 AB 上に点 $A_1, A_2, \cdots, A_i, \cdots, A_{n-1}$ を順次にとり，その t の値をそれぞれ $\alpha_1, \alpha_2, \cdots, \alpha_i, \cdots, \alpha_{n-1}$ とすると，点の組

$$\alpha(=\alpha_0), \ \alpha_1, \ \alpha_2, \cdots, \ \alpha_i, \cdots, \ \alpha_{n-1}, \ (\alpha_n=)\beta$$

は t の区間 $[\alpha, \beta]$ の分割である．折線の各線分 $A_{i-1}A_i$ の長さは

$$\overline{A_{i-1}A_i}=\sqrt{[\varphi(\alpha_i)-\varphi(\alpha_{i-1})]^2+[\psi(\alpha_i)-\psi(\alpha_{i-1})]^2}$$

であるが，右辺の平方根号内の各項に平均値定理を適用すると

$$\varphi(\alpha_i)-\varphi(\alpha_{i-1})=\varphi'(\tau_i)(\alpha_i-\alpha_{i-1}), \ \alpha_{i-1}<\tau_i<\alpha_i,$$
$$\psi(\alpha_i)-\psi(\alpha_{i-1})=\psi'(\tau_i')(\alpha_i-\alpha_{i-1}), \ \alpha_{i-1}<\tau_i'<\alpha_i$$

となって

$$\overline{A_{i-1}A_i}=\sqrt{[\varphi'(\tau_i)]^2+[\psi'(\tau_i')]^2}\,(\alpha_i-\alpha_{i-1}), \ \alpha_{i-1}<\tau_i<\alpha_i, \ \alpha_{i-1}<\tau_i'<\alpha_i$$

となる．そこで，曲線弧 AB の長さは

$$l(\mathrm{AB}) = \lim \sum_{i=1}^{n} \overline{\mathrm{A}_{i-1}\mathrm{A}_{i}} = \lim \sum_{i=1}^{n} \sqrt{[\varphi'(\tau_i)]^2 + [\psi'(\tau_i')]^2}\,(\alpha_i - \alpha_{i-1}) \qquad (7)$$

で定義されるから，公式

$$l(\mathrm{AB}) = \int_{\alpha}^{\beta} \sqrt{[\varphi'(t)]^2 + [\psi'(t)]^2}\,dt \qquad (4)$$

が導かれると結論したいところであろう．このことは，変化式 (7) の最右辺の代わりに

$$\lim \sum_{i=1}^{n} \sqrt{[\varphi'(\tau_i)]^2 + [\psi'(\tau_i)]^2}\,(\alpha_i - \alpha_{i-1})$$

となっていたならば，自明のことであろう．ところが，τ_i と τ_i' とは必ずしも等しくはないので，ここのところはちょっと簡単には片づけられない．

ここで，ただでは話が前に進まないので，関数 φ, ψ の導関数 φ', ψ' は連続であるとする．そして，区間 $[\alpha, \beta]$ の分割を十分細かにする，すなわち，各小区間 $[\alpha_{i-1}, \alpha_i]$ を十分小さくすると，差の絶対値

$$\left| \sqrt{[\varphi'(\tau_i)]^2 + [\psi'(\tau_i')]^2} - \sqrt{[\varphi'(\tau_i)]^2 + [\psi'(\tau_i)]^2} \right| \qquad (8)$$

はいくらでも小さくすることができるであろう．したがって，差の絶対値

$$\left| \sum_{i=1}^{n} \sqrt{[\varphi'(\tau_i)]^2 + [\psi'(\tau_i')]^2}\,(\alpha_i - \alpha_{i-1}) - \sum_{i=1}^{n} \sqrt{[\varphi'(\tau_i)]^2 + [\psi'(\tau_i)]^2}\,(\alpha_i - \alpha_{i-1}) \right| \qquad (9)$$

もいくらでも小さくすることができるであろう．もう少し具体的にいうならば，(8) を (任意に小さく) ε 以下にすることができて，したがって，(9) を $\varepsilon(\beta - \alpha)$ 以下にすることができるであろう．

これが公式 (4) を導くことのあらすじであって，これを ε-δ 論法の形式に移せば，申し分のない公式 (4) の証明となるはずである．

3. 曲線弧の長さの素朴なアイデアをさぐる

——公式 (2) よりも，むしろ公式 (4) を直接に導くべきであることはわかったが，公式 (4) をきっかりと証明することは初学者にとってはうっとうしいことである．なんとかならないものだろうか．

まず，公式 (2) にしても，公式 (4) にしても，曲線弧がなめらかである，すなわち，いたるところ接線が引けて，接線が弧上を連続的に変動することを前提しているということを思い出すことが必要である．次に，微分係数の意味で明らかにされているように，曲線の接線は，その接点の近傍では，曲線の第 1 次の近似である，すなわち，曲線はその上の各点の近傍ではこの点での接線によって近似される，ということをも思い出す必要がある．そうすると，円が外接多角形によって近似されるという，大むかしのアイデアの新しい復活として，曲線弧の長さを接線の微小部分の長さの和の極限として定義するという着想が自然に浮び上ることであろう．

曲線弧 AB は，前のとおり

$$x = \varphi(t), \quad y = \psi(t), \quad \alpha \leq t \leq \beta \qquad (3)$$

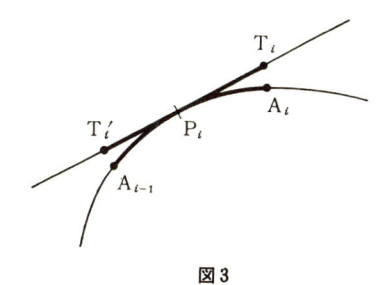

3. 曲線弧の長さの素朴なアイデアをさぐる

図3

によって表わされるとする. 弧 AB 上に点 $A_1, A_2, \cdots, A_i, \cdots, A_{n-1}$ を順次にとり, その t の値をそれぞれ $\alpha_1, \alpha_2, \cdots, \alpha_i, \cdots, \alpha_{n-1}$ とすると, 点の組

$$\alpha(=\alpha_0), \alpha_1, \alpha_2, \cdots, \alpha_i, \cdots, \alpha_{n-1}, (\alpha_n=)\beta$$

は t の区間 $[\alpha, \beta]$ の分割である. 曲線弧 AB の部分弧 $A_{i-1}A_i$ はその上の(任意)の点 P_i での接線 $T_i'P_iT_i$ によって近似される(図3). 点 P_i に対応する t の値を τ_i とするとき, 接線 $T_i'P_iT_i$ は

$$x=\varphi(\tau_i)+\varphi'(\tau_i)(t-\tau_i), \quad y=\psi(\tau_i)+\psi'(\tau_i)(t-\tau_i) \tag{10}$$

によって与えられる. ここで, (10)で $t=\alpha_{i-1}$ に対応する点 (x_i', y_i') を T_i', $t=\alpha_i$ に対応する点 (x_i, y_i) を T_i とすると, 部分弧 $A_{i-1}A_i$ は接線部分である線分 $T_i'P_iT_i$ によって近似され, 部分弧 $A_{i-1}A_i$ の長さは線分 $T_i'P_iT_i$ の長さ $\overline{T_i'P_iT_i}$ によって近似され, さらに, 曲線弧の長さ $l(AB)$ は接線部分 $T_i'P_iT_i$ の長さ $\overline{T_i'P_iT_i}$ の和によって近似される.

そこで, 曲線弧 AB の長さ $l(AB)$ は, 弧を細かに分割してゆくときの接線部分の長さの和 $\sum_{i=1}^{n} \overline{T_i'P_iT_i}$ の極限として定義される.

$$l(AB)=\lim \sum_{i=1}^{n} \overline{T_i'P_iT_i}$$

ところで

$$\overline{T_i'P_iT_i}=\sqrt{(x_i-x_i')^2+(y_i-y_i')^2}=\sqrt{[\varphi'(\tau_i)]^2+[\psi'(\tau_i)]^2}\,(\alpha_i-\alpha_{i-1}), \ \alpha_{i-1}\leqq\tau_i\leqq\alpha_i$$

となるから

$$\lim \sum_{i=1}^{n} \overline{T_i'P_iT_i}=\lim \sum_{i=1}^{n} \sqrt{[\varphi'(\tau_i)]^2+[\psi'(\tau_i)]^2}\,(\alpha_i-\alpha_{i-1}), \ \alpha_{i-1}\leqq\tau_i\leqq\alpha_i$$

したがって, 定積分の定義により, 公式

$$l(AB)=\int_\alpha^\beta \sqrt{[\varphi'(t)]^2+[\psi'(t)]^2}\,dt \tag{4}$$

が得られた.

——曲線弧の長さの最初の定義によると, 公式 (4) の証明が, わかり易い教科書では,「いいわけ」的説明になったり, 大きな見落しをしていたりし, 厳密性を期する教科書では, ε-δ 論法を使うことになって, 初学者にはなじみにくい. それなのに, 後の定義によると, 証明ら

しい証明もなくて，公式 (4) が導かれてしまっている．このように簡単に処理されてしまう秘密はどこにかくされているのであろうか．

後の定義では，接線が曲線の各点の近傍での第1次近似であるという，接線と曲線との密接な関連を基調にした点が一つのキーであろう．これに反して，最初の定義では，曲線と接線との直接の関連，したがって，弧の長さと微分係数(導関数)との関連が基調にされていない，という点が指摘されるであろう．それにもかかわらず，公式 (4) が成り立つためには，曲線がなめらかであることが必要とされているという皮肉な事情が介在しているのである．つまりは，問題の核心に近いところからでなく，わざわざ核心から遠いところからはじめたという点で，手数のかかるということは，止むをえないことであろう．

4. 曲線弧の長さの素朴なアイデアの展開

——接線によって曲線を近似するというアイデアに基づく曲線弧の長さの定義は，発展の余地というか，あるいは，もっと広い範囲にまで適用しうるものであろうか．

いわれることの意味が少しく漠然としているのであるが，少しく話の範囲を限定してみることにしよう．これまで取り扱ってきた曲線は，線分 $[\alpha, \beta]$ から xy 平面 $\boldsymbol{R}^2$ への写像の像としての集合，いわゆる**平面曲線**であった．こんどは，線分 $[\alpha, \beta]$ から xyz 空間 $\boldsymbol{R}^3$ への写像の像としての集合，いわゆる**空間曲線**の弧の長さについて考えることにしよう．空間曲線弧 AB は

$$x = f_1(t), \quad y = f_2(t), \quad z = f_3(t), \quad \alpha \leq t \leq \beta \tag{11}$$

によって与えられるとする．ここで，関数 f_1, f_2, f_3 はなめらかな関数であるとする，すなわち，曲線弧 AB の各点では接線が引かれ，接線は連続的に変動するものとする．いいかえると，曲線弧 AB はなめらかであるとする．平面曲線の場合とまったく同じように，弧 AB 上に順次に点 $A_1, A_2, \cdots, A_i, \cdots, A_n$ をとり (図4)，その t の値をそれぞれ $\alpha_1, \alpha_2, \cdots, \alpha_i, \cdots, \alpha_{n-1}$ とすると，点の組

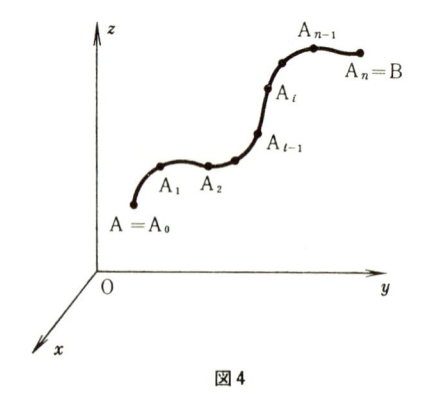

図 4

$$\alpha(=\alpha_0),\ \alpha_1,\ \alpha_2,\ \cdots,\ \alpha_i,\ \cdots,\ \alpha_{n-1},\ (\alpha_n=)\beta$$

は t の区間 $[\alpha,\beta]$ の分割である．曲線弧 AB の部分弧 $A_{i-1}A_i$ 上に任意の点 P_i をとり，その t の値を τ_i とし，点 P_i での接線 $T_i'P_iT_i$ をとる．ここまではまったく平面曲線の場合と同じである（したがって，図も図3を参照することにする）．これからさきは少しく変わってくるのであるが，それも2次元が3次元になったまでであって，本質的な差異というほどのものではない．

接線 $T_i'P_iT_i$ の方程式は

$$x=f_1(\tau_i)+f_1'(\tau_i)(t-\tau_i),\quad y=f_2(\tau_i)+f_2'(\tau_i)(t-\tau_i),$$
$$z=f_3(\tau_i)+f_3'(\tau_i)(t-\tau_i) \tag{12}$$

によって与えられる．ここで，(12)で $t=\alpha_{i-1}$ に対応する点 (x_i',y_i',z_i') を T_i', $t=\alpha_i$ に対応する点 (x_i,y_i,z_i) を T_i とすると，部分弧 $A_{i-1}A_i$ は接線の部分 $T_i'P_iT_i$ によって近似されるわけである．そこで，平面曲線の場合と同じように，曲線弧 AB の長さ $l(AB)$ は，弧を細かに分割してゆくときの接線部分の長さの和 $\sum_{i=1}^{n}\overline{T_i'P_iT_i}$ の極限として定義される．

$$l(AB)=\lim\sum_{i=1}^{n}\overline{T_i'P_iT_i}$$

ところで

$$\overline{T_i'P_iT_i}=\sqrt{(x_i-x_i')^2+(y_i-y_i')^2+(z_i-z_i')^2}$$
$$=\sqrt{[f_1'(\tau_i)]^2+[f_2'(\tau_i)]^2+[f_3'(\tau_i)]^2}\,(\alpha_i-\alpha_{i-1}),\ \alpha_{i-1}\leqq\tau_i\leqq\alpha_i$$

となるから

$$\lim\sum_{i=1}^{n}\overline{T_i'P_iT_i}=\lim\sum_{i=1}^{n}\sqrt{[f_1'(\tau_i)]^2+[f_2'(\tau_i)]^2+[f_3'(\tau_i)]^2}\,(\alpha_i-\alpha_{i-1}),\ \alpha_{i-1}\leqq\tau_i\leqq\alpha_i$$

したがって，定積分の定義により，公式

$$l(AB)=\int_{\alpha}^{\beta}\sqrt{[f_1'(t)]^2+[f_2'(t)]^2+[f_3'(t)]^2}\,dt \tag{13}$$

が得られる．

公式(13)は公式(4)に比較してみると，次元が1だけ大きくなっただけの差異であって，その導き出し方についてはほとんど異なったところがない．そういう意味では「同じように」ということができるであろう．

——公式(13)の話の前に，少しく話の範囲を限定してみる，といわれたが，話をもう少し拡げてみてほしいが…

これはふつうの教科書にもあることであるが，xyz 空間 $\boldsymbol{R}^3$ での曲面の曲面積の定義では，曲面をいくつかの小さい部分に分割し，各部分を各部分の（任意の）点での接平面部分で近似するというアイデアに従っている（図5）．これら接平面の近似する微小部分の面積の和の，分割を限りなく細かくしてゆくときの極限として曲面の曲面積を定義するわけである．話が抽象的のようであるが，ここは細部に立入るべき場所ではないので，細部の説明は別の場所にゆずり

図5

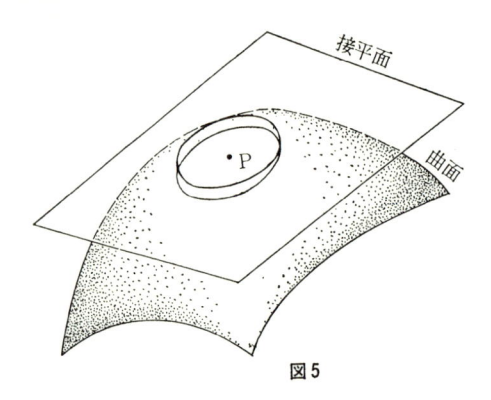

たい．要するに，曲面の曲面積の定義は，ふつうの教科書でも，これだけはわたくしたちの曲線弧の長さの定義にまったく併行しているということを強調したいだけである．

5. ふつうの教科書の「伝習性」を批判する

——どうも納得のゆかないことがある．ふつうの教科書では，曲線弧の長さを内接する折線の長さの極限として定義しているのであるから，曲面の曲面積は内接する多面体——これは略式ないい方で，曲面上に頂点をもつ三角形の集合——の面積の極限として定義するのが自然の成り行きではないか．それなのに，接平面で近似してゆくアイデアに従ってゆくというのはどうしたことか．

それはなかなかよい質問である．実は，曲面の曲面積は曲面に(上の意味で)内接する多面体の面積によっては近似されないという古典的実例が知られているのである．たとえば，半径 a，高さ h の円柱面の曲面積は $2\pi ah$ であることがわかるが，円柱面に内接する三角形の集合を適当にとることによって，これら三角形の面積の和をいくらでも大きくすることができるということが知られている（**シュワルツ** (H. A. Schwarz) **の例**，第25章4節 参照）．こうとわかっては，内接多面体の面積の極限として曲面の曲面積を定義することの不合理さが明らかになるであろう．

——それならば，曲線弧の長さの定義のほうで，曲線を接線部分で近似するアイデアを採用したならば，曲線弧の長さの定義と曲面の曲面積の定義との間に一貫性が見出されて，大変望ましいと思われるのであるが，ふつうの教科書ではどうして内接する折線の長さの極限としての曲線弧の長さの定義をとっているのか．

他人の書いたものについては推測してみるよりほかはない．第1に，数学者とか数学教師とかはとかく一般性を尊重したがる．はじめから関数のなめらかさや曲線のなめらかさを前提しようとしないと，自然に曲線弧の長さを曲線に内接する折線の長さの極限として定義するわけであろう．もっと極端なのになると，「極限」の代わりに「上限」とすることさえある．

——それなのに，公式を導くときは結局なめらかさを前提しなければならないのではないか．

何ということか．

それでも，はじめからなめらかさを前提しないというところにプライド（？）を感じているかもしれない．第2に，多分に「伝習的」というよりほかはないであろう．教科書にもこう書いてあったし，先生もこう教えたし，というわけで，今日の教科書の著者も数学教官もむかしのままそっくり無批判的に受け伝えてきたというべきであろう．数学の第一線は目ぐるまじく発展してゆくのに，一般教育の数学は長いこと変わることなく，せいぜい ε-δ 論法などによって厳密性をよそうよう努めているにすぎないのである．

第3に，わたくしたちの定義に従うとするには，平面曲線

$$x=\varphi(t), \quad y=\psi(t), \quad \alpha \leq t \leq \beta \tag{3}$$

の $t=\tau$ での接線の方程式

$$x=\varphi(\tau)+\varphi'(\tau)(t-\tau), \quad y=\psi(\tau)+\psi'(\tau)(t-\tau) \tag{14}$$

および空間曲線

$$x=f_1(t), \quad y=f_2(t), \quad z=f_3(t), \quad \alpha \leq t \leq \beta \tag{11}$$

の $t=\tau$ での接線の方程式

$$x=f_1(\tau)+f_1'(\tau)(t-\tau),\ y=f_2(\tau)+f_2'(\tau)(t-\tau), \quad z=f_3(\tau)+f_3'(\tau)(t-\tau) \tag{15}$$

を利用することになる．このような接線の方程式はふつうの教科書では取り扱っていないらしいところに問題点があるらしい．いや，問題点はもっと深いところにあるらしい．高等学校の数学Iでベクトルが取り扱いはじめられるようになった今日，ふつうの微分積分の教科書にはベクトルの値をとる関数，すなわち，**ベクトル(値)関数**の微分積分が取り扱われていないらしい．また，座標幾何でも直線の方程式がベクトル方程式で与えられることが本格的なものとは考えられていないらしい．ところが，(14)および(15)は曲線の接線のベクトル方程式の成分方程式である．たとえば，空間曲線(11)は

$$\boldsymbol{r}=(x, y, z), \quad \boldsymbol{f}=(f_1, f_2, f_3)$$

とすると，ベクトル方程式

$$\boldsymbol{r}=\boldsymbol{f}(t), \quad \alpha \leq t \leq \beta \tag{11'}$$

によって与えられる．$t=\tau$ での接線は，$\boldsymbol{f}(\tau)$ を通り，傾き

$$\lim_{h \to 0} \frac{\boldsymbol{f}(\tau+h)-\boldsymbol{f}(\tau)}{h}=\boldsymbol{f}'(\tau)$$

の直線であるから，ベクトル方程式

$$\boldsymbol{r}=\boldsymbol{f}(\tau)+(t-\tau)\boldsymbol{f}'(\tau)$$

によって与えられる．この方程式の成分表示が(15)である．このような取り扱いが日常事とならない限り，わたくしたちの曲線弧の定義には無縁のことかもしれない．

19

2 変数関数

2変数関数の微分積分は初学者にはなじみにくいものとされているが，どこに問題点があるのか．1変数関数の微分積分と共通に取り扱うことができないものか．

1. 2変数関数のむずかしさの根源は

——1変数関数の微分積分を学習するときには，格別にめんどうなことも感じなかったけれど，2変数関数の微分積分にはいると，とたんに勝手がちがったように面くらってしまった．あれよあれよというている間に授業が終ってしまう．1変数関数の微分積分の場合には，試験で相当の成績をあげていた者でも，2変数関数の微分積分の試験ではあわれな成績になってしまうのが多いのだ．2変数関数の微分積分はやはりむずかしいものだろうか．

関数といえば，中学校・高等学校を通じて長い間学習しているはずである．それも実は1変数関数である．1変数関数の微分積分の入門は，高等学校の第2学年の後半から学習している上に，大学の入学試験を突破するために，たくさんの時間をかけて特訓を受けている．それで大学生の頭には，1変数関数のアイデアとその微分積分とがしつこくしみわたっているわけである．ところが，大学に入学してからの微分積分または解析学入門の講義は大てい週2時間程度で，そのうち2変数関数の微分積分に割り当てられる講義時間はあまり多くもなく，頭にしみる間もないうちに試験ということで終りになる．

——そうすると，トレーニングの程度の差に起因するわけか．

トレーニングの程度のちがいが理解度を支配していることは否定できないであろう．問題の核心はもっと深いところにある．関数について語るときに，x, y というと反射的に y は x の関数である，とまさに条件反射そのものといった調子である．だから，2変数関数 $f(x, y)$ について，x と y とは互いに勝手勝手に，すなわち，互いに独立に変動するもので，独立変数とよばれると説明しても，実感としては，やはり y が x の変動にともなって変動するという印象からは脱却しきれないらしい．特定の記号に特定の意味や役割を固定的に割り当てることは，ある時点では大へんつごうのよいこともあるけれど，長い目で見ると困ったことにもなるものである．このような困ったことも，関数を式として考えてきたむかしからの観念から脱却しきれないことに由来することであろう．

——それならば，関数を写像としてとらえてゆくことによって，この困ったことから脱却できるものか．

もちろん，関数を写像としてとらえるべきことはいうまでもないのであるが，それでも残る問題は定義域に関することである．1変数関数の微分積分の場合には，現実に用いられる定義域は，閉区間 $[a, b]$, 開区間 (a, b), 半開区間 $[a, b)$, $(a, b]$ などの有界（有限）区間のほかには，無限区間

$$[a, \infty),\ (a, \infty),\ (-\infty, a],\ (-\infty, a),\ (-\infty, \infty) = \mathbf{R}$$

だけであるといってよいであろう．これ以外の集合が定義域に用いられることはまずないといってよいであろう．多くの場合には，定義域についてのはっきりした意識がみられないことであろう．また，意識的に用いられたとしても，それはなんらの目的意識のない漠然としたものであったり，または単に「無用な一般化」をてらうペダンティック心情によるものにすぎないであろう．

2変数関数の微分積分の場合にも，定義域については同じような事情がみられるのであるが，もう少しこみいった様相を呈するだけである．2変数関数という形式的な定義だけならば，平面 $\mathbf{R}^2$ の部分集合 D に対して，写像

$$f: D \to \mathbf{R}$$

が D で定義された2変数関数というわけであるが，D の点 (x, y) が自由に変動しうることになると，定義域 D は何でもよいというわけにゆかないであろう．たとえば，D が平面 $\mathbf{R}^2$ での直線 $y = x$ であるとすると，D の点 (x, y) の x, y は互いに独立に変動するわけにゆかないで，条件 $y = x$ に制限されて変動しなければならないからである．

2. 2変数関数の定義域のための要請は

——そうすると，2変数関数

$$f: D \to \mathbf{R} \qquad (D \subset \mathbf{R}^2)$$

が独立に変動する変数 x, y の関数であるためには，定義域 D にはなんらかの条件がつけられなければならないというわけか．

まさにそのとおりである．そこで，定義域 D に対する条件を引き出すために，変数 x, y が独立に変動するということを集合関係の表現に移しかえてみることにしよう．変数 x, y が D で独立に変動するということを，D の各点 (x_0, y_0) の近傍で独立に変動するということに解することにする．変数 x, y が点 (x_0, y_0) の近傍で独立に変動することを，点 (x_0, y_0) のある近傍が D に含まれることに解することにする．ここでまた，近傍という用語を定義しなければならない．点 (x_0, y_0) と点 (x, y) との距離 $|(x, y) - (x_0, y_0)|$ が ε より小さいような点 (x, y) の全体の集合 $\{(x, y);\ |(x, y) - (x_0, y_0)| < \varepsilon\}$ を点 (x_0, y_0) の **ε 近傍** といい，記号 $N((x_0, y_0), \varepsilon)$ で表わす．ε が問題にならない場合には，単に点 (x_0, y_0) の **近傍** といい，記号 $N((x_0, y_0))$ で表わすことがある．このように，近傍の用語と記号を導入すると，変数 x, y が点 (x_0, y_0) の近傍で独立に変動することは，集合関係

$$N((x_0, y_0), \varepsilon) \subset D \tag{1}$$

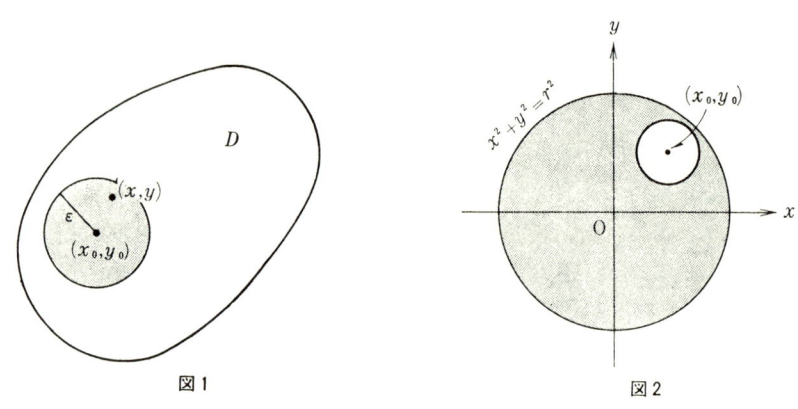

図1

図2

が成り立つことによって表わされる(図1).集合関係(1)は, 点 (x_0, y_0) の十分小さい近傍 $N((x_0, y_0))$ が D に含まれることを示すもので,このとき,点 (x_0, y_0) は D の**内点**であるという.D の各点 (x_0, y_0) が D の内点であるとき,D は**開集合**であるという.結局,変数 x, y が D で独立に変動しうるためには,定義域 D は開集合であることが要請されるわけである.

具体的な例をあげることにしよう.定義域としてよく用いられる集合には,**開円板** $D_1 = \{(x, y); x^2 + y^2 < r^2\}$ (図2),**半開円板** $D_2 = \{(x, y); x^2 + y^2 < r^2, y > 0\}$ (図3),**開区間** $D_3 = \{(x, y); 0 < x < 1, 0 < y < 1\}$ (図4) があげられる.いま,D_1 について調べてみることにする.

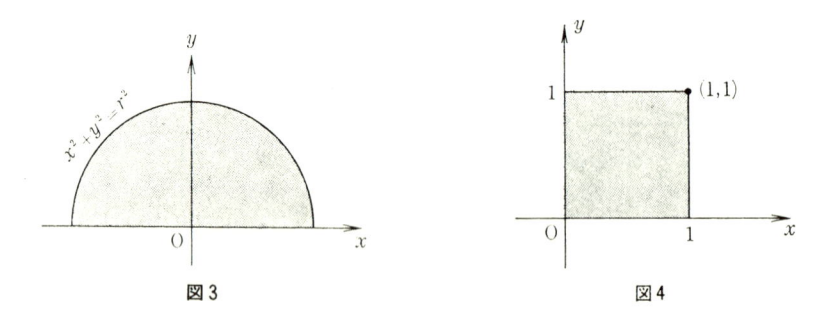

図3

図4

D_1 の任意の点 (x_0, y_0) をとると,$x_0^2 + y_0^2 < r^2$ となるので,$r' = r - \sqrt{x_0^2 + y_0^2}$ のように正の数 r' をとると,開円板 $D_1' = \{(x, y); (x - x_0)^2 + (y - y_0)^2 < r'^2\}$ は D_1 に含まれる.いいかえると,点 (x_0, y_0) の r' 近傍は D_1 に含まれるから,点 (x_0, y_0) は D_1 の内点であって,点 (x_0, y_0) は D_1 の任意の点であるから,開円板 D_1 は開集合である.D_2 および D_3 についても,同じことがいえるであろう.

ところで,開円板 D_1 は円 $x^2 + y^2 = r^2$,すなわち,曲線

$$x = r\cos t, \quad y = r\sin t, \quad 0 \leq t \leq 2\pi \tag{2}$$

によって囲まれた平面 $\boldsymbol{R}^2$ の部分集合である．円 (2) はなめらかな曲線である．半開円板 D_2 は半円

$$x = r\cos t, \quad y = r\sin t, \quad 0 \leq t \leq \pi \tag{3}$$

と線分

$$x = t, \quad y = 0, \quad -r \leq t \leq r \tag{4}$$

とからなる区分的になめらかな曲線によって囲まれた平面 $\boldsymbol{R}^2$ の部分集合である．開区間 D_3 は 4 個の線分の接続からなる区分的になめらかな曲線によって囲まれた平面 $\boldsymbol{R}^2$ の部分集合である．これらの例のように，区分的になめらかな閉曲線によって囲まれた平面 $\boldsymbol{R}^2$ の部分集合が微分積分でよく現われる 2 変数関数の定義域となるものであるということができる．

3. さまざまな領域

── 区分的になめらかな閉曲線によって囲まれた平面 $\boldsymbol{R}^2$ の部分集合が 2 変数関数の定義域としてよく用いられることはわかるが，囲んでいる閉曲線は定義域の部分集合には属さないものか．

囲んでいる閉曲線の点は定義域の部分集合の内点とはならないので，内点であることの要請にはこたえていないもので，少しく考慮を要する．ところで，区分的になめらかである閉曲線によって囲まれた平面 $\boldsymbol{R}^2$ の部分集合は，1 変数関数の定義域としての開区間にあたるもので，この場合の閉区間にあたるものとしては，上の部分集合に囲んでいる区分的になめらかな閉曲線を付加した集合を 2 変数関数の定義域として用いられることも多いのである．たとえば，すでに述べた D_1, D_2, D_3 に対して，閉円板 $\bar{D}_1 = \{(x, y) ; x^2 + y^2 \leq r^2\}$，半閉円板 $\bar{D}_2 = \{(x, y) ; x^2 + y^2 \leq r^2, y \geq 0\}$，閉区間 $\bar{D}_3 = \{(x, y) ; 0 \leq x \leq 1, 0 \leq y \leq 1\}$ は，D_1, D_2, D_3 にそれぞれ閉曲線 (2), (3)∪(4), 4 個の線分からなる閉曲線（正方形）を付加して得られるものである．

D_1, D_2, D_3 のように，区分的になめらかな閉曲線によって囲まれた $\boldsymbol{R}^2$ の部分集合は**開領域**とよばれ，これに対して，$\bar{D}_1, \bar{D}_2, \bar{D}_3$ のように，囲んでいる閉曲線を付加して得られる部分集合は**閉領域**とよばれることがある．開領域も閉領域も，区分的になめらかな閉曲線によって平面 $\boldsymbol{R}^2$ の有界の範囲に限定されているというわけで，ともに**有界領域**とよばれることがある．このときの限定する閉曲線は領域の**境界**とよばれる．

── 有界領域というからには，有界でない領域というものが考えられるわけであろうが，これはどのように定義されるものか．

有界でない領域の一般的な定義を述べることは大へんめんどうであるが，具体的な例をあげることにする．たとえば，閉曲線 (2) の外部の点からなる部分集合 $D_1' = \{(x, y) ; x^2 + y^2 > r^2\}$（図 5）や閉曲線 (3)∪(4) の外部の点からなる部分集合 $D_2' = \{(x, y) ; x^2 + y^2 > r^2$ または y

図5

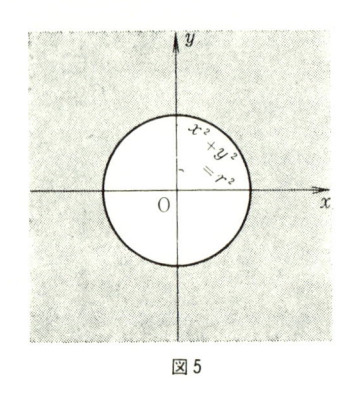

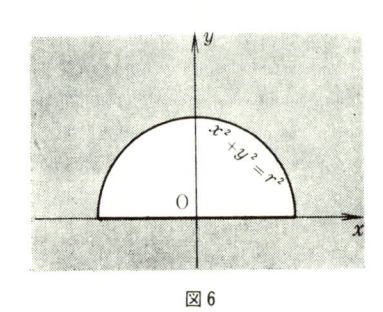

図6

$<0\}$（図6）はそれぞれ区分的になめらかな閉曲線(2)や(3)∪(4)によって限定されている有界でない開領域で，しばしば閉曲線(2)や(3)∪(4)の**外部領域**とよばれることがある．この場合にも，閉曲線(2)や(3)∪(4)はそれぞれ開領域 D_1' や D_2' の境界とよばれる．開領域 D_1', D_2' にそれぞれの境界を付加して得られる集合 $\overline{D}_1' = \{(x,y)\,;\,x^2+y^2 \geqq r^2\}$ や $\overline{D}_2' = \{(x,y)\,;\,x^2+y^2 \geqq r^2\}$ または $y \leqq 0\}$ は閉領域とよばれる．

ところが実は，領域は「一つの」区分的になめらかな「閉」曲線によって限定されるとは限らないこともある．たとえば，**円環領域** $D_4 = \{(x,y)\,;\,r_1^2 < x^2+y^2 < r_2^2\}$ は二つの円 $x^2+y^2 = r_2^2$, $x^2+y^2 = r_1^2$ によって囲まれているし（図7），領域 $D_5 = \{(x,y)\,;\,x>0, y>0, xy<1\}$ は区分的になめらかな2曲線 $\{(x,y)\,;\,x \geqq 0, y=0\} \cup \{(x,y)\,;\,x=0, y \geqq 0\}$ と $\{(x,y)\,;\,x>0, y>0, xy=1\}$ によってはさまれた平面部分である（図8）．この場合，D_4 の境界は二つの円 $x^2+y^2=r_1^2, x^2+y^2=r_2^2$ であり，D_5 の境界はこれをはさんでいる2曲線である．このような領域の例は限りなくさまざまな様相のもとであげられるが，ここでは割愛しておくことにしよう．

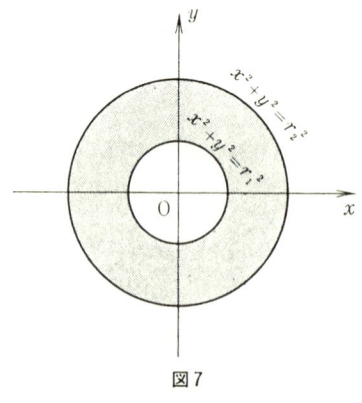

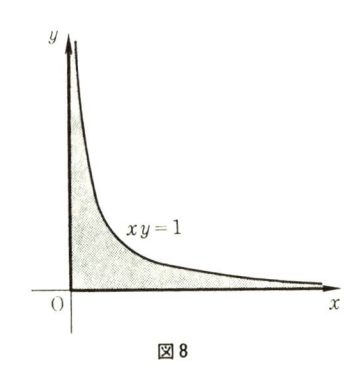

図7

図8

4. 開領域の条件はどうして必要なのか

——いままでにあげられた具体的な諸例そのものは大へんわかりよいのだが，領域一般についての定義についてはどうなるのか.

D が開領域であるためには，すでに述べたおいたように，開集合であることが要請されている．次に，境界に属する点は，**境界点**とよばれるのであるが，次のように特性つけられる．す

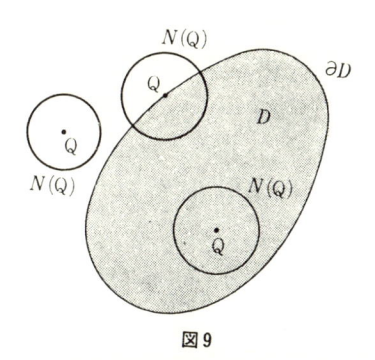

図9

なわち，領域 D の境界点 Q の任意に小さい近傍 $N(Q)$ には D の点が含まれるが，D 以外の点も含まれる．（$N(Q)$ に D の点が全然含まれないときは，Q は D から離れた点であろうし，D の点だけが含まれるときは，Q は D の内点となるであろう．）いいかえると，任意の正の数 ε に対して，集合関係

$$N(Q,\varepsilon)\cap D \neq \phi, \quad N(Q,\varepsilon) \not\subset D \tag{5}$$

が成り立つとき，点 Q は D の境界点であるということができる．D の境界点の集合が D の境界で，しばしば記号 ∂D で表わされる．D と ∂D の和集合 $D\cup\partial D$ が閉領域で，これまで記号 $\bar{D}$ で表わされたものである．

上にあげた具体的な諸例について共通にみられるもう一つの性質があげられる．それは領域

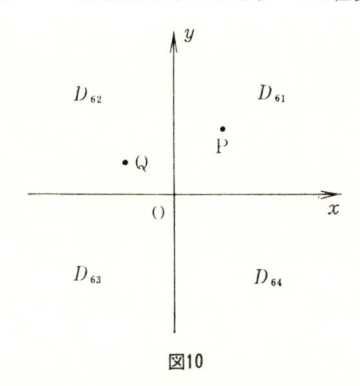

図10

D が連結しているということである．数学的に表現するならば，D の任意の2点 P, Q に対して，P, Q を結ぶ折線または区分的になめらかな曲線をとることができることである．このとき，D は**連結**であるという．つまりは，D が開領域であるためには，開集合でありかつ連結であることが要請されるわけである．そこで，D は，開集合でありかつ連結であるとき，開領域であると定義することにする．たとえば，xy 平面 R^2 から x 軸および y 軸を取り除いて得られる部分集合 $D_6=\{(x,y);xy\neq 0\}$（図10）は開集合であるけれど，連結ではないから，開領域とはならない．D_6 は4個の部分集合 $D_{61}=\{(x,y);x>0,y>0\}$，$D_{62}=\{(x,y);x<0,y>0\}$，$D_{63}=\{(x,y);x<0,y<0\}$，$D_{64}=\{(x,y);x>0,y<0\}$ に分割され，各部分集合 D_{61}，D_{62}，D_{63}，D_{64} はいずれも上の意味で開領域である．

——開領域の定義についてはよくわかるが，D_6 のような集合がどうして2変数関数の定義域となりえないのか．たとえば

$$f(x,y)=\frac{1}{xy} \qquad ((x,y)\in D_6) \qquad (6)$$

によって定義される2変数関数 f の定義域は D_6 であるとしてはいけないのか．

ただ関数を定義してみるだけというならば，どんな部分集合を定義域とすることもできるわけであるから，いわれるとおりであると答えてもよいであろう．しかし，わたくしたちは2変数関数を定義して事足れりとするのではなくて，2変数関数の微分積分を展開してゆくのである．このとき，(6)のように定義された関数を取り扱うにしても，単に D_6 で考えるというのでなくて，その部分集合 D_{61}，D_{62}，D_{63}，D_{64} のいずれか一つで考えなければならないことになる．結局は，D_6 で定義された関数を取り扱うと称するだけで，現実には D_{61}，D_{62}，D_{63}，D_{64} のいずれか一つに縮小（制限）した関数を取り扱うことになる．ここにも「無用な一般化」にわざわいされた側面が見出される．

——ところで，思い出したのであるが，大ていの教科書では，いままで述べられたような領域については述べられてないのに，ここで詳しく領域について述べているのは，どういうわけなのか．

大ていの教科書では，関数を実質的にはオイラー流に取り扱っているので，定義域に対する意識がほとんど欠けているといってもよいであろう．しかし，わたくしたちは，関数を写像としてとらえる立場に立つことになっているので，どうしても定義域に対しては明確に表示せざるをえないのである．しかも，微分積分の対象としての2変数関数となると，必然的に現実的な定義域となりうる領域について掘り下げざるをえないわけである．

わたくしたちの取り扱っているような領域のアイデアについては，実は複素関数論の教科書では十分よく取り扱っているのである．この分野はすでに現代数学の洗礼を受けているという事情にもよることであろう．

5. 1変数関数と2変数関数との共通面をみるには

——2変数関数 $f(x,y)$ の極限の導入のところで，大ていの教科書では，x に関しての極限

5. 1変数関数と2変数関数との共通面をみるには

と y に関しての極限の区別や2重極限についての注意などにスペースを割いているが，初学者にはとりつきにくいものである．どうにかならないものか．

　そのようなものは，実は実のりの乏しいもので，徒に初学者を戸まどいさせるようなものである．その証拠には，そのようなものは2変数関数の微分積分の展開にはいっこうにこれという役割を果していないことに気づかれるであろう．大ていの教科書は，1変数関数の微分積分と2変数関数の微分積分との差異の強調に重点をおきすぎるようである．それが2変数関数の微分積分をむずかしい，とりつきにくいものに感じさせる原因のようである．

　——1変数関数の微分積分と2変数関数の微分積分との共通面を強調するにはどうしたらよいのか．

　2変数関数 $f(x, y)$ を二つのバラバラの変数 x と y との関数としてみる観点を脱却して，一つのベクトル変数 (x, y) の関数としてみる観点をとることが先決である．2変数関数 $f(x, y)$ の極限の定義はふつう次のように述べられている．点 $P(x, y)$ が f の定義域 D の点をとりながら，定点 $A(a, b)$ に限りなく近づくにともなって関数値 $f(x, y)$ が定値 l に限りなく近づくとき，(x, y) が (a, b) に限りなく近づくときの関数値 $f(x, y)$ の極限は l であるといい，記号

$$\lim_{\substack{x \to a \\ y \to b}} f(x, y) = l \tag{7}$$

または

$$\lim_{(x, y) \to (a, b)} f(x, y) = l \tag{8}$$

で表わす．これが話のはじまりである．

　——このような定義そのものが困るというわけなのか．

　いや，このような定義のアイデアそのものが問題なのではない．「限りなく近づく」という図形的・運動的な表現にとらわれる考え方に問題がある．1変数の場合には，x が a に近づくといっても，大きいほうからと小さいほうからとの二つの近づき方しかないのに，2変数の場合には，(x, y) が (a, b) に近づくには，無数の方向からの近づき方があるわけである．記号 (7) の表現では，$x \to a$ が先きで $y \to b$ が後になるのか．それとも別のようになるのか，などと問題したくなるわけであろう．このために，初学者を悩ます考察がまきおこされるわけである．

　このような悩ましいものから免がれるためには，運動的な表現をさけるよりほかはないであろう．(x, y) が限りなく (a, b) に近づくにともなって $f(x, y)$ が l に限りなく近づくことを，(x, y) を (a, b) に十分近づけると差 $f(x, y) - l$ の絶対値をいくらでも小さくすることができる，という風にいいかえるとよい．これはさらに，(x, y) と (a, b) との距離 $|(x, y) - (a, b)|$ を十分小さくとると，$|f(x, y) - l|$ をいくらでも小さくすることができる，あるいは，ε-δ 論法を利用すると，任意の正の数 ε に対して，関係

$$0 < |(x, y) - (a, b)| < \delta \quad \text{ならば} \quad |f(x, y) - l| < \varepsilon \tag{9}$$

が成り立つように，正の数 δ をとることができる，といい表わすことができるであろう．点 (a, b) の近傍 $N((a, b), \delta)$ から点 (a, b) を除いたものを点 (a, b) の中心抜き近傍といい，

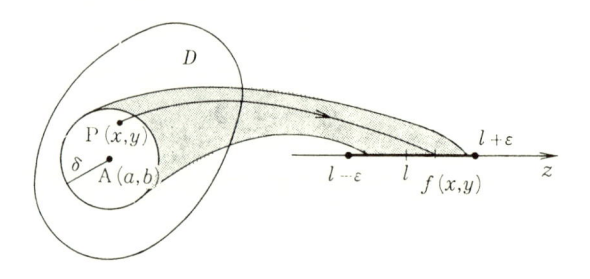

記号 $N'((a, b), \delta)$ で表わすことにすると，関係 (9) は

$$(x, y) \in N'((a, b), \delta) \quad \text{ならば} \quad f(x, y) \in N(l, \varepsilon) \tag{10}$$

または

$$f(N'((a, b), \delta)) \subset N(l, \varepsilon) \tag{11}$$

のようにも表わされる．

20 　　　　　　　　　　2変数関数の微分

とかく1変数関数の微分と2変数関数の微分との差異が
強調されがちであるが，それよりも，共通性を見出す観点
から眺めてみることのほうが大せつではなかろうか．

1.　1変数関数の微分と共通の観点から眺めよう

——2変数関数や多変数関数の微分は，偏微分とか全微分とかいろいろな微分があって，1変数関数の場合の微分とは異なっているようでわずらわしく思われる．もっと見通しよく，わずらわしくなく学習できないものであろうか．

そのように感ぜられることも無理からぬことかもしれない．従来の教科書はとかく1変数関数の微分と2変数関数や多変数関数の微分との差異について強調しすぎるように思われる．このような差異そのものは，理論的なせんさくに興味をもつ研究者にとってはかなりの関心事となるであろうが，2変数関数や多変数関数の微分の応用に関心をもつ学生や読者にとっては実のりの乏しいものであり，むしろその強調によってこの方面の学習に難しさを感じさせるだけの結果に終るであろう．そこで，わたくしたちの話の方向は，もっぱら1変数関数の微分と2変数関数や多変数関数の微分との間の共通性の発見に向けてゆくことにしたいと思う．

これから先の話は，簡単のために，主として2変数関数の場合に限っておくことにするが，それは一般の多変数関数の場合にも通用することであろう．2変数関数 $f(x, y)$ は二つの独立に変化する変数 x, y の関数ではあるけれど，実はバラバラな変数 x, y の関数として取り扱うところにいろいろなめんどうなことがおこるのである．むしろ，逆に x, y を成分とするベクトル変数 (x, y) の関数として $f(x, y)$ をとらえるべきで，正確に表現するならば，$f((x, y))$ と表現すべきであろうが，ここで変わった記号を使うことによって初学者の心理的負担を加えるよりも，従来の記号 $f(x, y)$ をもってベクトル変数 (x, y) の関数を表わすものと了解してゆくことにしよう．そのような流儀で，$f(a, b)$ はベクトル (a, b) での関数値と解することになるであろう．このようにしてゆくと，3変数以上の多変数関数も2変数関数の場合とまったく同じように取り扱うことができるであろう．

——ところで，そろそろ本論にはいってもらいたいのであるが，1変数関数の場合には，点 a での微分係数 $f'(a)$ は平均変化率

$$\frac{f(a+h)-f(a)}{h} \tag{1}$$

20　2変数関数の微分

の極限として
$$f'(a) = \lim_{h \to 0} \frac{f(a+h)-f(a)}{h} \tag{2}$$
と定義されている．2変数関数の場合には，平均変化率(1)に対応する平均変化率はどのようになるのか．

(1)に対応する平均変化率を2変数関数の場合には同じようには考えるわけにゆかないであろう．(1)での分子 $f(a+h)-f(a)$ は関数の変化であるから，2変数関数の場合には，これに対応するものは
$$f(a+h, b+h) - f(a, b) \tag{3}$$

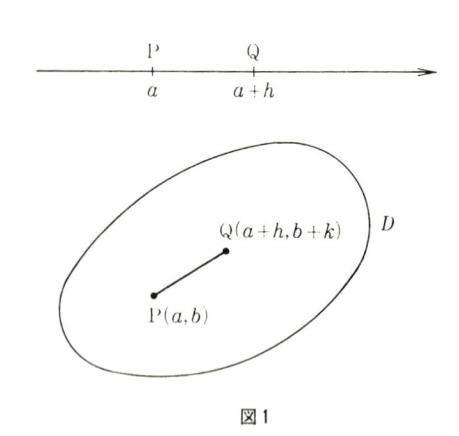

図1

となって問題はないが，(1)の分母 h は変数 x の変化であって，2変数関数の場合にはベクトル $\overrightarrow{PQ}$ (図1)となるわけで，(1)に対応する平均変化率が併行しては考えられないであろう．したがって，(2)と同じような形式では微分係数を定義することは不可能であろう．このような面では，たしかに2変数関数の微分は1変数関数の微分との差異を露出しているわけであるが，わたくしたちの努力は両者の共通性の発掘に向けられるべきであることを想起してもらいたい．

2. 手はじめにある方向に沿っての**変化率**

——2変数関数の微分と1変数関数の微分との共通性の発見を目指すと称しているが，早くも微分係数の定義でつまずいているではないか．どのように打開してゆくつもりなのか．

一つの観点だけでおし通そうとすると，行きつまりに当面せざるをえないであろう．そこで，同一のことがらについてもいろいろな観点からながめることが大せつなことになる．微分係数 $f'(a)$ を(1)によって定義することはふつうであるが，(1)は関係式

2. 手はじめにある方向に沿っての変化率

$$f(a+h)-f(a)=f'(a)h+o(h) \quad (h\to 0) \tag{3}$$

と同値であることに注意しなければならない．ここに，o はランダウのオーで，関係式

$$\lim_{h\to 0}\frac{o(h)}{h}=0 \tag{4}$$

を満足する．いいかえると，微分係数 $f'(a)$ は関係式 (3) によって定義されると考えることもできるわけである．すなわち，変数の変化 h が無限小になるとき，関数 f の変化 $f(a+h)-f(a)$ は，h に対して高位の無限小になる項 $o(h)$ を無視すると，変化 h に比例するものであるが，このときの比例の係数が微分係数であるということができる．さらにいうならば，関数の変化 $f(a+h)-f(a)$ は，h に対して高位の無限小になる項 $o(h)$ を除外すると，h に関して**線形**であるということができる．

同じような観点が 2 変数関数に対しても適用されないものであろうか，ということが思いつかれるであろう．すなわち，(x,y) が (a,b) から $(a+h,b+k)$ まで変化したときの関数 $f(x,y)$ の変化

$$f(a+h,b+k)-f(a,b) \tag{5}$$

についてどうかということが問題になるであろう．ここで，ベクトル (h,k) は零ベクトル $(0,0)$ に限りなく近づくものであるとする．

しかしながら，変化するベクトル (h,k) に対して変化 (5) を取り扱うことは，めんどうであり，取り扱いの手掛りが得られそうもないので，当座としては，(h,k) は定ベクトルとして，変化

$$f(a+th,b+tk)-f(a,b) \tag{6}$$

図 2

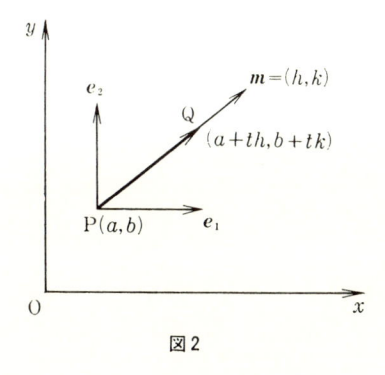

を変化する t に対して考えることにしよう．変化 (6) の平均変化率

$$\frac{f(a+th,b+tk)-f(a,b)}{t} \tag{7}$$

をとり，その極限

$$\lim_{t \to 0} \frac{f(a+th, b+tk) - f(a, b)}{t} \tag{8}$$

を考えると，これはベクトル $\boldsymbol{m}=(h, k)$ に沿っての変化率で，$\boldsymbol{m}=(h, k)$ に沿っての**方向微分係数**とよばれ，記号 $\frac{\partial f}{\partial \boldsymbol{m}}(a, b)$ で表わされる．

$$\frac{\partial f}{\partial \boldsymbol{m}}(a, b) = \lim_{t \to 0} \frac{f(a+th, b+tk) - f(a, b)}{t} \tag{8'}$$

——方向微分係数 $\frac{\partial f}{\partial \boldsymbol{m}}(a, b)$ はベクトル $\boldsymbol{m}=(h, k)$ にも関係して定まるものではないか．1変数関数の場合のように，微分係数 $f'(a)$ が点 a だけで定まるものとは根本的にちがっているようであるが．

ちがっているという点はいかにもいわれるとおりであるが，しばらくはまってもらいたい．むしろ，実際の応用の場面では，ある方向に沿っての変化率を考える必要に迫られることがあるということを心に留めておいてほしい．このような要求に対しては方向微分係数がぜひとも問題になるわけである．ところで，変化率を考える方向としてよく用いられるものがある．それは基本ベクトル $\boldsymbol{e}_1 = (1, 0)$ と $\boldsymbol{e}_2 = (0, 1)$ の二つである．$\boldsymbol{e}_1 = (1, 0)$ に沿っての方向微分係数

$$\frac{\partial f}{\partial \boldsymbol{e}_1}(a, b) = \lim_{t \to 0} \frac{f(a+t, b) - f(a, b)}{t} \tag{9}$$

は，y を b に固定しておいて，x だけを変化させたときの関数 f の変化率であって，特に関数 f の点 (a, b) での x に関する**偏微分係数**とよばれ，しばしば記号 $\frac{\partial f}{\partial x}(a, b)$ または $f_x(a, b)$ で表わされる．それで，(9)は次のようにも表わされる．

$$\frac{\partial f}{\partial x}(a, b) = f_x(a, b) = \lim_{h \to 0} \frac{f(a+h, b) - f(a, b)}{h} \tag{9'}$$

また，$\boldsymbol{e}_2 = (0, 1)$ に沿っての方向微分係数

$$\frac{\partial f}{\partial \boldsymbol{e}_2}(a, b) = \lim_{t \to 0} \frac{f(a, b+t) - f(a, b)}{t} \tag{10}$$

は，x を a に固定しておいて，y だけを変化させたときの関数 f の変化率であって，特に関数 f の点 (a, b) での y に関する偏微分係数とよばれ，しばしば記号 $\frac{\partial f}{\partial y}(a, b)$ または $f_y(a, b)$ で表わされる．それで，(10)は次のようにも表わされる．

$$\frac{\partial f}{\partial y}(a, b) = f_y(a, b) = \lim_{k \to 0} \frac{f(a, b+k) - f(a, b)}{k} \tag{10'}$$

3. 1変数関数の微分係数 $f'(a)$ に相応するものは

——これでやっと，ふつうの教科書にある偏微分係数にたどりついたというところだが，本

論はなかなかのことなのか.

　むしかえしになることであるが, 1変数関数の微分係数 $f'(a)$ についての基本的な関係式
$$f(a+h)-f(a)=f'(a)h+o(h) \quad (h\to 0) \tag{3}$$
を思い出すことにしよう. 変数の変化 h が無限小になるとき, 関数の変化 $f(a+h)-f(a)$ は高位の無限小になる項 $o(h)$ を無視すると, $f'(a)h$ に等しいとみなされる. ところで, $f'(a)h$ は h に関して線形である. このような考え方を2変数関数の場合に展開してみよう. ベクトル変数 (x, y) の変化 (h, k) が無限小になるとき, 2変数関数 $f(x, y)$ の変化 $f(a+h, b+k)-f(a, b)$ は, (h, k) に対して高位の無限小になる項 $o(\sqrt{h^2+k^2})$ を無視すると, ベクトル (h, k) に関して線形であるとしよう. すなわち, 関係式
$$f(a+h, b+k)-f(a, b)=Ah+Bk+o(\sqrt{h^2+k^2}) \quad (\sqrt{h^2+k^2}\to 0) \tag{11}$$
が成り立つとしよう. ここで, A, B は h, k には関係しない定数で, 関係式
$$\lim_{\sqrt{h^2+k^2}\to 0}\frac{o(\sqrt{h^2+k^2})}{\sqrt{h^2+k^2}}=0 \tag{12}$$
が成り立つものとする. いま, 特に $k=0$ とすると, (11) は
$$f(a+h, b)-f(a, b)=Ah+o(h) \quad (h\to 0) \tag{11'}$$
となり, 両辺を h で割って $\lim_{h\to 0}$ をとると, (9') により
$$A=f_x(a, b)$$
同じようにして
$$B=f_y(a, b)$$
そこで, 関係式 (11) は
$$f(a+h, b+k)-f(a, b)=f_x(a, b)h+f_y(a, b)k+o(\sqrt{h^2+h^2}) \quad (\sqrt{h^2+h^2}\to 0) \tag{13}$$
のように表わされる. これが1変数関数の場合の関係式 (3) に対応する関係式である. この関係式が成り立つとき, 2変数関数 f は点 (a, b) で**全微分可能**であるという. 全微分可能という代わりに, 従来の数学書ではしばしば**シュトルツ (O. Stolz) の意味で微分可能**ということがあり, またモダンな数学書では単に**微分可能**ということがある. 問題は, 呼び名に関することではなくて, 1変数関数での微分可能の役割を2変数関数の全微分可能が引きつぐという事実にある.

　——偏微分係数 $f_x(a, b), f_y(a, b)$ が存在するとき, f は点 (a, b) で**偏微分可能**であるというが, これは全微分可能とはちがうのか.

　偏微分可能であることは, 全微分可能であるためには必要ではあるが十分ではない. どんな条件が十分であるかということはわたくしたちの関心事ではない [関心のある読者は, 福原・稲葉, 新数学通論I, 共立出版, 150ページ定理4.1および151ページ例6参照]. わたくしたちの関心は1変数関数の微分と2変数関数の微分との共通性に向けられているのである.

──ところで，1変数関数の微分係数 $f'(a)$ に相応するものが2変数関数に対してはどんなものか，まだ示されていないのだが．

$f_x(a,b), f_y(a,b)$ を成分にするベクトル $(f_x(a,b), f_y(a,b))$ を関数 f の (a,b) での**勾配**といい．記号 $(\mathrm{grad}\,f)(a,b)$ で表わすことにする．grad は力学の用語 gradient「勾配」の略である．そうすると，関係式 (13) の右辺の最初の2項の和は，$(\mathrm{grad}\,f)(a,b)$ と (h,k) との内積として表わされるから，関係式 (13) は

$$f(a+h, b+k) - f(a,b) = (\mathrm{grad}\,f)(a,b) \cdot (h,k) + o(\sqrt{h^2+k^2})$$
$$(\sqrt{h^2+k^2} \to 0) \qquad (13')$$

のように表わされる．$(\mathrm{grad}\,f)(a,b)$ が1変数関数の $f'(a)$ に相応するもので，モダンな数学書ではしばしば $f'(a,b)$ のように表わされることがある．$(a,b), (h,k)$ の代わりにそれぞれ $\boldsymbol{a}, \boldsymbol{h}$ のように表わすならば，関係式 (13') は

$$f(\boldsymbol{a}+\boldsymbol{h}) - f(\boldsymbol{a}) = f'(\boldsymbol{a}) \cdot \boldsymbol{h} + o(|\boldsymbol{h}|) \quad (|\boldsymbol{h}| \to 0) \qquad (14)$$

のように表わされて，これは関係式 (3) そっくりともいえるであろう．

4. 全微分可能が微分可能とどんな共通性をもつか

──2変数関数の場合の全微分可能ということが1変数関数の場合の微分可能ということと同じ役割をするというが，具体的に示してほしい．

1変数関数の場合に，微分可能という前提のもとで成り立つ定理に類似した2変数関数の定理が全微分可能という前提のもとで成り立つことを述べたいわけである．しかし，ここでは平均値定理だけを採り上げてみることにする．その前に，方向微分係数 $\dfrac{\partial f}{\partial \boldsymbol{m}}(a,b)$ をもう一度引き合いに出してみよう．h, k を固定しておいて，関係式 (13) の h, k の代わりに，th, tk でおきかえると，この関係式は

$$f(a+th, b+tk) - f(a,b) = f_x(a,b)th + f_y(a,b)tk + o(t) \qquad (t \to 0)$$

となる．したがって，両辺を t で割って $t \to 0$ とすると

$$\lim_{t \to 0} \frac{f(a+th, b+tk) - f(a,b)}{t} = f_x(a,b)h + f_y(a,b)k$$

この関係式の左辺は $\boldsymbol{m} = (h,k)$ に沿っての方向微分係数であるから，次のように結論することができる．すなわち，2変数関数 f は，点 (a,b) で全微分可能ならば，点 (a,b) で任意のベクトル $\boldsymbol{m} = (h,k)$ に沿って方向微分係数 $\dfrac{\partial f}{\partial \boldsymbol{m}}(a,b)$ をもち，かつ関係式

$$\frac{\partial f}{\partial \boldsymbol{m}}(a,b) = f_x(a,b)h + f_y(a,b)k \qquad (15)$$

が成り立つ．

いま，点 $\mathrm{P}(a,b), \mathrm{Q}(a+h, b+k)$ および線分 PQ は関数 f の定義域 D に属するものとす

る．関数 f は線分 PQ で連続で，端点 P, Q を除いた開線分 PQ 上の各点で全微分可能であるとする．線分 PQ 上の点 (x, y) は

$$x = a + th, \quad y = b + tk, \quad 0 \leq t \leq 1$$

のように表わされる．さらに

$$F(t) = f(a + th, b + tk), \quad 0 \leq t \leq 1$$

とおくと，これは連続であって，$0 < t < 1$ で微分可能である．なぜならば，$\boldsymbol{m} = (h, k)$ とおくと

$$\lim_{\tau \to 0} \frac{f(a + (t+\tau)h, b + (t+\tau)k) - f(a + th, b + tk)}{\tau}$$
$$= \lim_{\tau \to 0} \frac{f(a + th + \tau h, b + tk + \tau k) - f(a + th, b + tk)}{\tau} = \frac{\partial f}{\partial \boldsymbol{m}}(a + th, b + tk)$$
$$= f_x(a + th, b + tk)h + f_y(a + th, b + tk)k$$

となり

$$F'(t) = f_x(a + th, b + tk)h + f_y(a + th, b + tk)k$$

となるからである．1変数関数の平均値定理により

$$F(1) - F(0) = F'(\theta), \quad 0 < \theta < 1$$

となるような θ が存在する．ところで

$$F(1) = f(a + h, b + k), \quad F(0) = f(a, b)$$

となるから，次の定理が得られる．

平均値定理　「2変数関数 f が点 P(a, b) と点 Q$(a+h, b+k)$ とを結ぶ線分 PQ 上で連続で，端点 P, Q を除いた開線分 PQ 上で全微分可能であるならば

$$f(a+h, b+k) - f(a, b) = f_x(a+\theta h, b+\theta k)h + f_y(a+\theta h, b+\theta k)k, \quad 0 < \theta < 1 \qquad (16)$$

となるような θ が少なくとも一つ存在する．」

この定理は，1変数関数の場合の平均値定理に類似したものである．さらに類似性をみようとするならば，$(a, b), (h, k), \mathrm{grad}\, f$ の代わりにそれぞれ記号 $\boldsymbol{a}, \boldsymbol{h}, f'$ を用いると，関係式 (16) は

$$f(\boldsymbol{a} + \boldsymbol{h}) - f(\boldsymbol{a}) = f'(\boldsymbol{a} + \theta \boldsymbol{h}) \cdot \boldsymbol{h}, \quad 0 < \theta < 1 \qquad (17)$$

のように表わされて，これはまったく1変数関数の場合の平均値定理の関係式そのものそっくりであるといえるであろう．

ふつうの教科書では，平均値定理を証明する前に，大ていは合成関数の微分公式，すなわち，$z = f(x, y), x = \varphi(t), y = \psi(t)$ のとき，微分公式

$$\frac{dz}{dt} = \frac{\partial f}{\partial x}\frac{dx}{dt} + \frac{\partial f}{\partial y}\frac{dy}{dt} \qquad (18)$$

を証明しておいて，特別の場合
$$x = a+ht, \qquad y = b+kt \qquad (19)$$
についての微分公式
$$\frac{dz}{dt} = \frac{\partial f}{\partial x}h + \frac{\partial f}{\partial y}k \qquad (20)$$
を導くなどしている点，わたくしたちの立場からみると大へんな廻り道をしているようである．

5.　全微分可能の周辺をさぐる

——病理学的なせんさくだと批難されることかもしれないが，偏微分可能であっても，方向微分可能でもなく，全微分可能でもない関数の例が大ていの教科書には述べられている．たとえば，R^2 で定義された関数
$$f(x,y) = \sqrt{|xy|} \qquad (21)$$
は $(0,0)$ で偏微分可能であるが，任意のベクトルに沿っては方向微分可能でもなく，ましてや全微分可能ではない．ところで，ある点ですべてのベクトルに沿って方向微分係数をもつ——方向微分可能である——が，全微分可能でないという関数が存在するか．

気にかかることならば，追究してみなければならないであろう．たとえば，R^2 で定義された関数
$$f(x,y) = (\operatorname{sgn} x)\sqrt{|xy|} \qquad (22)$$
を点 $(0,0)$ で考えてみたらよい．ここに，sgn は**符号関数**で
$$\operatorname{sgn} x = 1 \quad (x>0), \quad =0 \quad (x=0), \quad =-1 \quad (x<0) \qquad (23)$$
のように定義されているものとする．関係式
$$\operatorname{sgn}(xx') = (\operatorname{sgn} x)(\operatorname{sgn} x') \qquad (24)$$
が成り立つことは容易にわかるであろう．$\boldsymbol{m} = (h,k)$ を任意のベクトルとするとき
$$f(th, tk) - f(0,0) = \operatorname{sgn}(th)\sqrt{t^2|hk|} = (\operatorname{sgn} h)(\operatorname{sgn} t)|t|\sqrt{|hk|} = (\operatorname{sgn} h)t\sqrt{|hk|}$$
したがって
$$\frac{\partial f}{\partial \boldsymbol{m}}(0,0) = \lim_{t \to 0}\frac{f(th,tk)-f(0,0)}{t} = (\operatorname{sgn} h)\sqrt{|hk|} \qquad (25)$$
すなわち，$\boldsymbol{m} = (h,k)$ に沿って方向微分可能である．もし，f が $(0,0)$ で全微分可能であると，すでに導いた関係式 (15) により
$$\frac{\partial f}{\partial \boldsymbol{m}}(0,0) = f_x(0,0)h + f_y(0,0)k$$
となるはずである．ところが，$f_x(0,0) = f_y(0,0) = 0$ となるから
$$\frac{\partial f}{\partial \boldsymbol{m}}(0,0) = 0$$

となって，明らかに(25)に矛盾するであろう．

——ある本で見たのであるが，関数 f は $\mathbf{R}^2$ で定義されて，いたるところ全微分可能であるとするとき，$f(tx, ty)$ を t に関して微分することは，f の点 (tx, ty) でのベクトル (x, y) に沿っての方向微分係数をとることに等しいから，そのときの導関数は

$$f_x(tx, ty)x + f_y(tx, ty)y \tag{26}$$

に等しい，とあった．ちょっとつかみにくいのだが…

ことがらを率直に受け取ってみたらどうか．$f(tx, ty)$ を t に関して微分することは，t が τ だけ変化したときの平均変化率の極限として考えると，それは

$$\lim_{\tau \to 0} \frac{f((t+\tau)x, (t+\tau)y) - f(tx, ty)}{\tau} = \lim_{\tau \to 0} \frac{f(tx+\tau x, ty+\tau y) - f(tx, ty)}{\tau}$$

となり，仮に $\boldsymbol{m} = (x, y)$ とおくと，それはまた $\dfrac{\partial f}{\partial \boldsymbol{m}}(tx, ty)$ となり，したがって

$$\frac{\partial f}{\partial \boldsymbol{m}}(tx, ty) = f_x(tx, ty)x + f_y(tx, ty)y \tag{26'}$$

すなわち，(26)そのものとなるわけである．

——ここで，納得しかねるのは，同じ (x, y) がベクトル変数だったり，定ベクトルだったりすることが自己矛盾であるように思われてならないのだが…

ここでも，同一記号が二重の役割を演じているのである．f_x, f_y の x, y は微分する方向が x 軸，y 軸であることを示すものである．$f_x(tx, ty), f_y(tx, ty)$ は写像（偏導関数）f_x, f_y の点 (tx, ty) での値を表わすもので，このときの tx, ty での x, y は点の座標を表わしている．頭の混乱を気にするならば，点の座標を x_0, y_0 のように表わしてもよい．そうすると，(26')は

$$\frac{\partial f}{\partial (x_0, y_0)}(tx_0, ty_0) = f_x(tx_0, ty_0)x_0 + f_y(tx_0, ty_0)y_0 \tag{26''}$$

のように表わされる．ここで，(x_0, y_0) は $\mathbf{R}^2$ 上の任意の点を表わすものとする．

要するに，$f_x(x, y), f_y(x, y)$ を，$f(x, y)$ の x, y について微分するものと考える代わりに，x 軸，y 軸方向の偏導関数（写像）f_x, f_y の点 (x, y) での値として考えるようにすべきであることを特におすすめしたい．

21　2変数関数の高階微分

2変数関数の微分も1変数関数の微分と同じように取り扱うことができるというが，2階の微分は，そして3階以上の微分はどのようになるものか．

1. まず手はじめに

——2変数関数の微分を1変数関数の微分と同じように取り扱うという方針であると聞いているが，1階の微分の場合は納得できたというものの，2階以上の場合には同じようにゆくものだろうか．たとえば，2階の微分係数では，$f_{xy}(a,b)$ と $f_{yx}(a,b)$ とは定義の上から異なるものであって，この両者が一致する場面も考えなければならないであろうが．

もちろん，そのようなことがらの解決をも含めてゆくことにしたい．2変数関数 f は定義域の内点 (a,b) の近傍で全微分可能であるとする．そうすると，この近傍の各点 (x,y) では，任意のベクトル $\boldsymbol{m}=(h,k)$ に沿っての方向微分係数

$$\frac{\partial f}{\partial \boldsymbol{m}}(x,y)=f_x(x,y)h+f_y(x,y)k \tag{1}$$

が存在するわけで，これによってこの近傍で一つの関数(写像) $\dfrac{\partial f}{\partial \boldsymbol{m}}$ が定義される．この関数は，f_x, f_y にならってよぶならば，ベクトル $\boldsymbol{m}$ に関する偏導関数ともよぶべきであろうが，なんとなくぎこちなく感ぜられるので，英語の directional derivative の直訳の感じに近くなるように，ベクトル $\boldsymbol{m}$ 方向に沿っての**方向微分**と簡略してよぶことにしよう．そこで，方向微分 $\dfrac{\partial f}{\partial \boldsymbol{m}}$ が点 (a,b) で全微分可能である場合を考えることにするのであるが，その代わりに関係式(1)により偏導関数 f_x および f_y が点 (a,b) で全微分可能である場合を考えてもよいであろう．この場合にどういうことがおこるかをみよう．

まず，$f_{xy}(a,b)=f_{yx}(a,b)$ が成り立つことをみるために

$$H=f(a+h,b+k)-f(a+h,b)-f(a,b+k)-f(a,b)$$

を評価してみることにする．そのために，はじめに

$$\varphi(x,y)=f(x,y+k)-f(x,y)$$

とおくと

$$H=\varphi(a+h,b)-\varphi(a,b)$$

となり，変数 x について平均値定理を適用すると

$$H=\varphi_x(a+\theta h, b)h=\{f_x(a+\theta h, b+k)-f_x(a+\theta h, b)\}h, \quad 0<\theta<1$$

となるような θ が存在する．f_x が点 (a,b) で全微分可能であることから

$$f_x(a+\theta h, b+k)=f_x(a,b)+f_{xx}(a,b)\theta h+f_{xy}(a,b)k+o(\sqrt{(\theta h)^2+k^2}) \quad (\sqrt{h^2+k^2}\to 0),$$
$$f_x(a+\theta h, b)=f_x(a,b)+f_{xx}(a,b)\theta h+o(\theta h) \quad (h\to 0)$$

となるから

$$H=f_{xy}(a,b)kh+h\{o(\sqrt{(\theta h)^2+k^2})+o(\theta h)\}=f_{xy}(a,b)hk+o(h^2+k^2)$$
$$(\sqrt{h^2+k^2}\to 0) \quad (2)$$

次に

$$\psi(x,y)=f(x+h,y)-f(x,y)$$

とおくと，f_y が点 (a,b) で全微分可能であるということから，同じようにして

$$H=f_{yx}(a,b)hk+o(h^2+k^2) \quad (\sqrt{h^2+k^2}\to 0) \quad (3)$$

(2) と (3) から

$$f_{xy}(a,b)hk=f_{yx}(a,b)hk+o(h^2+k^2) \quad (\sqrt{h^2+k^2}\to 0)$$

あるいは

$$\{f_{xy}(a,b)-f_{yx}(a,b)\}hk=o(h^2+k^2) \quad (\sqrt{h^2+k^2}\to 0) \quad (4)$$

ここで，簡単のために，$k=h$ とおいて，h^2 で割って $h\to 0$ とすると

$$\{f_{xy}(a,b)-f_{yx}(a,b)\}=\frac{o(h^2)}{h^2}\to 0 \quad (h\to 0)$$

ところが，左辺は，h には無関係であるから，0 に等しい．したがって，関係式 $f_{xy}(a,b)=f_{yx}(a,b)$ が導かれた．これで，懸案の関係式が方向微分 $\dfrac{\partial f}{\partial m}$ の全微分可能の一つの結論にすぎないことがわかったわけである．

2. 1変数関数の場合の2回微分可能に対応するもの

——関係式 $f_{xy}(a,b)=f_{yx}(a,b)$ の証明は，ふつうの教科書でも，H, φ, ψ を同じ意味に使い，それから x および y について平均値定理を適用して，関係式 (2) および (3) の代わりに

$$H=f_{xy}(a+\theta_1 h, b+\theta_2 k), \quad 0<\theta_1<1, \ 0<\theta_2<1 \quad (2')$$

および

$$H=f_{yx}(a+\theta_4 h, b+\theta_3 k), \quad 0<\theta_4<1, \ 0<\theta_3<1 \quad (3')$$

を導き，したがって，関係式 (4) の代わりに

$$f_{xy}(a+\theta_1 h, b+\theta_2)=f_{yx}(a+\theta_4 h, b+\theta_3 k) \quad (4')$$

を導いて，ここで，f_{xy}, f_{yx} が点 (a,b) で連続であることを利用して，問題の関係式を証明

している．そこで，質問したいことは，ふつうの教科書にあるこのような証明のしかたよりも，上に述べられた証明のしかたのほうが簡単であるというつもりなのか．

　簡単であるかどうかというかということは，大たい主観の問題であろう．数学者や数学教官にとっては，関数の連続ということは，あたりまえのことであるけれど，初学者にとっては，連続もランダウのオーoもかなりの努力なしではなじめないであろうから，簡単であるかどうかはわたくしたちの関心外のこととしよう．それよりも，わたくしたちの念願することは，関係式の証明をして済ますことで万事終りとするのではなく，微分の素朴なすがたを発掘して，それをもとにして諸関連をながめることである．2変数関数の全微分可能を通して2変数関数をながめることもその一環といえるであろう．

　——1変数関数の微分係数 $f'(a)$ に関する関係式

$$f(a+h)=f(a)+f'(a)h+o(h) \quad (h\to 0) \qquad (5)$$

に対比して，2変数関数の偏微分係数に関する全微分可能の関係式

$$f(a+h, b+k)=f(a,b)+f_x(a,b)h+f_y(a,b)k+o(\sqrt{h^2+k^2})$$
$$(\sqrt{h^2+k^2}\to 0) \qquad (6)$$

が考えられたわけであるが，それならば，1変数関数の2階までの微分係数 $f'(a), f''(a)$ に関する関係式

$$f(a+h)=f(a)+f'(a)h+\frac{f''(a)}{2}h^2+o(h^2) \quad (h\to 0) \qquad (7)$$

に対比して，2変数関数の場合どんな関係が考えられるか．

　求める関係式の項を推測するために，(h, k) は固定しておくことにしよう．関係式 (7) での項 $f'(a)h$ には，2変数関数の関係式 では，$\boldsymbol{m}=(h, k)$ とすると

$$\frac{\partial f}{\partial \boldsymbol{m}}(a,b)=f_x(a,b)h+f_y(a,b)k$$

が対応している．そうしてみると，関係式 (5) での項 $\frac{1}{2}f''(a)h^2$ には，2変数関数の場合の対応する関係式では

$$\frac{1}{2}\frac{\partial^2 f}{\partial \boldsymbol{m}^2}(a,b)$$

が対応しているであろうと予想される．ところで

$$\frac{\partial^2 f}{\partial \boldsymbol{m}^2}(a,b)=\frac{\partial}{\partial \boldsymbol{m}}\left(\frac{\partial f}{\partial \boldsymbol{m}}\right)(a,b)=\frac{\partial}{\partial \boldsymbol{m}}(f_x h+f_y k)(a,b)$$
$$=(f_x h+f_y k)_x(a,b)h+(f_x h+f_y k)_y(a,b)k$$
$$=f_{xx}(a,b)h^2+f_{yx}(a,b)kh+f_{xy}(a,b)hk+f_{yy}(a,b)k^2$$

そこで，f_x, f_y が点 (a,b) で全微分可能であるとすると，少し前に明らかにしたように，

$f_{xy}(a, b) = f_{yy}(a, b)$ となるから

$$\frac{\partial^2 f}{\partial m^2}(a, b) = f_{xx}(a, b)h^2 + 2f_{xy}(a, b)hk + f_{yy}(a, b)k^2 \tag{8}$$

となる．

これで，1変数関数での関係式 (7) に対応する2変数関数での関係式として

$$f(a+h, b+k) = f(a, b) + f_x(a, b)h + f_y(a, b)k$$
$$+ \frac{1}{2}\{f_{xx}(a, b)h^2 + 2f_{xy}(a, b)hk + f_{yy}(a, b)k^2\} + o(h^2 + k^2)$$

$$(\sqrt{h^2 + k^2} \to 0) \tag{9}$$

が予想されるであろう．問題は，この関係式がどんな条件のもとで成り立つかということであるが，それより先に，この関係式が成り立つとき，2変数関数 f は点 (a, b) で **2回全微分可能** であるという．これは1変数関数が点 a で2回微分可能であるということに対応するものである．

3. 2回全微分可能のための条件

——関係式 (9) が成り立つことをもって，関数 f が点 (a, b) で2回全微分可能であると定義することは，1変数関数の場合の関係式 (7) との対比というだけで考察されたもので，2変数関数の全微分可能などとの関連をもっと考えるべきではないか．

いわれるとおりである．上に述べたことは，関係式 (7) に対比しての関係式 (9) を導き出してみただけである．もっと根源にさかのぼって考えてみることにしよう．すでに述べたように，2変数関数 f が点 (a, b) で全微分可能であることは，f が点 (a, b) で偏微分可能であること，すなわち，$f_x(a, b), f_y(a, b)$ が存在することを含意しているのである．それでこそ，関係式 (6) は意味をもつわけである．そういうわけで，関係式 (9) を述べるには，2階偏微分係数 $f_{xx}(a, b), f_{xy}(a, b), f_{yy}(a, b)$ の存在について語らねばならないであろう．ところで，上に述べたところでは，$f_{xy}(a, b) = f_{yx}(a, b)$ となることについてふれなければならなかった．このことは，すでに f_x および f_y が点 (a, b) で全微分可能であることから導かれることを知っている．

いま，点 (a, b) の近傍で偏導関数 f_x および f_y が存在して，f_x および f_y は点 (a, b) で全微分可能であると仮定しよう．そうすると，f_x および f_y の点 (a, b) での偏微分係数

$$(f_x)_x(a, b) = f_{xx}(a, b), \quad (f_x)_y(a, b) = f_{xy}(a, b) \quad \text{および}$$

$$(f_y)_x(a, b) = f_{yx}(a, b), \quad (f_y)_y(a, b) = f_{yy}(a, b)$$

が存在して，さらに上に示したように，関係式 $f_{xy}(a, b) = f_{yx}(a, b)$ が成り立つ．これではじめて，関係式 (9) は，真偽のことは別として，意味をもつことが明らかになる．そこで，次には同じ条件のもとで関係式 (9) が成り立つかどうかを調べてみよう．

推論のし方は，1変数関数の場合の関係式 (7) を導き出すし方と同じようである [たとえば，

稲葉・山口，数学序説，共立出版，昭和50年，74～75ページ参照]．h, k を変数として

$$\varphi(h,k) = f(a+h, b+k) - f(a,b) - f_x(a,b)h - f_y(a,b)k$$
$$- \frac{1}{2}\{f_{xx}(a,b)h^2 + 2f_{xy}(a,b)hk + f_{yy}(a,b)k^2\}$$

とおいて，h および k について偏微分するのであるが，その偏微分係数をそれぞれ $\varphi_x(h,k)$ および $\varphi_y(h,k)$ で表わすとすると

$$\varphi_x(h,k) = f_x(a+h, b+k) - f_x(a,b) - f_{xx}(a,b)h - f_{xy}(a,b)k,$$
$$\varphi_y(h,k) = f_y(a+h, b+k) - f_y(a,b) - f_{xy}(a,b)h - f_{yy}(a,b)k$$

ところで，f_x および f_y が点 (a,b) で全微分可能であるから

$$\varphi_x(h,k) = o(\sqrt{h^2+k^2}), \ \varphi_y(h,k) = o(\sqrt{h^2+k^2}) \quad (\sqrt{h^2+k^2} \to 0) \qquad (10)$$

2変数関数に関する平均値定理により

$$\varphi(h,k) - \varphi(0,0) = \varphi_x(\theta h, \theta k)h + \varphi_y(\theta h, \theta k)k, \quad 0 < \theta < 1$$

となるような θ が存在する．$\varphi(0,0) = 0$ となるから

$$\varphi(h,k) = o(\sqrt{(\theta h)^2 + (\theta k)^2})h + o(\sqrt{(\theta h)^2 + (\theta k)^2})k \quad (\sqrt{(\theta h)^2 + (\theta k)^2} \to 0)$$

となる．ところで

$$\frac{o(\sqrt{(\theta h)^2 + (\theta k)^2})}{\sqrt{h^2+k^2}} = \frac{o(\sqrt{(\theta h)^2 + (\theta k)^2})}{\sqrt{(\theta h)^2 + (\theta k)^2}} \cdot \frac{\sqrt{(\theta h)^2 + (\theta k)^2}}{\sqrt{h^2+k^2}} \to 0,$$

$$\left|\frac{h}{\sqrt{h^2+k^2}}\right| \leq 1, \quad \left|\frac{k}{\sqrt{h^2+k^2}}\right| \leq 1$$

となるから

$$\frac{\varphi(h,k)}{h^2+k^2} \to 0 \quad (\sqrt{h^2+k^2} \to 0)$$

すなわち

$$\varphi(h,k) = o(h^2+k^2) \quad (\sqrt{h^2+k^2} \to 0)$$

したがって，関係式(9)が成り立つことが証明された．

——偏導関数 f_x および f_y が点 (a,b) で全微分可能であるという前提から関係式(9)，すなわち，関数 f が点 (a,b) で2回全微分可能であることを導いたが，関数 f の全微分可能と関数 f の2回全微分可能とのかかわりあいがまだはっきりしないが．

いかにもいわれるとおり，関数 f の2回全微分可能を導くのには，関数 f の全微分可能にはノータッチであった．表面的にはノータッチであるけれど，実質的にはどういうものかを調べてみよう．関数 f が点 (a,b) で2回全微分可能であるとすると

$$f(a+h, b+k) = f(a,b) + f_x(a,b)h + f_y(a,b)k$$
$$+ \frac{1}{2}\{f_{xx}(a,b)h^2 + 2f_{xy}(a,b)hk + f_{yy}(a,b)k^2\} + o(h^2+k^2)$$
$$(\sqrt{h^2+k^2} \to 0)$$

となる.

$$\left|\frac{h}{\sqrt{h^2+k^2}}\right|\leq 1, \quad \left|\frac{k}{\sqrt{h^2+k^2}}\right|\leq 1, \quad \left|\frac{hk}{\sqrt{h^2+k^2}}\right|\leq\sqrt{|hk|}$$

となるから

$$f_{xx}(a,b)h^2+2f_{xy}(a,b)hk+f_{yy}(a,b)k^2=o(\sqrt{h^2+k^2}), \quad o(h^2+k^2)=o(\sqrt{h^2+k^2})$$
$$(\sqrt{h^2+k^2}\to 0)$$

となり

$$f(a+h,b+k)=f(a,b)+f_x(a,b)h+f_y(a,b)k+o(\sqrt{h^2+k^2}) \quad (\sqrt{h^2+k^2}\to 0)$$

すなわち，関数 f は点 (a,b) で全微分可能である．これで，関数の2回全微分可能は全微分可能を含意する．しかし，逆のことはおこらない．

4. テーラーの定理（$n=2$ の場合の）の成立

——2変数関数の全微分可能の前提から2変数関数の平均値定理が導かれたと同じように，2変数関数の2回全微分可能の前提から2変数関数の平均値定理の一般化，すなわち，テーラーの定理（$n=2$ の場合）といった定理が導かれるものか．

いわれるとおりである．平均値定理を導く場合と同じように

$$F(t)=f(a+th,b+tk), \quad 0\leq t\leq 1$$

とおいて，t について微分するのであるが，$\boldsymbol{m}=(h,k)$ とすると，方向微分の定義によって

$$F'(t)=\frac{\partial f}{\partial \boldsymbol{m}}(a+th,b+tk)$$

これをさらに微分すると

$$F''(t)=\frac{\partial^2 f}{\partial \boldsymbol{m}^2}(a+th,b+th)$$

ここで，1変数関数の場合のテーラーの定理（$n=2$ の場合）により

$$F(1)=F(0)+F'(0)+\frac{1}{2}F''(\theta), \quad 0<\theta<1 \tag{11}$$

となるような θ が存在する．ここで

$$F(1)=f(a+h,b+k), \quad F(0)=f(a,b), \quad F'(0)=\frac{\partial f}{\partial \boldsymbol{m}}(a,b)=f_x(a,b)h+f_y(a,b)k$$

また，関係式 (8) により

$$F''(\theta)=\frac{\partial^2 f}{\partial \boldsymbol{m}^2}(a+\theta h,b+\theta k)=f_{xx}(a+\theta h,b+\theta k)h^2$$
$$+2f_{xy}(a+\theta h,b+\theta k)hk+f_{yy}(a+\theta h,b+\theta k)k^2$$

となるから，関係式 (11) は次のようになる．

$$f(a+h,b+k)=f(a,b)+f_x(a,b)h+f_y(a,b)k+\frac{1}{2}\{f_{xx}(a+\theta h,b+\theta k)h^2$$
$$+2f_{xy}(a+\theta h,b+\theta k)hk+f_{yy}(a+\theta h,b+\theta k)k^2\},\qquad 0<\theta<1 \qquad (12)$$

目標とする定理の関係式が得られたわけであるが，条件の吟味に移ろう．それには，関係式(11)が成り立つための条件を調べればよい．関係式(11)は，関数 $F(t)$ が $[0,1]$ で連続微分可能で，$(0,t)$ で2回微分可能ならば，成り立つことが知られている．このことがらを2変数関数 $f(x,y)$ のことがらに移すと，次のようになるであろう．関数 f は点 $P(a,b)$ と点 $Q(a+h,b+k)$ とを結ぶ線分 PQ 上で連続で，$\boldsymbol{m}=(h,k)$ とするとき，方向微分 $\dfrac{\partial f}{\partial \boldsymbol{m}}$ も線分 PQ 上で連続，かつ端点 P, Q を除いた開線分 PQ 上で2階方向微分 $\dfrac{\partial^2 f}{\partial \boldsymbol{m}^2}$ が存在する，ということになる．このことから次の定理が導かれることがわかるであろう．

テーラーの定理 ($n=2$ の場合)「2変数関数 f が点 $P(a,b)$ と点 $Q(a+h,b+k)$ とを結ぶ線分 PQ 上で連続かつ2回全微分可能であるならば

$$f(a+h,b+k)=f(a,b)+f_x(a,b)h+f_y(a,b)k+\frac{1}{2}\{f_{xx}(a+\theta h,b+\theta k)h^2$$
$$+2f_{xy}(a+\theta h,b+\theta k)hk+f_{yy}(a+\theta h,b+\theta k)k^2\},\qquad 0<\theta<1 \qquad (12)$$

となるような θ が少なくとも一つ存在する．」

関係式(12)は，$\boldsymbol{m}=(h,k)$ とすると，次のような簡潔な形式でも表わすことができる．

$$f(a+h,b+k)=f(a,b)+\frac{\partial f}{\partial \boldsymbol{m}}(a,b)+\frac{1}{2}\frac{\partial^2 f}{\partial \boldsymbol{m}^2}(a+\theta h,b+\theta k),\qquad 0<\theta<1 \qquad (13)$$

――この定理の前提条件は関係式(11)の成立条件よりも過剰になっているように思われるのであるが．

いかにもそのとおりである．実は，関係式(11)の成立条件を忠実に関係式(12)の成立条件に移そうとすると，大へんくどくなるのである．関数 $F(t)$ が $[0,1]$ で連続微分可能であることは，関数 $f(x,y)$ が線分 PQ 上で連続で，方向微分 $\dfrac{\partial f}{\partial \boldsymbol{m}}$ が線分 PQ 上で連続であることに移され，関数 $F(t)$ が $(0,1)$ で2回微分可能であることは，関数 $f(x,y)$ が開線分 PQ 上で2回全微分可能であることに移される．方向微分 $\dfrac{\partial f}{\partial \boldsymbol{m}}$ などを条件に介入させないために，$f(x,y)$ が線分 PQ 上で2回全微分可能を条件とすると，これは $\dfrac{\partial}{\partial \boldsymbol{m}}\left(\dfrac{\partial f}{\partial \boldsymbol{m}}\right)$ の存在を線分 PQ で保証することになり，したがって，$\dfrac{\partial f}{\partial \boldsymbol{m}}$ が線分 PQ 上で連続であることを保証することになり，条件が簡潔になるわけである．その代わりに，条件の過剰が代償となったわけである．

5. 3階以上の高階への発展性は

――2変数関数について，全微分可能の考えから2回全微分可能の考えが展開されることは

わかったが，同じように3回全微分可能，さらに一般にn回全微分可能の考えの展開が同じようにできるものなのか．大へんめんどうなことになってしまうのではないかと案ぜられるのではあるが…

案ずるより産むはやすし，ということわざもあるように，わりにめんどうもないことである．しかし，それには，上に述べた2回全微分可能の定義を実質的な側面からみてもっと整理してみることが大せつである．2変数関数fが点(a,b)で2回全微分可能であるという前提から，上に示したように，fが点(a,b)で全微分可能であることが導かれた．また，2回全微分可能の定義で，偏導関数f_x, f_yが点(a,b)で全微分可能であることを条件としたのであるが，このことはまた，偏導関数f_x, f_yが点(a,b)の近傍で存在することを前提しているのである．これ以上に不要な前提条件をもちこまないように配慮することも一つの立場であろうが，このような形式的潔癖性にこだわらないで，全体としてなめらかな展開を期待することも十分の存在理由のある立場である．

わたくしたちは，後者の立場を採択して，2回全微分可能の定義を整理更新してみよう．2変数関数fはまず点(a,b)の近傍で全微分可能であるとする．したがって，偏導関数f_xおよびf_yはこの近傍で存在するとする．さらに，偏導関数f_xおよびf_yは点(a,b)で全微分可能であるとする．このとき，fは点(a,b)で**2回全微分可能**であると定義する．そして，関係式(9)が成り立つ．この調子で，3回全微分可能を定義してみることにする．すなわち，まず，2変数関数fは点(a,b)の近傍で全微分可能でかつ2回全微分可能――このことがらを**2回まで全微分可能**ということにしよう――であるとする．そうすると，2階偏導関数f_{xx}, f_{xy}, f_{yy}が点(a,b)の近傍で存在することを前提することになる．さらに，2階偏導関数f_{xx}, f_{xy}, f_{yy}は点(a,b)で全微分可能であるとする．このとき，fは点(a,b)で**3回全微分可能**であると定義する．このときまた，関係式

$$f(a+h, b+k) = f(a,b) + f_x(a,b)h + f_y(a,b)k$$
$$+ \frac{1}{2!}\{f_{xx}(a,b)h^2 + 2f_{xy}(a,b)hk + f_{yy}(a,b)k^2\}$$
$$+ \frac{1}{3!}\{f_{xxx}(a,b)h^3 + 3f_{xxy}(a,b)h^2k + 3f_{xyy}(a,b)hk^2 + f_{yyy}(a,b)k^3\}$$
$$+ o((\sqrt{h^2+k^2})^3) \quad (\sqrt{h^2+k^2} \to 0) \quad (14)$$

が成り立つことが証明される．

関係式(14)の証明は関係式(9)の証明にならってすればよい．すなわち，φとしては

$$\varphi(h,k) = f(a+h, b+k) - f(a,b) - f_x(a,b)h - f_y(a,b)k$$
$$- \frac{1}{2!}\{f_{xx}(a,b)h^2 + 2f_{xy}(a,b)hk + f_{yy}(a,b)k^2\}$$
$$- \frac{1}{3!}\{f_{xxx}(a,b)h^3 + 3f_{xxy}(a,b)h^2k + 3f_{xyy}(a,b)hk^2 + f_{yyy}(a,b)k^3\}$$

とおいて，hおよびkについて2回偏微分したものを$\varphi_{xx}(h,k), \varphi_{xy}(h,k), \varphi_{yy}(h,k)$で表わ

すと，f_{xx}, f_{xy}, f_{yy} が点 (a, b) で全微分可能であるという前提条件により

$$\varphi_{xx}(h, k) = o(\sqrt{h^2+k^2}), \quad \varphi_{xy}(h, k) = o(\sqrt{h^2+k^2}), \quad \varphi_{yy}(h, k) = o(\sqrt{h^2+k^2})$$
$$(\sqrt{h^2+k^2} \to 0) \quad (15)$$

他方，$\varphi(0,0)=0, \varphi_x(0,0)=0, \varphi_y(0,0)=0$ となるから，2変数関数に関するテーラーの定理 ($n=2$ の場合) により

$$\varphi(h, k) - \varphi(0, 0) = \frac{1}{2}\{\varphi_{xx}(\theta h, \theta k)h^2 + 2\varphi_{xy}(\theta h, \theta k)hk + \varphi_{yy}(\theta h, \theta k)k^2\},$$
$$0 < \theta < 1 \quad (16)$$

となることから，まったく同じように関係式 (14) が導かれるであろう．続いて，次の定理を導くことも容易であろう．

テーラーの定理 ($n=3$ の場合)　「2変数関数 f が点 $P(a, b)$ と点 $Q(a+h, b+k)$ とを結ぶ線分 PQ の近傍で2回まで全微分可能で，線分 PQ 上で3回全微分可能であるならば

$$f(a+h, b+k) = f(a, b) + f_x(a, b)h + f_y(a, b)k$$
$$+ \frac{1}{2!}\{f_{xx}(a, b)h^2 + 2f_{xy}(a, b)hk + f_{yy}(a, b)k^2\}$$
$$+ \frac{1}{3!}\{f_{xxx}(a+\theta h, b+\theta k)h^3 + 3f_{xxy}(a+\theta h, b+\theta k)h^2 k$$
$$+ 3f_{xyy}(a+\theta h, b+\theta k)hk^2 + f_{yyy}(a+\theta h, b+\theta k)k^3\}, \quad 0 < \theta < 1 \quad (17)$$

となるような θ が少なくとも一つ存在する．」

ここまでたどりついたならば，**n 回全微分可能**の定義も一般のテーラーの定理もいちいち述べなくともよいであろう．

22

重積分

> 1変数関数の定積分の領域は閉区間であるのに，2変数関数の定積分の領域は有界閉領域である．どのようにしたら，両者の共通点が見出されるものか．

1. 2変数関数の定積分の定義はどんな方向に

── 1変数関数の場合には，微分と積分とは互いに逆演算であるという基本的関係があったが，2変数関数の場合にも同じようなことが考えられるのか．

これは大へんつらい質問である．2変数関数も1変数関数と同じように取り扱うことが可能であるとはいったが，質問の意味では同じようにというわけにゆかないであろう．数学史的には，ニュートン (I. Newton) とライプニッツが微分積分を創始する前にすでに，面積問題（積分）と接線問題（微分）とが互いに逆問題であることが知られていたが，それはまったく1変数関数に関することであった．そういうわけで，1変数関数の場合には，微分の逆として不定積分 $\int f(x)\,dx$ を定義して

$$F(x) = \int f(x)\,dx$$

とおいて，定義分を

$$\int_a^b f(x)\,dx = F(b) - F(a) = \Big[F(x)\Big]_a^b$$

によって定義することも可能であったわけである．2変数関数 $f(x, y)$ の場合，不定積分をどう定義するかということは生やさしいことではない．

── どの点に問題の隘路があるのか．

まず，2変数関数 $f(x, y)$ の微分というものは単純にはいえないことである．x および y に関しての偏導関数 f_x および f_y が定義されているが，こうなると微分の逆とはどのように定義したらよいのか．まったく困ったことになるであろう．そこで，次には微分係数・導関数の別なあり方に考えをめぐらしてみることにしよう．1変数関数 $f(x)$ の導関数 $f'(x)$ は

$$f(x+h) - f(x) = f'(x)h + o(h) \quad (h \to 0) \tag{1}$$

によっても定義される．このことにならって，2変数関数 $f(x, y)$ の場合には，(1) に併行した関係式

$$f(x+h, y+h)-f(x,y)=f_x(x,y)h+f_y(x,y)k+o(\sqrt{h^2+k^2})$$

$$(\sqrt{h^2+k^2} \to 0) \quad (2)$$

が成り立つ場合が考えられる．これは $f(x,y)$ の全微分可能であることに関する関係式である．この関係式は

$$f(x+h, y+k)-f(x,y)=(f_x(x,y), f_y(x,y))\cdot(h,k)+o(\sqrt{h^2+k^2})$$

$$(\sqrt{h^2+k^2} \to 0) \quad (3)$$

のようにも表わされる．そこで

$$f'=(f_x, f_y), \quad m=(h,k), \quad x=(x,y)$$

とおくと，関係式(3)は

$$f(x+m)-f(x)=f'(x)\cdot m+o(|m|) \quad (|m| \to 0) \quad (4)$$

のように表わされるが，これは形式上の関係式(1)とまったく同じである．1変数関数 $f(x)$ の導関数 $f'(x)$ には2変数関数 $f(x,y)$ の $f'(x)=f'(x,y)$ が対応することになるのであるが，$f'=(f_x, f_y)$ はスカラー関数でなくて，ベクトル関数であるので，微分の逆を考えることはますますめんどうなことになってしまうであろう．

——そうなると，1変数関数の場合にならって，2変数関数の場合の定積分を考えるとなると，まったく道がないということになるのか．

そう結論することは早がてんというものである．1変数関数の積分は二つの面，すなわち，微分の逆という面と微小な量の和の極限という面とを兼ねそなえている．わたくしたちが行きつまっているのは，前者の面から2変数関数の積分のアイデアを展開しようとすることである．そこで，残された道は後者の面から2変数関数の積分のアイデアを展開することである．1変数関数の積分は数学史的には面積問題として展開されてきたもので，面積を計算するのに，これを分割して微小な部分の和とし，その近似の面積の和の極限として考えられたものである．その実際の計算にあたって，もう一つの面である微分の逆としての不定積分を利用しただけである．そこで，2変数関数の積分としては，体積の計算するのに，これを分割して微小な部分の和とし，その近似の体積の和の極限として考えることは自然的な成行きであろう．ただ，実際の計算のことはしばらくお預りにして，ここではまず，積分のアイデアと定義の形成を問題にすることにしよう．

2. 閉区間での定積分の定義

——積分は微小な量の和の極限として定義すると，2変数関数の場合も1変数関数の場合とまったく同じように考えられるものか．

まったく同じようであるかと問われると，ちょっとひっかかるが… 要するにみてゆく観点の問題であるともいえる．1変数関数の場合には，定積分の領域は閉区間に限られていた．半

2. 閉区間での定積分の定義

開区間,開区間,無限区間の場合の積分は広義の積分といわれるもので,基礎の積分とは一応別である.ところが,2変数関数の場合には,基礎の積分の領域はさまざまなものが考えられるので,この点が異なる点ともいえることでもあるが,これも本質的なものではないことがあとからわかるであろう.そこで,まず第一に,積分の領域としては最も簡単なもの,すなわち,有界な閉区間 $I=\{(x,y);a\leq x\leq b,c\leq y\leq d\}$ を採り上げることにしよう.

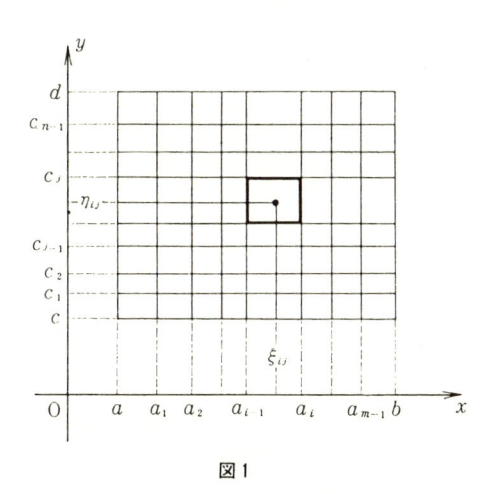

図1

2変数関数 f は閉区間 I で定義されているとする.1変数関数の定積分の場合に,積分の領域の区間 $[a,b]$ を細分して,記号 Δ で表わしたことにならって,2変数関数の定積分の場合には,区間 $I=\{(x,y);a\leq x\leq b,c\leq y\leq d\}$ を細分するのであるが,それには,x の区間 $[a,b]$ および y の区間 $[c,d]$ をそれぞれ分点

$$a=a_0<a_1<\cdots<a_{i-1}<a_i<\cdots<a_{m-1}<a_m=b \tag{1}$$

および

$$c=c_0<c_1<\cdots<c_{j-1}<c_j<\cdots<c_{n-1}<c_n=d \tag{2}$$

によって小区間 $I_{ij}=\{(x,y);a_{i-1}\leq x\leq a_i,c_{j-1}\leq y\leq c_j\}$ に分割する.この分割を記号 Δ で表わす.このときの小区間 I_{ij} の辺の長さ a_i-a_{i-1}, c_j-c_{j-1} $(i=1,2,\cdots,m;j=1,2,\cdots,n)$ の最大を $d(\Delta)$ で表わす.1変数関数の定積分の場合に,分割の各小区間 $[a_{i-1},a_i]$ に任意の点 ξ_i をとり,和

$$S(\Delta)=\sum_{i=1}^{n}f(\xi_i)(a_i-a_{i-1}) \tag{3}$$

をつくったように,2変数関数の定積分の場合には,分割の各小区間 I_{ij} に任意の点 (ξ_{ij},η_{ij}) をとり,和

$$S(\Delta)=\sum_{i=1}^{m}\sum_{j=1}^{n}f(\xi_{ij},\eta_{ij})(a_i-a_{i-1})(c_j-c_{j-1}) \tag{4}$$

をつくる．1変数関数の場合に，分割$\varDelta$を限りなく細かにしてゆくときの$S(\varDelta)$の極限
$$\lim S(\varDelta) = \lim \sum_{i=1}^{n} f(\xi_i)(a_i - a_{i-1})$$
でもって，fのaからbまでの定積分——$[a, b]$での定積分——$\int_a^b f(x)\,dx$ を定義した．2変数関数の場合にも，同じように分割$\varDelta$を限りなく細かくしてゆくときの$S(\varDelta)$の極限
$$\lim S(\varDelta) = \lim \sum_{i=1}^{m} \sum_{j=1}^{n} f(\xi_{ij}, \eta_{ij})(a_i - a_{i-1})(c_j - c_{j-1}) \tag{5}$$
をもって，fのIでの定積分
$$\iint_I f(x, y)\,dx\,dy \tag{6}$$
を定義する．このときの極限表現 lim のあいまいさをさけるためには，ε-δ 論法によって，任意の正の数εに対して，関係
$$d(\varDelta) < \delta \quad \text{ならば} \quad |S(\varDelta) - S| < \varepsilon \tag{7}$$
が成り立つように，正の数δをとることができるとき，定値SをもってfのIでの積分と定義することになる．
$$S = \iint_I f(x, y)\,dx\,dy$$
このことからはまた次のようにも表現される．
$$\lim_{d(\varDelta) \to 0} S(\varDelta) = S = \iint_I f(x, y)\,dx\,dy$$
これで，2変数関数の場合の定積分が1変数関数の場合の定積分とまったく同じように定義されていることがわかった．ただ，積分の領域Iを示すのに，1変数関数の場合のように下限a，上限bで表現するというわけにはゆかない．

3. 有界閉領域での定積分の定義

——記号のちがいはもっとほかにもあるではないか．記号$\int$も一つでなく二つ並べて$\iint$としてあるし，積分変数の表示も，一つだけでなく$dx\,dy$のように二つ併べてある．$S(\varDelta)$の極限(5)は二重極限となるように思われて，簡単ではないようであるが．

　記号についてのこのようなちがいは歴史的・発生的なものにすぎないのである．記号$\int$は，総和の記号としては今日ではギリシア文字のシグマ$\sum$が用いられているが，もともとはラテン語の Summa（総和または総体）の頭文字Sの筆写体の一つの形から発生しているのである．dxはxの無限小の変化——微小量——$a_i - a_{i-1}$——を表わし，dyはyの無限小の変化——微小量の$c_j - c_{j-1}$——を表わしている．そのようなわけで，和(3)は
$$\int_a^b f(x)\,dx$$

となり，和 (4) は

$$\iint_I f(x, y)\, dx\, dy \tag{6}$$

となるわけである．前者の $\int f\, dx$ が $\sum_{i=1}^{n} f(a_i - a_{i-1})$ の極限であることからと，後者の $\iint f\, dx\, dy$ が $\sum_{i=1}^{m}\sum_{j=1}^{n} f(a_i - a_{i-1})(c_j - c_{j-1})$ の極限であるという点から，後者が二重極限であるという印象を与えるのも無理からぬことかもしれない．また，(6) が**二重積分**とよばれていることがそのような印象をますます裏付けることになるであろう．記号についての物いいはいくらでも出そうである．たとえば，(6) での $dx\, dy$ は順序が問題なのか，$dy\, dx$ としてはいけないか，と問いたくもなるであろう．それに対しては，記号 (6) の代わりに

$$\iint_I f(x, y)\, d(x, y) \tag{8}$$

のように表わすことも多い．また

$$\int_I f(x, y)\, d(x, y) \tag{9}$$

のように，二つの $\iint$ の代わりに一つの $\int$ でおきかえて，表わすことも多くなってきている．これならば二重極限であるという印象を与えることがないであろう．ただ，そのように表現することの妥当性が気になることであろう．そのことはやがて明らかにされるであろう．

——いままでのところでは，2 変数関数の定積分の領域としては有界閉区間 $I = \{(x, y);\ a \leq x \leq b,\ c \leq y \leq d\}$ だけであったが，もっと一般な領域についても考えなければならないではないか．

いかにもそのとおりである．一般の領域といっても，まったくの一般な領域とすることは現実的な問題ではないので，ふつうには区分的になめらかな閉曲線によって囲まれた有界な閉領域で考えればよいであろう．このような有界閉領域も次に述べる特別な領域 D に分割されるであろう．

領域 D は次のようにして定義される．関数 φ_1, φ_2 は閉区間 $[a, b]$ で区分的になめらかである——すなわち，閉区間 $[a, b]$ で連続で，$[a, b]$ の分割の有限個の閉部分区間のおのおのでなめらかである——とし，さらに，$\varphi_1(x) \leq \varphi_2(x)$ とする．領域は $D = \{(x, y);\ a \leq x \leq b,\ \varphi_1(x) \leq y \leq \varphi_2(x)\}$ とし，2 変数関数 f は D で定義されているとする．D を含む閉区間 $I = \{(x, y);\ a \leq x \leq b,\ c \leq y \leq d\}$ をとり，f の I への拡張 f_D を次のように定義する．

$$f_D(x, y) = f(x, y)\quad ((x, y) \in D),\quad = 0\quad ((x, y) \notin D)$$

このとき，関数 f_D の区間 I での定積分 $\iint_I f_D(x, y)\, dx\, dy$ をもって関数 f の領域 D での定積分 $\iint_D f(x, y)\, dx\, dy$ と定義する．

図2

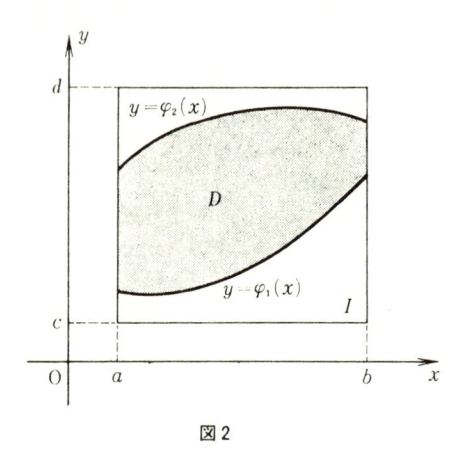

$$\iint_D f(x,y)\,dx\,dy = \iint_I f_D(x,y)\,dx\,dy \tag{10}$$

これで，2変数関数fの有界閉領域での定積分が定義されたので，定義のことはことずみといってよいであろう．

4. より一般的な定積分の定義は

——これまでのところでは，まだ2変数関数の定積分の定義が1変数関数の定積分の定義とどのような共通性をもっているのかも明らかでないし，(9)のような記号表現の妥当性がいっこうはっきりしていないが．

2変数関数fのもう一つの定積分の定義を述べることにしよう．積分の領域は$\{(x,y); a \leq x \leq b, c \leq y \leq d\}$のような閉区間に限らないで，もっと一般の区分的になめらかな閉曲線によって囲まれた有界閉領域Dとする(図3)．Dを有限個の閉部分領域 $D_1, D_2, \cdots, D_n$ に分割する．

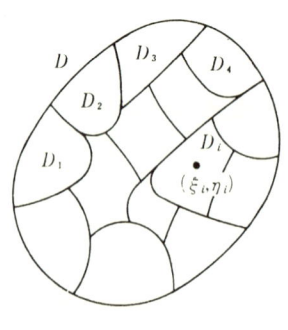

図3

4. より一般的な定積分の定義は

$$D = D_1 \cup D_2 \cup \cdots \cup D_n \tag{11}$$

ここで，これら閉部分領域 D_i は区分的になめらかな閉曲線によって囲まれた閉領域で，相互の共通部分 $D_i \cap D_j \ (i \neq j)$ は区分的になめらかな曲線とする．分割(11)を記号 Δ^* で表わすことにする．閉部分領域 D_i の 2 点間の距離の最大を $d(D_i)$ で表わし，D_i の**直径**とよぶことにする．$d(D_1), d(D_2), \cdots, d(D_n)$ の最大を $d(\Delta^*)$ で表わし，部分領域 D_i の面積を $\sigma(D_i)$ で表わす．各部分領域 D_i に任意の点 (ξ_i, η_i) をとり，和

$$S(\Delta^*) = \sum_{i=1}^{n} f(\xi_i, \eta_i) \sigma(D_i)$$

をつくる．分割 Δ^* を限りなく細かにしてゆくにともなって和 $S(\Delta^*)$ が定値 S に限りなく近づくとき，定値 S をもって f の D での定積分と定義し，記号

$$\int_D f(x, y) \, d(x, y) \tag{12}$$

または

$$\int_D f(x, y) \, d\sigma \tag{13}$$

で表わす．いま述べた定義をもっと解析的に表現すると，ε-δ 論法によって，任意の正の数 ε に対して

$$d(\Delta^*) < \delta \quad \text{ならば} \quad |S(\Delta^*) - S| < \varepsilon \tag{14}$$

となるように，正の数 δ をとることができるとき，この定値 S をもって f の D での定積分と定義する．

$$S = \lim_{d(\Delta^*) \to 0} S(\Delta^*) = \int_D f(x, y) \, d\sigma$$

こんどの定義は前に述べた閉区間 I での定積分の定義とは本質的な差異を示さないであろう．さらに，1 変数関数の区間 $[a, b]$ での定積分の定義と比較してみると，2 変数関数の有界閉領域 D での定積分の定義には完全な併行性が見出されるのである．すなわち，前者では区間 $[a, b]$ を有限個の部分区間

$$[a, a_1], [a_1, a_2], \cdots, [a_{i-1}, a_i], \cdots, [a_{n-1}, b]$$

に分割し，各部分区間 $[a_{i-1}, a_i]$ に任意の点 ξ_i をとると同じように，後者では領域 D を有限個の閉部分領域

$$D_1, D_2, \cdots, D_i, \cdots, D_n$$

に分割し，各閉部分領域 D_i に任意の点 (ξ_i, η_i) をとる．前者では区間 $[a_{i-1}, a_i]$ の長さ $a_i - a_{i-1}$ をとるに対し，後者では部分領域 D_i の面積 $\sigma(D_i)$ をとる．前者では和

$$S(\Delta) = \sum_{i=1}^{n} f(\xi_i) [a_i, a_{i-1}]$$

をとるに対して，後者では和

$$S(\Delta^*) = \sum_{i=1}^{n} f(\xi_i, \eta_i) \sigma(D_i)$$

をとる. 前者で $d(\varDelta) \to 0$ とするところを, 後者では $d(\varDelta^*) \to 0$ とするだけで, まったく併行した定義がなされている.

問題点は, 定義での形式ばかりでなく, 理論的証明の面にも見出される. 1変数関数 f の $[a, b]$ での積分 $\int_a^b f(x)dx$ は, f が連続であるとき, 存在するという証明がなされているが, 2変数関数 f の D での積分 $\int_D f(x, y)\,d\sigma$ が, f が連続であるとき, 存在するという証明はまったく同じようになされるのである. 前者の証明に関心をもち, そして理解することができる読者ならば, 後者の証明も同じように理解することができるはずである. しかし, ここでは深入りすることはさけておくことにしよう.

5. 一般的な定積分の定義の効用は

―― 2変数関数 f の有界閉領域での定積分を $\lim_{d(\varDelta^*) \to 0} S(\varDelta^*)$ によって定義するのは, 1変数関数の定積分の定義に併行させるためだけのものか. ほかには効用はないものか.

もちろん, 1変数関数の定積分の定義に併行させることはねらいの最大のものである. しかし, それだけではない. $\lim_{d(\varDelta^*) \to 0} S(\varDelta^*)$ による定積分のほうがつごうのよい場面にもしばしば出会うのである. 次には, 一つの例として変数変換について述べてみることにしよう.

1変数関数の場合の定積分 $\int_a^b f(x)\,dx$ は, 連続微分可能な関数 $\varphi(t)$ $(\alpha \leq t \leq \beta)$ によって, 積分変数を x から t に変換する変数変換 $x = \varphi(t)$ をほどこすと, 積分変数 t に関する定積分

$$\int_\alpha^\beta f(\varphi(t))\varphi'(t)\,dt \quad ((\alpha) = a, \varphi(\beta) = b)$$

に移される. このときの変換では, t の閉区間 $[\alpha, \beta]$ およびその部分区間が x の閉区間 $[a, b]$

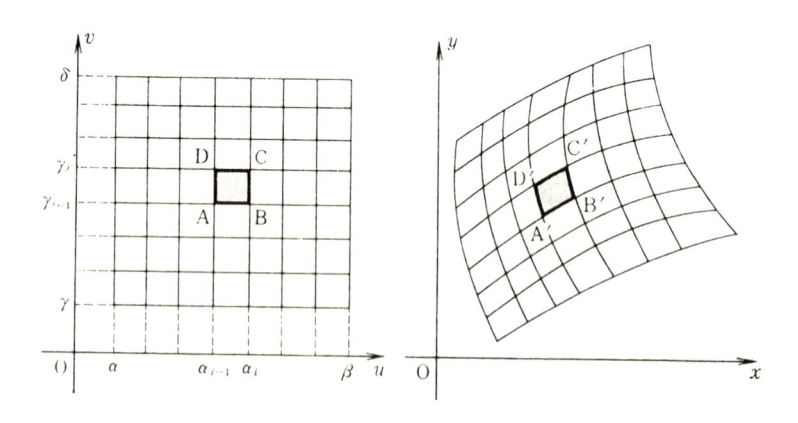

図 4

およびその部分区間に変換されるので，特別の問題がおこりようがない．ところが，2変数関数の定積分の場合には事情がかなり変わってくるのである．

xy 平面の有界閉領域 D は区分的になめらかな閉曲線によって囲まれているとする．D で連続な2変数関数 f の D での定積分

$$\int_D f(x, y)\, d(x, y) \tag{15}$$

について考えることにする．B は uv 平面での同じような有界閉領域として，写像

$$\varphi: B \to D \tag{16}$$

によって D に1対1に移されるとする．写像 φ の成分を φ_1, φ_2 とすると，(16) は

$$x = \varphi_1(u, v),\ y = \varphi_2(u, v) \quad ((u, v) \in B) \tag{17}$$

のように表わされる．ここで，成分関数 φ_1, φ_2 は連続微分可能であるとする．話を簡単にするために，領域 B は閉区間 $\{(u, v); \alpha \leq u \leq \beta, \gamma \leq v \leq \delta\}$ であるとしよう．B を細分するのであるが，すでにしたように，u の区間 $[\alpha, \beta]$ および v の区間 $[\gamma, \delta]$ をそれぞれ分点

$$\alpha = \alpha_0 < \alpha_1 < \cdots < \alpha_{i-1} < \alpha_i < \cdots < \alpha_{m-1} < \alpha_m = \beta \tag{18}$$

および

$$\gamma = \gamma_0 < \gamma_1 < \cdots < \gamma_{j-1} < \gamma_j < \cdots < \gamma_{n-1} < \gamma_n = \delta \tag{19}$$

によって小区間 $B_{ij} = \{(u, v); \alpha_{i-1} \leq u \leq \alpha_i, \gamma_{j-1} \leq v \leq \gamma_j\}$ に分割する．この分割を $\varDelta$ で表わす．B のこの分割 $\varDelta$ に対応して，領域 D は二組の曲線族

$$x = \varphi_1(\alpha_i, v),\ y = \varphi_2(\alpha_i, v),\ i = 1, 2, \cdots, m-1 \tag{20}$$

および

$$x = \varphi_1(u, \gamma_j),\ y = \varphi_2(u, \gamma_j),\ j = 1, 2, \cdots, n-1 \tag{21}$$

によって小領域 D_{ij} に分割される．この分割を $\varDelta^*$ で表わす．各小領域 D_{ij} の任意の点 (ξ_{ij}, η_{ij}) をとり，和

$$S(\varDelta^*) = \sum_{i=1}^{m} \sum_{j=1}^{n} f(\xi_{ij}, \eta_{ij}) \sigma(D_{ij})$$

をつくると，定積分 (15) は

$$\lim_{d(\varDelta^*) \to 0} S(\varDelta^*)$$

によって与えられる．ここで，小領域 D_{ij} の面積 $\sigma(D_{ij})$ がどのように与えられるかが問題である．

便宜のために，I_{ij} および D_{ij} を臨時に ABCD および A'B'C'D' で表わし（図5），A, B, D の座標をそれぞれ $(u, v),\ (u+h, v),\ (u, v+h)$ とすると，点 A' の座標は $(\varphi_1(u, v), \varphi_2(u, v))$ である．点 B' の座標は

$$(\varphi_1(u+h, v),\ \varphi_2(u+h, v)) = \left(\varphi_1(u, v) + \frac{\partial \varphi_1}{\partial u} h + o(h),\ \varphi_2(u, v) + \frac{\partial \varphi_2}{\partial u} h + o(h)\right)$$

図5

で与えられる．ここで，o はランダウのオーである．h より高位の無限小になる $o(h)$ を無視すると，点 B′ の座標は

$$\left(\varphi_1(u,v) + \frac{\partial \varphi_1}{\partial u}h,\ \varphi_2(u,v) + \frac{\partial \varphi_2}{\partial u}h\right)$$

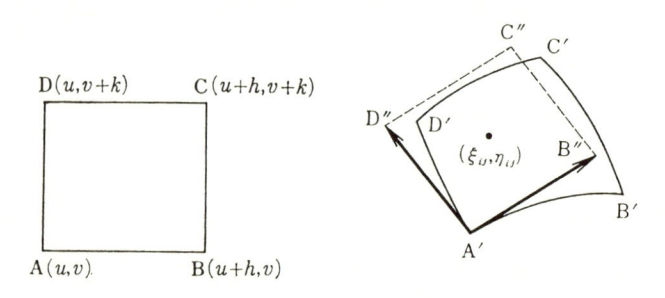

によって近似される．この座標をもつ点を B″ とすると，ベクトル $\overrightarrow{\mathrm{A'B''}}$ は曲線弧 A′B′ に接し，その第1次近似である．ベクトル $\overrightarrow{\mathrm{A'B''}}$ は $\left(\frac{\partial \varphi_1}{\partial u}h,\ \frac{\partial \varphi_2}{\partial v}h\right)$ である．同じようにして，曲線弧 A′D′ の第1次近似となるベクトル $\overrightarrow{\mathrm{A'D''}}$ は $\left(\frac{\partial \varphi_1}{\partial v}k,\ \frac{\partial \varphi_2}{\partial v}k\right)$ である．ベクトル $\overrightarrow{\mathrm{A'B''}}$，$\overrightarrow{\mathrm{A'D''}}$ を2辺とする平行四辺形 A′B″C″D″ の面積は

$$\det\begin{bmatrix}\frac{\partial \varphi_1}{\partial u}h & \frac{\partial \varphi_1}{\partial v}k \\ \frac{\partial \varphi_2}{\partial u}h & \frac{\partial \varphi_2}{\partial v}k\end{bmatrix} = hk\begin{vmatrix}\frac{\partial \varphi_1}{\partial u} & \frac{\partial \varphi_1}{\partial v} \\ \frac{\partial \varphi_2}{\partial u} & \frac{\partial \varphi_2}{\partial v}\end{vmatrix} = \frac{\partial(x,y)}{\partial(u,v)}hk \tag{22}$$

である[拙著，行列，共立出版，昭和46年，157〜161ページ参照]．ここに，$\frac{\partial(x,y)}{\partial(u,v)}$ は (x,y) の (u,v) に関する**関数行列式**または**ヤコビアン**である．したがって，図形 ABCD の面積は高位の無限小を無視すると，(22)によって与えられ，和 $S(\varDelta^*)$ は

$$\sum_{i=1}^{m}\sum_{j=1}^{n}f(\varphi_1(u_i,v_j),\ \varphi_2(u_i,v_j))\frac{\partial(x,y)}{\partial(u,v)}(\alpha_i - \alpha_{i-1})(\gamma_j - \gamma_{j-1})$$

の形で与えられ，$d(\varDelta) \to 0$ とすると，この極限は

$$\int_B f(\varphi_1(u,v),\ \varphi_2(u,v))\frac{\partial(x,y)}{\partial(u,v)}\ d(u,v) \tag{23}$$

となる．これが積分(15)の変数変換(17)による変換関係を導くあらすじである．

23 広義の重積分

2変数関数の広義の積分は，1変数関数の広義の積分とはどの点まで共通性をもっているものか．その差異はどの点に見出されるものか．

1. R^2 での積分の定義の第一歩

——2変数関数の場合の広義の積分は1変数関数の場合の広義の積分とまったく同じように定義されるのか．やはりちがいがあるのか．あるとすれば，どの点でちがっているのか．

定義のアイデアはまったく同じであるといってよいであろう．異なる点は積分の領域の問題である．1変数関数の場合の広義の積分の領域は，実質的には有界区間

$$[a,b],\quad [a,b),\quad (a,b],\quad (a,b)$$

および無限区間

$$[a,\infty),\quad (a,\infty),\quad (-\infty,a],\quad (-\infty,a),\quad (-\infty,\infty)$$

に限られているといってよいであろう．ところが，2変数関数の場合の広義の積分の領域はそう簡単には述べられるものではない．このような複雑さのために，思いもかけない相異点が見出されるであろう．

わたくしたちの話はできるだけ簡単な場合からはじめることにしよう．関数 $f(x,y)$ は全平面 R^2 で定義されて，連続であるとき，f の全平面 R^2 での定積分を定義し，これを記号

$$\int_{R^2} f(x,y)\ d(x,y) \tag{1}$$

で表わすことにしよう．当座の簡単さのためもあるけれど，まずは $f(x,y) \geq 0$ となる場合だけを考えておくことにしよう．具体的な例として，関数

$$f(x,y) = e^{-(x^2+y^2)} \quad ((x,y) \in R^2) \tag{2}$$

について考えてみることにしよう．n が正の整数のとき，座標原点を中心とする半径 n の円板 $C_n = \{(x,y)\ ;\ x^2+y^2 \leq n^2\}$ での積分は

$$I_n = \int_{C_n} f(x,y)\ d(x,y) = \int_{C_n} e^{-(x^2+y^2)}\ d(x,y)$$

であるが，変数変換 $x = r\cos\theta,\ y = r\sin\theta$ をほどこすと，円板 C_n が r,θ 平面の領域 $\{(r,\theta)\ ;\ 0 \leq \theta \leq 2\pi, 0 \leq r \leq n\}$ に変換されるから

$$I_n = \int_0^{2\pi}\left(\int_0^n e^{-r^2}r\,dr\right)d\theta = \int_0^{2\pi}\left[-\frac{e^{-r^2}}{2}\right]_0^n d\theta = \int_0^{2\pi}\frac{1-e^{-n^2}}{2}d\theta = \frac{1-e^{-n^2}}{2}2\pi = \pi(1-e^{-n^2})$$

ここで, $n\to\infty$ とすると

$$\lim_{n\to\infty} I_n = \lim_{n\to\infty} \pi(1-e^{-n^2}) = \pi$$

となる. この極限をもって関数 $f(x,y)=e^{-(x^2+y^2)}$ の R^2 での積分と定義しよう.

$$\int_{R^2} f(x,y)\,d(x,y) = \int_{R^2} e^{-(x^2+y^2)}\,d(x,y) = \pi \tag{3}$$

次に, 円板 C_n の代わりに座標原点を中心とする辺の長さ $2n$ の正方形領域 $Q_n=\{(x,y); |x|\leq n, |y|\leq n\}$ での積分は

$$J_n = \int_{Q_n} f(x,y)\,d(x,y) = \int_{Q_n} e^{-(x^2+y^2)}\,d(x,y)$$

である. $f(x,y)\geq 0$, $Q_n \subset C_{2n}$ となるから

$$J_n \leq I_{2n}$$

ところが, $\{I_n\}$ が増加系列であることから, $I_n \leq \lim_{n\to\infty} I_n = \pi$ となるから

$$J_n \leq \pi \tag{4}$$

系列 $\{J_n\}$ も増加系列で, (4) により上に有界であるから, 極限 $\lim_{n\to\infty} J_n$ が存在して, 不等式

$$\lim_{n\to\infty} J_n \leq \pi \tag{5}$$

が成り立つ. 他方, $C_n \subset Q_n$, $f(x,y) \geq 0$ となるから

$$I_n \leq J_n \tag{6}$$

となり, $n\to\infty$ とすると

$$\pi = \lim_{n\to\infty} I_n \leq \lim_{n\to\infty} J_n \tag{7}$$

これと (5) から

$$\lim_{n\to\infty} I_n = \lim_{n\to\infty} J_n = \pi \tag{8}$$

となる. すなわち

$$\int_{R^2} f(x,y)\,d(x,y) = \lim_{n\to\infty} \int_{Q_n} f(x,y)\,d(x,y) \tag{9}$$

のように R^2 での積分としても同じことになる.

2. R^2 での積分の定義の妥当性を確かめる

——円板や正方形領域などの特殊な領域での積分の極限でもって R^2 での積分を定義するのでは, あまりに特殊すぎるのではないか.

円板の系列 $\{C_n\}$ や正方形領域の系列 $\{Q_n\}$ をとったのは, まずは R^2 での積分についてのイメージ形成を容易にするためである. これら特殊な系列から一般化して, 次の二つの特性をもった有界閉領域の系列 $\{D_n\}$ を考えることにする (これからも, 有界閉領域とは区分的になめ

らかな閉曲線によって囲まれた閉領域の意味とする).

 (i) 系列 $\{D_n\}$ は単調増加である，すなわち，すべての n に対して $D_n \subset D_{n+1}$.

 (ii) $\mathbf{R}^2$ の任意の有界閉領域 K に対して，$\{D_n\}$ のうちに，$K \subset D_N$ となるような D_N が存在する.

(i)により，(ii)は，$\mathbf{R}^2$ の任意の有界閉領域 K に対して，$n \geq N$ ならば $K \subset D_n$ となるような正の整数 N が存在する，といいかえることができるであろう．また，(ii)によって，$\mathbf{R}^2$ が D_n の和集合に等しいこと，すなわち

$$\mathbf{R}^2 = \bigcup_{n=1}^{\infty} D_n \tag{10}$$

となることが導かれるであろう．有界閉領域の系列 $\{D_n\}$ は，(i),(ii) の条件を満足するとき，$\mathbf{R}^2$ に**収束**するといい，このことがらを

$$D_n \to \mathbf{R}^2 \quad (n \to \infty) \tag{11}$$

で表わす．上にあげた円板の系列 $\{C_n\}$ や正方形領域の系列 $\{Q_n\}$ も $\mathbf{R}^2$ に収束する.

次に，$\mathbf{R}^2$ に収束する有界閉領域の系列を $\{D_n\}$ とするとき，$n \to \infty$ のときの f の D_n での積分の極限をもって，f の $\mathbf{R}^2$ での積分と定義することにしよう．

$$\int_{\mathbf{R}^2} f(x,y)\ d(x,y) = \lim_{n \to \infty} \int_{D_n} f(x,y)\ d(x,y) \tag{12}$$

——前よりも一般的になったようにも思われるが，特定の系列 $\{D_n\}$ に関係しないということを保証しなければいけないのではないか.

そのとおりである．それには，$\mathbf{R}^2$ に収束するもう一つの有界閉領域の系列 $\{D_n'\}$ をとるとしよう．おのおのの n に対して，系列 $\{D_n\}$ に対する性質 (ii) により

$$D_n' \subset D_N$$

となるような正の整数 N が存在する．したがって，$f(x, y) \geq 0$ により

$$\int_{D_n'} f(x,y)\ d(x,y) \leq \int_{D_N} f(x,y)\ d(x,y) \tag{13}$$

ところが，積分の系列 $\left\{\int_{D_n} f(x,y)\ d(x,y)\right\}$ は単調増加であるから

$$\int_{D_N} f(x,y)\ d(x,y) \leq \lim_{n \to \infty} \int_{D_n} f(x,y)\ d(x,y) \tag{14}$$

となる．(13), (14) より

$$\int_{D_n'} f(x,y)\ d(x,y) \leq \lim_{n \to \infty} \int_{D_n} f(x,y)\ d(x,y) \tag{15}$$

すなわち，積分の系列 $\left\{\int_{D_n'} f(x,y)\ d(x,y)\right\}$ は上に有界である．また，この系列は単調増加であるから，$n \to \infty$ のとき収束する．そして，不等式

$$\lim_{n\to\infty}\int_{D_n'}f(x,y)\,d(x,y) \leq \lim_{n\to\infty}\int_{D_n}f(x,y)\,d(x,y) \tag{16}$$

が成り立つ. 系列 $\{D_n\}$ と $\{D_n'\}$ とを交換して考えると,まったく同じようにして,不等式

$$\lim_{n\to\infty}\int_{D_n}f(x,y)\,d(x,y) \leq \lim_{n\to\infty}\int_{D_n'}f(x,y)\,d(x,y) \tag{17}$$

が成り立つことが導かれるであろう. (16) と (17) から,関係式

$$\lim_{n\to\infty}\int_{D_n}f(x,y)\,d(x,y) = \lim_{n\to\infty}\int_{D_n'}f(x,y)\,d(x,y) \tag{18}$$

が導かれる.

いま導いたことによって,関数 f の R^2 での積分を (12) によって定義するとき,R^2 に収束する有界閉領域の系列 $\{D_n\}$ のとり方に関係しないことが明らかになったわけである.極限 (12) が有限の値として存在するとき,関数 f は R^2 で**積分可能**であるといい,このときの R^2 での積分を**無限積分**とよぶことがある.このようなわけで,最初の関数 $f(x,y) = e^{-(x^2+y^2)}$ の R^2 での積分を円板の系列 $\{C_n\}$ によって

$$\int_{R^2} e^{-(x^2+y^2)}\,d(x,y) = \lim_{n\to\infty}\int_{C_n}f(x,y)\,d(x,y)$$

のように定義してもさしつかえなく,したがって,結果

$$\int_{R^2} e^{-(x^2+y^2)}\,d(x,y) = \pi$$

もまた正しいことが明らかにされたのである.

3. 定符号でない関数の R^2 での積分

——いままでは,$f(x,y)\geq 0$ の場合の R^2 での定積分であったが,このように定符号でなく,$f(x,y)$ が正負の両方の値をとる場合には,R^2 での積分はどうなるのか.

このような一般な関数の R^2 での積分にはいる前に,一つの定理を準備しておこう.その証明は上に述べたようなし方で容易になされるであろう.

定理1 「2変数関数 f および g は R^2 で連続で,$0\leq f(x,y)\leq g(x,y)$ とする.g が R^2 で積分可能ならば,f もまた R^2 で積分可能であって,不等式

$$\int_{R^2}f(x,y)\,d(x,y) \leq \int_{R^2}g(x,y)\,d(x,y) \tag{19}$$

が成り立つ.」

関数 f に対して,二つの関数 f^+ および f^- を次のように定義しよう.

$$f^+(x,y) = f(x,y) \quad (f(x,y)\geq 0), \quad =0 \quad (f(x,y)<0),$$
$$f^-(x,y) = 0 \quad (f(x,y)\geq 0), \quad =-f(x,y) \quad (f(x,y)<0)$$

そうすると,次のことがらは容易に確かめられるであろう.

$$f^+(x,y) \geq 0, \quad f^-(x,y) \geq 0,$$
$$f(x,y) = f^+(x,y) - f^-(x,y), \quad |f(x,y)| = f^+(x,y) + f^-(x,y)$$

また, f が連続ならば, $f^+, f^-, |f|$ もまた連続であることも確かめられるであろう.

まず, f の絶対値関数 $|f|$ が R^2 で積分可能であるとしよう. そうすると, 上に示したことから

$$0 \leq f^+(x,y) \leq |f(x,y)|, \quad 0 \leq f^-(x,y) \leq |f(x,y)|$$

となり, 定理1によって, f^+ および f^- は R^2 で積分可能であって, 不等式

$$0 \leq \int_{R^2} f^+(x,y) \, d(x,y) \leq \int_{R^2} |f(x,y)| \, d(x,y),$$
$$0 \leq \int_{R^2} f^-(x,y) \, d(x,y) \leq \int_{R^2} |f(x,y)| \, d(x,y) \tag{20}$$

が成り立つ. そこで, 関数 f の R^2 での積分を

$$\int_{R^2} f(x,y) \, d(x,y) = \int_{R^2} f^+(x,y) \, d(x,y) - \int_{R^2} f^-(x,y) \, d(x,y) \tag{21}$$

によって定義することにしよう. このとき, 不等式 (20) によって, 不等式

$$\left| \int_{R^2} f(x,y) \, d(x,y) \right| \leq \int_{R^2} |f(x,y)| \, d(x,y) \tag{22}$$

が導かれるであろう.

このように定義すると, R^2 で積分可能であるための一つの判定定理が次のように与えられるであろう.

定理2 「関数 f および g は R^2 で連続で, $|f(x,y)| \leq g(x,y)$ とする. g が R^2 で積分可能ならば, f もまた R^2 で積分可能であって, 不等式

$$\left| \int_{R^2} f(x,y) \, d(x,y) \right| \leq \int_{R^2} g(x,y) \, d(x,y) \tag{23}$$

が成り立つ.」

証明は定理1と定義から容易になされるであろう. 次に, 具体的な例をあげよう.

関数 $f : R^2 \to R$ は次のように定義されているとする.

$$f(x,y) = e^{-(x^2+y^2)} \sin(x+y) \quad ((x,y) \in R^2)$$

このとき, 明らかに不等式

$$|f(x,y)| = |e^{-(x^2+y^2)} \sin(x+y)| \leq e^{-(x^2+y^2)}$$

が成り立つ. 関数 $g(x,y) = e^{-(x^2+y^2)}$ $((x,y) \in R^2)$ は, すでに示したように, R^2 で積分可能であるから, 関数 f も R^2 で積分可能であって, 不等式

$$\left| \int_{R^2} e^{-(x^2+y^2)} \sin(x,y) \, d(x,y) \right| \leq \pi \tag{24}$$

が成り立つ.

4. いわゆる特異積分の定義

——これまでの広義の積分はいわゆる無限積分であるが，1変数関数の場合の特異積分に相応する広義の積分は問題にならないのか．

実は，R^2 での積分の定義のほうが理論的に簡単であり，そして理解しやすいというわけで，これからはじめたまでのことである．まず，関数 f は有界領域 D で定義されて，$f(x, y) \geqq 0$ とする．関数 f が連続でないような点を D から取り除いて得られる集合を改めて D で表わすことにする．したがって，関数 f は D で連続であるとし，D は有界領域であるとする．ここに，D はもはや閉領域というわけでなく，ただ区分的になめらかな閉曲線の一つまたは二つ以上によって囲まれているものとし，この閉曲線のあるものは1点に変異することもあるものとする．たとえば，関数 f_1 は領域 $D = \{(x, y) ; 0 < x^2 + y^2 \leqq 1\}$ で

$$f_1(x, y) = \frac{1}{\sqrt{x^2 + y^2}} \quad ((x, y) \in D)$$

のように定義され(図1)，関数 f_2 は領域 $D = \{(x, y) ; x^2 + y^2 < 1\}$ で

$$f_2(x, y) = \frac{1}{\sqrt{1 - x^2 - y^2}} \quad ((x, y) \in D)$$

のように定義されているとする(図2)．

R^2 での積分の場合と同じように，領域 D に**収束**する有界閉領域の系列 $\{D_n\}$ は次の性質をもつものとする．

(i) 系列 $\{D_n\}$ は単調増加である，すなわち，すべての n に対して $D_n \subset D_{n+1}$．

(ii) D の任意の有界閉部分領域 $K (K \subset D)$ に対して，$\{D_n\}$ のうちに，$K \subset D_N$ となるような D_N が存在する．

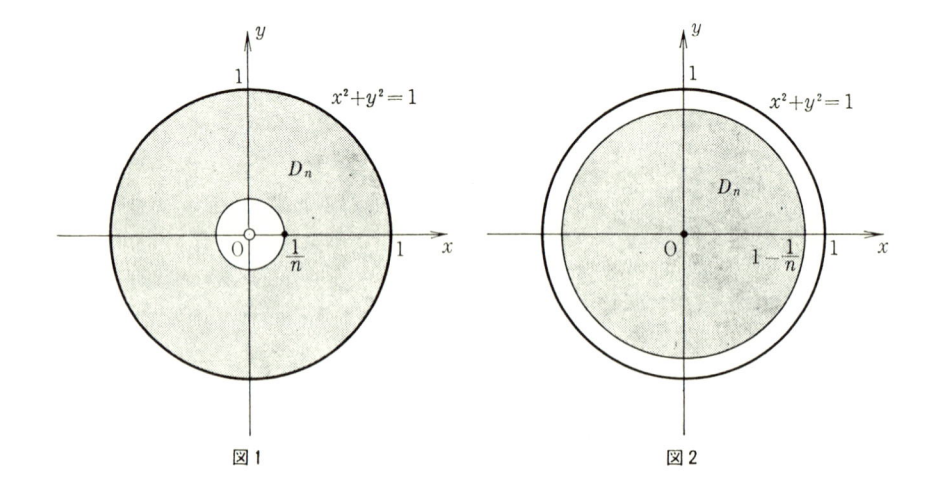

図1

図2

4. いわゆる特異積分の定義 *215*

ここでも，(i)により，(ii)は，Dの任意の有界閉部分領域Kに対して，$n \geq N$ ならば $K \subset D_n$ となるような正の整数Nが存在する，といいかえることができるであろう．また，(ii)によって，DがD_nの和集合に等しいこと．すなわち

$$D = \bigcup_{n=1}^{\infty} D_n \tag{25}$$

となることが導かれるであろう．そこで，$n \to \infty$ のときのfのD_nでの積分の極限をもって，fのDでの積分と定義することにしよう．

$$\int_D f(x, y) \, d(x, y) = \lim_{n \to \infty} \int_{D_n} f(x, y) \, d(x, y) \tag{26}$$

この極限は系列$\{D_n\}$のとり方に関係しないということは，$\mathbf{R}^2$での積分の場合と同じように確かめられるであろう．この極限が有限の値として存在するとき，関数fはDで**積分可能**であるといい，このときのDでの積分を**特異積分**ということがある．

上にあげた例の関数f_1の定義域Dについては，これに収束する有界閉領域の系列$\{D_n\}$のD_nとしては

$$D_n = \left\{ (x^2, y^2) \, ; \; \frac{1}{n^2} \leq x^2 + y^2 \leq 1 \right\}$$

のようにとればよいであろう．f_1 の D_n での積分

$$I_n = \int_{D_n} f_1(x, y) \, d(x, y) = \int_{D_n} \frac{1}{\sqrt{x^2 + y^2}} \, d(x, y)$$

は，変数変換 $x = r \cos \theta$, $y = r \sin \theta$ をほどこすと，D_n が領域 $\left\{ (r, \theta) \, ; \; 0 \leq \theta \leq 2\pi, \, \frac{1}{n} \leq r \leq 1 \right\}$ に変換されるから

$$I_n = \int_0^{2\pi} \left(\int_{1/n}^1 \frac{1}{r} r \, dr \right) d\theta = \int_0^{2\pi} \left(1 - \frac{1}{n} \right) d\theta = \left(1 - \frac{1}{n} \right) 2\pi$$

となり，ここで，$n \to \infty$ とすると

$$\lim_{n \to \infty} I_n = \lim_{n \to \infty} \left(1 - \frac{1}{n} \right) 2\pi = 2\pi$$

となる．したがって

$$\int_D \frac{1}{\sqrt{x^2 + y^2}} \, d(x, y) = 2\pi$$

もう一つの関数f_2の定義域Dに収束する有界閉領域の系列$\{D_n\}$のD_nとしては

$$D_n = \left\{ (x, y) \, ; \; 0 \leq x^2 + y^2 \leq \left(1 - \frac{1}{n} \right)^2 \right\}$$

のようにとればよいであろう．ここでも，同じ変数変換をほどこすことによって，f_2のD_nでの積分は

$$\int_{D_n} f_2(x, y) \, d(x, y) = \int_{D_n} \frac{1}{\sqrt{1 - x^2 - y^2}} \, d(x, y)$$

$$= \int_0^{2\pi} \left(\int_0^{1-1/n} \frac{1}{\sqrt{1-r^2}} r\, dr \right) d\theta = \int_0^{2\pi} \left[-\sqrt{1-r^2} \right]_0^{1-1/n} d\theta$$

$$= \int_0^{2\pi} \left\{ 1 - \sqrt{1 - \left(1 - \frac{1}{n}\right)^2} \right\} d\theta = 2\pi \left\{ 1 - \sqrt{1 - \left(1 - \frac{1}{n}\right)^2} \right\}$$

となるから，$n \to \infty$ とすると

$$\int_D f(x, y)\, d(x, y) = \lim_{n \to \infty} \int_{D_n} f(x, y)\, d(x, y) = 2\pi$$

これまでは，$f(x, y) \geq 0$ の場合についての広義の積分であるが，$f(x, y)$ が正負いずれの値をもとる一般の場合には，R^2 での積分とまったく同じように定義されるので，繰り返しになることとて述べることは割愛しよう．

5. 条件収束と絶対収束との区別は

——1変数関数の場合には，広義の積分は絶対収束であるか条件収束であるかのいずれかであった．2変数関数の場合には，そのようなことは考えられないのか．2変数関数の広義の積分でも，絶対収束と条件収束とについて述べている数学書や教科書を見たことがあるのだが…

たしかにそう述べている著者もいるようである．ただ，そのような書物で納得のいかないことは，1変数関数の場合のように，条件収束であって，絶対収束ではないような広義の積分の具体例が示されていないことである．そのような具体例をつくってみせるのは大へんめんどうなので，読者を徒に悩まさないために割愛したのではないかとも推察されるかもしれない．それとも，条件収束と絶対収束の二つの定義を述べてはみたけれど，2変数関数の場合には実質的には同じことになるのではないかとも推察されることであろう．後者の推察を定理として述べ，そして証明した数学書もある．たとえば

E.V. Hobson, The Theory of Functions of a Real Variable, Vol. I, Combridge, 3rd ed. 1927, pp. 518-533,

福原満洲雄，微積分学（数学解析第一巻），至文堂，昭和26年，398-400ページ

などがあげられる．（これらの書物は一般読者には入手しにくいかもしれないが，大学図書館を利用すればよいであろう．）

——ちょっと納得しかねるのですが．わたくしたちが定義してきたのは，実は絶対収束する広義の積分だけではなかったか．

いかにもそのとおりである．あまり結論を急ぎすぎたための手落ちであった．関数 f が正負いずれの値をもとる一般の場合，R^2 または D に収束する有界閉領域の系列 $\{D_n\}$ のいかんにかかわらず，D_n での積分の極限

$$\lim_{n \to \infty} \int_{D_n} f(x, y)\, d(x, y)$$

が存在して，同一であるとき，この極限をもって R^2 または D での積分と定義するのである．

5. 条件収束と絶対収束との区別は

f の絶対値関数 $|f|$ が $\boldsymbol{R}^2$ または D で積分可能であるとき，f もまた $\boldsymbol{R}^2$ または D で積分可能である．この証明はわたくしたちがみてきたことと同値であろう［別証明は，たとえば，福原・稲葉，新数学通論II，共立出版，昭和43年，116ページ参照］．このとき，f の広義の積分は絶対収束であるというわけである．f が $\boldsymbol{R}^2$ または D で積分可能であるが，絶対値関数 $|f|$ が $\boldsymbol{R}^2$ または D で積分可能でないとき，f の広義の積分は条件収束であるというわけである．このような定義——実はこのままではないが，実質的には同じ定義——のもとで，上に述べた2書は，f が $\boldsymbol{R}^2$ または D で積分可能ならば，絶対値関数 $|f|$ も $\boldsymbol{R}^2$ または D で積分可能である，ということを証明したわけである．わたくしたちの定義は，実はこの定理を念頭において，そこから出発して展開されてきたのである．

——そうすると，広義の積分について絶対収束とか条件収束とか述べている数学書は問題であるといってよいものか．

そう単純に割り切っては困る．定義をどう与えたかを調べてみなければ，何ともいえない．わたくしたちは**ジョルダン**（C. Jordan）（1894年）とシュトルツ（1899年）の与えた定義に従ったのである．これに対して，**ハルナック**（A. Harnack）や**ハーディ**（G.H. Hardy）（1903年）の与えた定義もある．たとえば

　　藤原松三郎，微分積分学，第一巻，内田老鶴圃，昭和9年，539ページ，541ページ

はこの定義に従っているのであるが，この定義による広義の積分では絶対収束と条件収束の区別には意味がある．このことについては，**ホブソン**（Hobson）は上記の著書の526ページで，後の定義による条件収束の実例をあげている．

わたくしたちが時代の古いほうのジョルダン・シュトルツの定義を採るのは，それで実用上さしつかえないこともあるが，もっと一般な積分，すなわち，**ルベック**（H. Lebesgue）**積分**への展開と関連を考慮するからである．

24 累次積分

> 二重積分と累次積分とは，用語の語感と記号表現からは，同じものであるかのような印象を与えるが，異なるものか，定義は異なっても，実質的に同じものといえるのか．

1. 二重積分と累次積分が一致するのは

——二重積分と累次積分とは，用語の語感からみても記号の表現からみても，同じものという印象を与えるのだが，同一のものとみてよいものか．

たしかに，**二重積分**は英語では double integral といい，**累次積分**は repeated integral というし，記号にいたってはしばしば共通に $\iint f(x,y)\,dx\,dy$ の形式をとっていて，異なるのは積分の領域の表わし方だけである．これらのことから，二重積分と累次積分とが同一のものとみられやすいことは無理もないことかもしれない．このことをはっきりさせるには，なによりも定義の復習からはじめるよりほかはないであろう．積分の領域が閉区間 $I=\{(x,y);\ a\leq x\leq b, c\leq y\leq d\}$ であるとき，x の区間 $a\leq x\leq b$ および y の区間 $c\leq y\leq d$ をそれぞれ

$$a=a_0<a_1<a_2<\cdots<a_{i-1}<a_i<\cdots<a_{m-1}<a_m=b \tag{1}$$

および

$$c=c_0<c_1<c_2<\cdots<c_{j-1}<c_j<\cdots<c_{n-1}<c_n=d \tag{2}$$

によって小区間 $I_{ij}=\{(x,y);\ a_{i-1}\leq x\leq a_i, c_{j-1}\leq y\leq c_j\}$ ($i=1,2,\cdots,m;\ j=1,2,\cdots,n$) に分割し，この分割を $\varDelta$ で表わす．各小区間 I_{ij} の辺の長さ $a_i-a_{i-1},\ c_j-c_{j-1}$ の i,j のすべての値にわたっての最大を $d(\varDelta)$ で表わす．各小区間 I_{ij} に任意の点 (ξ_{ij},η_{ij}) をとり，和

$$S(\varDelta)=\sum_{i=1}^{m}\sum_{j=1}^{n}f(\xi_{ij},\eta_{ij})(a_i-a_{i-1})(c_j-c_{j-1})$$

をつくり，分割 $\varDelta$ を限りなく細かくしてゆくときの，すなわち，$d(\varDelta)\to 0$ のときの和 $S(\varDelta)$ の極限 $\lim_{d(\varDelta)\to 0}S(\varDelta)$ をもって2変数関数 f の区間 I での二重積分と定義する．

$$\lim_{d(\varDelta)\to 0}S(\varDelta)=\iint_I f(x,y)\,dx\,dy=\iint_I f(x,y)\,d(x,y)$$

他方，累次積分 $\int_a^b\left(\int_c^d f(x,y)\,dy\right)dx$ は，まず，x を定数として $f(x,y)$ を y について積

分した $\int_c^d f(x,y)\,dy$ は x の関数となり，これを x について積分したものである．このように定義からして一応異なるものであることは明らかである．

定義としては異なるものではあるが，関数 f が連続であるときには，関数 f は I で積分可能であって，関係式

$$\iint_I f(x,y)\,dx\,dy = \int_a^b \left(\int_c^d f(x,y)\,dy\right)dx = \int_c^d \left(\int_a^b f(x,y)\,dx\right)dy \tag{3}$$

が成り立つということが定理としてあげられ，しばしば証明も与えられている．

──結果論としては，二重積分と累次積分とは同じものといってもよいのではないか．

そう結論するのは早計である．いままで述べてきたのは，積分の領域が有界閉区間であることと被積分関数がこの有界閉区間で連続であるという場合についてである．このことについてはっきり意識しておいてもらわないと困る．積分の領域が有界であっても，閉区間でない場合もあり，無限区間の場合もあるし，また被積分関数が連続でない場合もあるであろう．このような場合の積分が広義の積分である．そこで，問題になるのは，広義の積分に対しても(3)と同じような関係式が成り立つかということである．話をもっと具体的にするならば，たとえば，関数 f が $\boldsymbol{R}^2$ で積分可能であるとき，(3)と同じような関係式

$$\iint_{\boldsymbol{R}^2} f(x,y)\,dx\,dy = \int_{-\infty}^{\infty}\left(\int_{-\infty}^{\infty} f(x,y)\,dy\right)dx = \int_{-\infty}^{\infty}\left(\int_{-\infty}^{\infty} f(x,y)\,dx\right)dy \tag{4}$$

が成り立つかということが問題になるであろう．

2. 累次積分が存在しても二重積分が存在しない場合

──話がめんどうになりそうであるが，なんとかとらえやすく説明してほしい．

簡単なことから話をすすめてゆくことにしよう．$I=\{(x,y);\ 0\leqq x\leqq 1, 0\leqq y\leqq 1\}$ のとき，関数 f は

$$f(x,y) = \frac{x-y}{(x+y)^3} \quad ((x,y)\in I,\ (x,y)\neq(0,0))$$

によって定義されているとする．ここで，f の定義域は閉区間 I から原点 $(0,0)$ を取り除いて得られる集合で，これを記号 I' で表わすことにしよう．そこで，関数 f をまず y について積分し，それから x に積分してみよう．

$$\int_0^1 \left(\int_0^1 \frac{x-y}{(x+y)^3}\,dy\right)dx = \int_0^1 \left[\int \frac{x-y}{(x+y)^3}\,dy\right]_0^1 dx = \int_0^1 \left[\frac{y}{(x+y)^2}\right]_0^1 dx$$

$$= \int_0^1 \frac{1}{(x+1)^2}\,dx = \left[\int \frac{dx}{(x+1)^2}\right]_0^1 = \left[-\frac{1}{x+1}\right]_0^1 = -\frac{1}{2} - \left(-\frac{1}{1}\right) = \frac{1}{2}$$

次に，関数 f をまず x について積分し，それから y について積分するのであるが，いちいち計算してみるまでもなく，x と y の役割を変換してみると

$$\int_0^1 \left(\int_0^1 \frac{x-y}{(x+y)^3}\,dx\right)dy = -\frac{1}{2}$$

となることがわかるであろう．

ここまでのところでいえることは，積分の順序を異にしている二つの累次積分 $\int_0^1 \left(\int_0^1 f(x, y) \, dy \right) dx$ および $\int_0^1 \left(\int_0^1 f(x, y) \, dx \right) dy$ はともに存在するけれど，関係式

$$\int_0^1 \left(\int_0^1 f(x, y) \, dy \right) dx = \int_0^1 \left(\int_0^1 f(x, y) \, dx \right) dy \tag{5}$$

が成り立っていないということである．そうなると，さらに気になることは，関数 f の I' での積分はどうなるかということである．

当面の関数 f は定符号の関数でないから，f に対して f^+ および f^- を

$$f^+(x, y) = \frac{x-y}{(x+y)^3} \quad (x \geq y), \quad = 0 \quad (x < y);$$

$$f^-(x, y) = 0 \quad (x \geq 0), \quad = -\frac{x-y}{(x+y)^3} \quad (x < y)$$

によって定義して，f^+ および f^- の I' での積分を求め，その積分の差として f の I' での積分を求めることになるわけである．それにはまず，I' に収束する有界閉領域の系列 $\{D_n\}$ の D_n を次のように定義する．

$$D_n = \left\{ (x, y); \frac{1}{n} \leq x \leq 1, \ 0 \leq y \leq 1 \right\} \cup \left\{ (x, y); 0 \leq x \leq 1, \ \frac{1}{n} \leq y \leq 1 \right\}$$

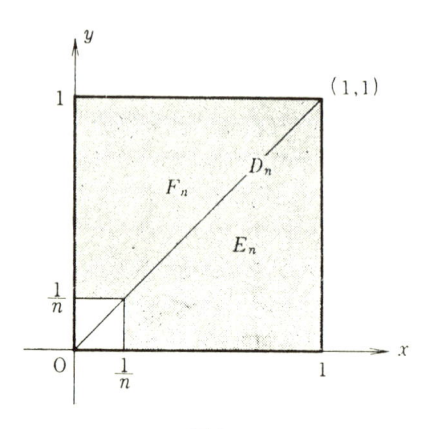

図1

さらに，直線 $y = x$ によって分割された D_n の有界閉部分領域を E_n, F_n とする（図1）．そうすると

$$\iint_{D_n} f^+(x, y) \, d(x, y)$$

$$= \iint_{E_n} \frac{x-y}{(x+y)^3} \, d(x, y) = \int_{1/n}^1 \left(\int_0^x \frac{x-y}{(x+y)^3} \, dy \right) dx$$

$$= \int_{1/n}^1 \left[\int \frac{x-y}{(x+y)^3} \, dy \right]_0^x dx = \int_{1/n}^1 \left[\frac{y}{(x+y)^2} \right]_0^x dx = \int_{1/n}^1 \frac{1}{4x} \, dx$$
$$= \left[\frac{1}{4} \log x \right]_{1/n}^1 = \frac{1}{4} \log n$$

そこで，$n \to \infty$ とすると $\iint_{D_n} f^+(x, y) \, d(x, y) \to 0$ となり，f^+ の I' での積分は存在しない．f^- についても同じであるから，f の I' での積分は存在しないことがわかった．これで，広義の積分については，関係式 (3) に類する関係式，たとえば，関係式 (4) が成り立つことは完全に期待されないことがわかったわけである．

——さかのぼっての質問になるのだが，$\iint_{I'} f(x, y) \, d(x, y)$ が広義の積分であることは明らかであるけれど，二つの累次積分 $\int_0^1 \left(\int_0^1 \frac{x-y}{(x+y)^3} \, dy \right) dx$，$\int_0^1 \left(\int_0^1 \frac{x-y}{(x+y)^3} \, dx \right) dy$ のほうは，計算過程からみると，ふつうの積分であったようで，そのあたりがなんとなく妙に感ぜられるのだが…

実は少しく手抜きしたわけである．計算過程の部分を抜き出してみることにすると
$$\int_0^1 \frac{x-y}{(x+y)^3} \, dy = \left[\int \frac{x-y}{(x+y)^3} \, dy \right]_0^1 = \left[\frac{y}{(x+y)^2} \right]_0^1 = \frac{1}{(x+1)^2}$$

この関係式の最後の部分は $x=0$ で意味を失うもので，$0 < x \leq 1$ に対して成り立つのである．明示するならば
$$\int_0^1 \left(\int_0^1 \frac{x-y}{(x+y)^3} \, dy \right) dx = \lim_{\varepsilon \to +0} \int_\varepsilon^1 \left(\int_0^1 \frac{x-y}{(x+y)^3} \, dy \right) dx$$
とすべきところであろう．そうするならば，疑念の余地もないことであろう．

3. 期待している関係式が成り立つためには

——関係式 (3) についてのこれまでの考えが完全にぐらついてしまった．広義の積分に対しては，関係式 (3) のようなものは成り立つことは全然ないものか．

実は，これまで当然とされていた先入観を打破するために，わざと定符号でない関数の積分を最初にもってきたのである．定符号の関数の場合には，事情はかなり変わってくるのである．次には，話を簡単にするために，R^2 で定義された関数の場合について取り扱うことにする．

関数 $f: R^2 \to R$ は連続で，$f(x, y) \geq 0$ とする．まず，累次積分 $\int_{-\infty}^\infty \left(\int_{-\infty}^\infty f(x, y) \, dy \right) dx$ が存在すると仮定しよう．そうすると，$f(x, y) \geq 0$ により，正の整数 n に対して

$$\int_{-n}^n \left(\int_{-n}^n f(x, y) \, dy \right) dx \leq \int_{-n}^n \left(\int_{-\infty}^\infty f(x, y) \, dy \right) dx \leq \int_{-\infty}^\infty \left(\int_{-\infty}^\infty f(x, y) \, dy \right) dx \quad (6)$$

$Q_n = \{(x, y) \, ; \, -n \leq x \leq n, \, -n \leq y \leq n\}$ とおくと，関係式 (3) と不等式 (6) とから，次の不等式

が得られる．

$$\iint_{Q_n} f(x,y)\,d(x,y) \leq \int_{-\infty}^{\infty}\left(\int_{-\infty}^{\infty} f(x,y)\,dy\right)dx \tag{7}$$

系列 $\{Q_n\}$ は $\mathbf{R}^2$ に収束する有界閉領域の系列で，条件 $f(x,y) \geq 0$ により，積分の系列 $\left\{\iint_{Q_n} f(x,y)\,d(x,y)\right\}$ は単調増加で，(7) により上に有界である．したがって，系列 $\left\{\iint_{Q_n} f(x,y)\,d(x,y)\right\}$ は収束する．ゆえに，積分 $\iint_{\mathbf{R}^2} f(x,y)\,d(x,y)$ は存在して，次の不等式が成り立つ．

$$\iint_{\mathbf{R}^2} f(x,y)\,d(x,y) \leq \int_{-\infty}^{\infty}\left(\int_{-\infty}^{\infty} f(x,y)\,dy\right)dx \tag{8}$$

もう一つの累次積分 $\int_{-\infty}^{\infty}\left(\int_{-\infty}^{\infty} f(x,y)\,dx\right)dy$ が存在すると仮定しても，まったく同じようにして，f が $\mathbf{R}^2$ で積分可能であって，不等式

$$\iint_{\mathbf{R}^2} f(x,y)\,d(x,y) \leq \int_{-\infty}^{\infty}\left(\int_{-\infty}^{\infty} f(x,y)\,dx\right)dy \tag{9}$$

が成り立つことが導かれるであろう．

ここまでわかってくると，わたくしたちがこれから期待することは，不等式 (8) および (9) の逆の不等式

$$\iint_{\mathbf{R}^2} f(x,y)\,d(x,y) \geq \int_{-\infty}^{\infty}\left(\int_{-\infty}^{\infty} f(x,y)\,dy\right)dx \tag{10}$$

および

$$\iint_{\mathbf{R}^2} f(x,y)\,d(x,y) \geq \int_{-\infty}^{\infty}\left(\int_{-\infty}^{\infty} f(x,y)\,dx\right)dy \tag{11}$$

が成り立つことであろう．そうなると，不等式 (8) と (10)，(9) と (11) によって最初に問題になった関係式 (4) が保証されるわけである．そこで，不等式 (10) および (11) がどのようにして導かれるかをみることがわたくしたちのこれからの中心的関心である．

関数 f は $\mathbf{R}^2$ で積分可能であるとする．m, n が正の(整)数であるとき，$D_{m,n} = \{(x,y); -m \leq x \leq m, -n \leq y \leq n\}$ とすると，不等式

$$\iint_{\mathbf{R}^2} f(x,y)\,d(x,y) \geq \iint_{D_{m,n}} f(x,y)\,d(x,y)$$

が成り立つ．右辺の積分に対しては，関係式 (3) が適用されるから

$$\iint_{\mathbf{R}^2} f(x,y)\,d(x,y) \geq \int_{-m}^{m}\left(\int_{-n}^{n} f(x,y)\,dy\right)dx \tag{12}$$

(12) の右辺は，おのおのの n に対して，$m \to \infty$ のとき単調増加する．そこで，$m \to \infty$ とすると

$$\iint_{\mathbf{R}^2} f(x,y)\,d(x,y) \geq \int_{-\infty}^{\infty}\left(\int_{-n}^{n} f(x,y)\,dy\right)dx \tag{13}$$

ここで，(13)の右辺の累次積分での積分の順序を交換してよいと仮定しよう．すなわち，関係式

$$\int_{-\infty}^{\infty}\left(\int_{-n}^{n}f(x,y)\,dy\right)dx=\int_{-n}^{n}\left(\int_{-\infty}^{\infty}f(x,y)\,dx\right)dy \tag{14}$$

が成り立つと仮定しよう．そうすると，不等式(13)は

$$\iint_{R^2}f(x,y)\,d(x,y)\geqq\int_{-n}^{n}\left(\int_{-\infty}^{\infty}f(x,y)\,dx\right)dy \tag{15}$$

となる．ここで，$n\to\infty$ とすると，不等式

$$\iint_{R^2}f(x,y)\,d(x,y)\geqq\int_{-\infty}^{\infty}\left(\int_{-\infty}^{\infty}f(x,y)\,dx\right)dy \tag{11}$$

が得られる．

同じようにして，関係式

$$\int_{-\infty}^{\infty}\left(\int_{-m}^{m}f(x,y)\,dx\right)dy=\int_{-m}^{m}\left(\int_{-\infty}^{\infty}f(x,y)\,dy\right)dx \tag{16}$$

が成り立つと仮定すると，不等式

$$\iint_{R^2}f(x,y)\,d(x,y)\geqq\int_{-\infty}^{\infty}\left(\int_{-\infty}^{\infty}f(x,y)\,dy\right)dx \tag{10}$$

が得られるであろう．

4. 厳密な証明は実解析学の領域で

——これで関係式(4)が得られたようであるが，それは二つの関係式(14)および(16)を仮定しての上であるから，この二つの関係式は証明されなければならないであろう．その証明は簡単なものか．

簡単どころか，またもなんらかの仮定を付け加えなければただでは証明ができないのである．なんといっても，関係式(14)および(16)は広義の積分についての積分の順序に関するものであるから，関係式(4)の右側の部分

$$\int_{-\infty}^{\infty}\left(\int_{-\infty}^{\infty}f(x,y)\,dy\right)dx=\int_{-\infty}^{\infty}\left(\int_{-\infty}^{\infty}f(x,y)\,dx\right)dy \tag{17}$$

と同類のものであって，これよりもやや簡単であるという程度のものである．関係式(14)および(16)が成り立つための十分条件はいくつか与えられるであろう[たとえば，福原・稲葉，新数学通論II，共立出版，昭和43年，122ページ定理9.19]．しかし，ふつうの微分積分の教科書はこの問題に立入っていないようである．なぜかというと，簡単にいうならば，労多くして効少いからである．

ここで，少しく話題を変えよう．わたくしたちの取り扱っている積分はリーマン積分である．リーマン積分は解析的な取り扱いにあたっていろいろの不便を露出するので，20世紀になってからは代わりにルベック積分が開発されて解析的取り扱いの手段となっている．ここでは，ル

ベック積分についての解説をするつもりはない［必要ならば，たとえば，拙著，実解析学入門，共立出版，昭和45年参照］．ただ，わたくしたちの当面の問題の解明に本質的な解答を与える美しい **フビニ** (G. Fubini) **の定理** を引用してみることにしよう．

定理（フビニ） 「関数 $f: \mathbf{R}^2 \to \mathbf{R}$ が $\mathbf{R}^2$ で積分可能であるならば，y についての積分 $\int_{-\infty}^{\infty} f(x, y) \, dy$ および x についての積分 $\int_{-\infty}^{\infty} f(x, y) \, dx$ もそれぞれ x および y について $\mathbf{R}$ で積分可能で，関係式

$$\iint_{\mathbf{R}^2} f(x, y) \, d(x, y) = \int_{-\infty}^{\infty} \left(\int_{-\infty}^{\infty} f(x, y) \, dy \right) dx = \int_{-\infty}^{\infty} \left(\int_{-\infty}^{\infty} f(x, y) \, dx \right) dy \quad (18)$$

が成り立つ．」［拙著，実解析学入門（前出），182ページ，定理 5.41］

有界閉領域で連続な関数 f はルベックの意味で積分可能で，そのリーマン積分とルベック積分は一致する．1変数関数の場合，f の広義のリーマン積分が絶対収束のとき，f のルベック積分も存在し，両者は一致する．2変数関数の場合，f の広義の積分が存在するとき，f のルベック積分も存在し，両者は一致する．これらのことから，2変数関数 $f: \mathbf{R}^2 \to \mathbf{R}$ が連続であるとき，f が $\mathbf{R}^2$ で積分可能であるならば，二つの累次積分は存在して，関係式 (18)，すなわち，関係式 (4) が成り立つ．この際，フビニの定理のうちに含まれている条件として，y についての積分 $\int_{-\infty}^{\infty} f(x, y) \, dy$ および x についての積分 $\int_{-\infty}^{\infty} f(x, y) \, dx$ はともに存在し，広義の積分として絶対収束であって，それぞれ x および y について連続である，ということを付加することが必要である．

フビニの定理に関連する定理として次のものがあげられる．

定理A 「$f(x, y) \geq 0$ のとき，関数 $f: \mathbf{R}^2 \to \mathbf{R}$ について，三つの積分

$$\iint_{\mathbf{R}^2} f(x, y) \, d(x, y), \quad \int_{-\infty}^{\infty} \left(\int_{-\infty}^{\infty} f(x, y) \, dy \right) dx, \quad \int_{-\infty}^{\infty} \left(\int_{-\infty}^{\infty} f(x, y) \, dx \right) dy$$

のうちのいずれか一つが存在するならば，他の二つも存在し，関係式 (18) が成り立つ．」［拙著，実解析学入門（前出），183ページ 定理 5.42］

この定理は，関数 f が連続であるとき，少し前に述べた付帯条件のもとで，わたくしたちが期待していた関係式 (3) を保証するものである．ここで，少しく気になることは，いま問題になっているのは微分積分に関することがらであるのに，微分積分の中で解決できないで，ルベック積分の理論に助けを求めたことである．これに対して二つの考え方がありうるであろう．その一つは，数学のある分野で保証されていることがらを正確に応用することをためらうにはおよばないとする考え方である．もう一つは，どんなことがらでも証明をした上でなければ応用することはできないとする考え方である．後者の考え方を守ろうとする人には，微分積分をこえてさらにルベック積分の学習にすすむことをおすすめしたい．

5. 定符号ではない一般の関数の場合

5. 定符号ではない一般の関数の場合　225

——いままでは，$f(x, y) \geq 0$ の場合についてであったが，関数が定符号でない関数の場合についてはどうなるものか．

f が定符号でない場合に対しては，f に対して f^+ および f^- を次のように定義する．

$$f^+(x, y) = f(x, y) \quad (f(x, y) \geq 0), \quad = 0 \quad (f(x, y) < 0);$$
$$f^-(x, y) = 0 \quad (f(x, y) \geq 0), \quad = -f(x, y) \quad (f(x, y) < 0)$$

f^+ および f^- が $\boldsymbol{R}^2$ で積分可能であるとき，f の $\boldsymbol{R}^2$ での積分は次のように定義される．

$$\iint_{\boldsymbol{R}^2} f(x, y) \, d(x, y) = \iint_{\boldsymbol{R}^2} f^+(x, y) \, d(x, y) - \iint_{\boldsymbol{R}^2} f^-(x, y) \, d(x, y)$$

いま，f が $\boldsymbol{R}^2$ で積分可能であるとすると，f^+ および f^- も積分可能で，$f^+(x, y) \geq 0$，$f^-(x, y) \geq 0$ となるから，関係式 (4) が f^+ および f^- に対して適用される．したがって，二つの関係式

$$\iint_{\boldsymbol{R}^2} f^+(x, y) \, d(x, y) = \int_{-\infty}^{\infty} \left(\int_{-\infty}^{\infty} f^+(x, y) \, dy \right) dx = \int_{-\infty}^{\infty} \left(\int_{-\infty}^{\infty} f^+(x, y) \, dx \right) dy \quad (4')$$

$$\iint_{\boldsymbol{R}^2} f^-(x, y) \, d(x, y) = \int_{-\infty}^{\infty} \left(\int_{-\infty}^{\infty} f^-(x, y) \, dy \right) dx = \int_{-\infty}^{\infty} \left(\int_{-\infty}^{\infty} f^-(x, y) \, dx \right) dy \quad (4'')$$

が成り立つ．(4') から (4'') を辺々引くと，f に対する関係式 (4) が導かれる．

ところで，f が定符号でない場合には，二つの累次積分 $\int_{-\infty}^{\infty} \left(\int_{-\infty}^{\infty} f(x, y) \, dy \right) dx$，および $\int_{-\infty}^{\infty} \left(\int_{-\infty}^{\infty} f(x, y) \, dx \right) dy$ がともに存在しても，関係式 (4) が成り立たないことはすでに知っている．しかし，$f(x, y) \geq 0$ の場合には，定理 A によって，二つの累次積分のいずれかが存在するとき，f は $\boldsymbol{R}^2$ で積分可能であって，関係式 (4) が成り立つのである．このことによって，f が定符号でない場合には，f の代わりに絶対値関数 $|f|$ をとって，二つの累次積分 $\left(\int_{-\infty}^{\infty} \left(\int_{-\infty}^{\infty} |f(x, y)| \, dy \right) dx, \int_{-\infty}^{\infty} \left(\int_{-\infty}^{\infty} |f(x, y)| \, dx \right) dy \right)$ のいずれかが存在するならば，$|f|$ は $\boldsymbol{R}^2$ で積分可能である．このことから，f は $\boldsymbol{R}^2$ で積分可能である．したがって，関係式 (4) が成り立つ．

これまでは，もっぱら $\boldsymbol{R}^2$ での積分について論じてきたのであるが，その他の広義の積分に対してもこれまでの推論は成り立つのである．

——ほかの数学書では，$\int_{-\infty}^{\infty} \int_{-\infty}^{\infty} f(x, y) \, dx \, dy$ などがよくみられるのであるが，わたくしたちの話にはいっこうに出てこなかった．どうしたものか．

数学の記号というものは，使っている人が予めはっきり定義してくれないと困る．たとえば

$$\int_{-\infty}^{\infty} e^{-x^2} dx \int_{-\infty}^{\infty} e^{-y^2} dy = \int_{-\infty}^{\infty} \int_{-\infty}^{\infty} e^{-x^2-y^2} dx \, dy = \int_{0}^{2\pi} \int_{0}^{\infty} e^{-r^2} r \, dr \, d\theta$$

という関係式を見ることがある．左半分からみると，累次積分の意味にもとれるが，右半分か

らみると，直角座標 x, y から極座標 r, θ に変換した関係式であるから，$\boldsymbol{R}^2$ での積分の意味にもとれる．幸にも結論が正しいから，人の目にもなんともうつらないようであるが，大へん気楽なしかも無責任な推論のしかたである．人によっては，$\int_{-\infty}^{\infty}\int_{-\infty}^{\infty} f(x, y)\, dx\, dy$ は $\boldsymbol{R}^2$ での積分 $\iint_{\boldsymbol{R}^2} f(x, y)\, d(x, y)$ の意味に使ってみるらしい――「らしい」というのは数学としては困ったことである――が，いつのまにか累次積分 $\int_{-\infty}^{\infty}\left(\int_{-\infty}^{\infty} f(x, y)\, dy\right) dx$ に変身してしまうらしい．大へんぶっそうなことである．こんなことでは，わたくしたちのしてきた話はむだみたいに思われるであろう．要するに，記号ははっきり定義して，その定義から脱線しないようにしてほしいということである．

25

2変数関数の幾何

2変数関数の微分積分は，解析的な側面だけから眺めて，はたして本来の姿をつかむことができるだろうか．図形的に，しかも素朴な目で眺めてみるべきではないか．

1. 表題の2変数関数の幾何の意味は

——この表題の「2変数関数の幾何」というのは，聞きなれない用語であるが，「2変数関数の幾何への応用」とはちがうものか．それとも，内容が同じでもニュアンスのちがいというものか．

同じものについて語ることもあるけれど，ものをみる観点のちがいということもある．「2変数関数の幾何への応用」ということは，一般的に考えられていることで，わざわざ述べ立てるにもおよばないと思われるけれど，2変数関数の微分積分をそのものとして研究して，その結果を幾何の研究に応用するというものである．これは，2変数関数の微分積分と幾何とをそれぞれ独立の分野として考えるもので，しばしば微分積分を図形的直観から独立に研究すべきであると考えることになり，そのあげくには，微分積分の基礎の抽象化にはしり，それはまったく実関数論（実解析学）化してしまう．そのためにかえって，微分積分の幾何への応用を困難にすることもあって，いわば分立主義のディレンマということになる．

「2変数関数の幾何」というのは，数・式と図形とを同一視する総合主義的な立場に立つ観点の現われである．I が数直線 $\boldsymbol{R}$ 上の区間を表わすとき，関数 $f: I \to \boldsymbol{R}$ に対してはそのグラフ $\{(x, y); x \in I, y=f(x)\}$ を対応させて考える．このグラフを同一記号 f で表わして，グラフ f とよぶこともある．関数 f の微分積分を考えるときは，それに対応してグラフ f の幾何を考えるわけである．このようなみ方は微分積分の素朴さをとらえる観点でもある．1変数関数の微分で，関数 f の点 a での微分係数 $f'(a)$ がグラフの点 $(a, f(a))$ での接線の傾きを与える，ということを述べていない教科書はないようであるけれど，大ていはそれだけに止まっている．しかし，わたくしたちの総合主義的な観点では，微分係数 $f'(a)$ を関係式

$$f(a+h)=f(a)+f'(a)h+o(h) \quad (h \to 0) \tag{1}$$

によってとらえることを怠らない．さらに，この関係式は関数値の近似を与える公式であるという純解析的な考察に終わらないで，点 $(a, f(a))$ での接線はグラフのこの点の近傍での第1次の近似であるという図形的な考察をも併行させるのである．このような考察は，微分係数の

幾何への応用をねらいとするばかりでなく，微分係数そのものの性質の研究とその展開という

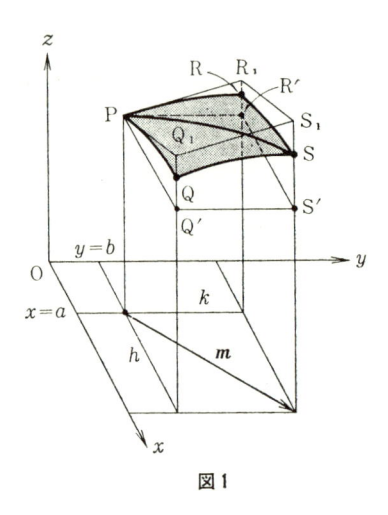

図1

ことをむしろ重点的なねらいとするものである．このような観点から2変数関数の微分積分を眺めることから，「2変数関数の幾何」という用語を使いたくなるわけである．

D は xy 平面 $\mathbf{R}^2$ での区分的になめらかな閉曲線によって囲まれた領域で，f は D で定義された関数とする．関数 f のグラフ $\{(x, y, z);(x, y)\in D, z=f(x, y)\}$ は， xyz 空間 $\mathbf{R}^3$ での部分集合でしばしば曲面 $z=f(x, y)$ $((x, y)\in D)$ とよばれている．D の内点 (a, b) での f の微分の幾何を考えてみることにしよう．微分係数 $f_x(a, b)$ および $f_y(a, b)$ がそれぞれグラフと平面 $y=b$ および平面 $x=a$ との交線の点 $(a, b, f(a, b))$ での接線の傾きを表わすことは，大ていの教科書に述べられている．しかし，これだけではグラフの状態についての情報があまりにも乏しいといわざるをえないであろう．次に，ベクトル $\boldsymbol{m}=(h, k)$ に沿っての方向微分係数

$$\frac{\partial f}{\partial \boldsymbol{m}}(a, b)=f_x(a, b)h+f_y(a, b)k$$

は，グラフと点 $(a, b, f(a, b))$ を通る平面 $\dfrac{x-a}{h}=\dfrac{y-b}{k}$ との交線の点 $(a, b, f(a, b))$ での接線の傾きを表わすのであるが，このことにふれている教科書はほとんどないのではなかろうと思われる．

2. グラフについての情報を与えるものは

——点 (a, b) での方向微分係数 $\dfrac{\partial f}{\partial \boldsymbol{m}}(a, b)$ がグラフの点 $(a, b, f(a, b))$ での状態についての情報を十分与えると考えられるか．

そう考えたいであろうが，実のところ，わたくしたちの素朴な図形的直観をさかなでするような反例があげられるであろう．たとえば，R^2 で定義された関数

$$f(x, y) = (\text{sgn } x)\sqrt{|xy|} \tag{2}$$

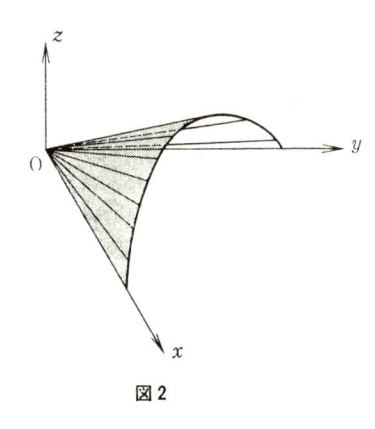

図2

の原点 $(0, 0)$ での状態を考えてみるとよい．ここに，sgn は符号関数で

$$\text{sgn } x = 1 \quad (x>0), \quad =0 \quad (x=0), \quad =-1 \quad (x<0) \tag{3}$$

のように定義されている．この関数の点 $(0, 0)$ でのベクトル $\boldsymbol{m} = (h, k)$ に沿っての方向微分係数は

$$\frac{\partial f}{\partial \boldsymbol{m}}(0, 0) = (\text{sgn } h)\sqrt{|hk|} \tag{4}$$

で，すべてのベクトル $\boldsymbol{m}$ に対して与えられる．グラフの点 $(0, 0)$ の近傍での状態は図2で示されるが，あるいは，頂角90度の直円錐——角45度をなす二つの半直線のうちの一方を軸として回転するとき，他方がえがく図形——を軸を含む平面で半裁した部分を，xy 平面 R^2 の第1象限 $(x>0, y>0)$ および第2象限 $(x<0, y>0)$ では凸面を上向きに，第3象限 $(x<0, y<0)$ および第4象限 $(x>0, y<0)$ では凸面を下向きにしてつなぎ合わせると，ほぼ似た状態をうかがい知ることができるであろう．ここにみられるグラフの状態は特異なものであって，わたくしたちの図形的直観の期待しているものではない．

——わたくしたちの図形的直観が期待しているものは具体的にはどのようなものか．また，それを表わすにはどのような微分を考えればよいのか．

それには，2変数関数の場合の関数値の近似を与える関係式，すなわち，全微分可能の関係式

$$f(a+h, b+k) - f(a, b) = f_x(a, b)h + f_y(a, b)k + o(\sqrt{h^2+k^2}) \quad (\sqrt{h^2+k^2} \to 0) \tag{5}$$

を思い出したらよいであろう．このとき，点 (a, b) の近傍では，すなわち，十分小さい $\sqrt{h^2+k^2}$ に対しては，近似関係式

$$f(a+h, b+k)-f(a,b) \fallingdotseq f_x(a,b)h+f_y(a,b)k \tag{6}$$

が成り立つ．ここで，$x=a+h$，$y=b+k$ とおくと，(5) は

$$f(x,y)-f(a,b) \fallingdotseq f_x(a,b)(x-a)+f_y(a,b)(y-b) \tag{6'}$$

ように表わされる．これはまた，$z=f(x,y)$，$c=f(a,b)$ とおくと，関数 f のグラフは点 (a,b) の近傍では，関係式

$$z-c=f_x(a,b)(x-a)+f_y(a,b)(y-b) \tag{7}$$

のグラフによって近似されることを示すものである．この関係式のグラフは点 (a,b,c) を通る平面である．この点を通り，この平面に垂直な直線，すなわち，この平面の点 (a,b,c) での**法線**の方向はいわゆる**法線ベクトル** $(f_x(a,b), f_y(a,b), -1)$ によって与えられる．平面 (7) は関数 f のグラフの点 (a,b,c) での**接平面**とよばれるものである．

関数 f のグラフと平面 $y=b$ との交線の点 (a,b,c) での接線は

$$z-c=f_x(a,b)(x-a), \quad y=b \tag{8}$$

で，平面 $x=a$ との交線の点 (a,b,c) での接線は

$$z-c=f_y(a,b)(y-b), \quad x=a \tag{9}$$

であって，ともに接平面 (7) に含まれる．$h \neq 0$，$k \neq 0$ のとき，点 (a,b,c) を通り，xy 平面に垂直な平面

$$\frac{x-a}{h}=\frac{y-b}{k} \tag{10}$$

と f のグラフとの交線の方程式は

$$x=a+th, \quad y=b+tk, \quad z=c+f(a+th, b+tk) \tag{11}$$

である．この交線の点 (a,b,c) の接線の方向を表わす方向ベクトルは，$\boldsymbol{m}=(h,k)$ とおくと，$\left(h, k, \dfrac{\partial f}{\partial \boldsymbol{m}}(a,b)\right)$ であるから，接線の方程式は

$$x=a+th, \quad y=b+tk, \quad z=c+f_x(a,b)th+f_y(a,b)tk \tag{12}$$

であって，関係式 (7) を満足する．したがって，接線 (12) は平面 (7) に含まれる．平面 (7) はグラフの点 (a,b,c) でのあらゆる方向の接線を含むという意味で接平面とよばれることであろう．

3. 接平面の具体的意味は

——関数 f のグラフ上の点 (a,b,c) での接平面 (7) は xy 平面に垂直な平面とグラフとの交線 (11) の点 (a,b,c) での接線を含むことはわかったが，少し意地悪な質問となるけれど，点 (a,b,c) を通るグラフ上の任意の空間曲線をとっても，同じことが成り立つものか．

任意の空間曲線といっても，この空間曲線が点 (a,b,c) で接線をもつことは必要であるが，この接線の向きを与える方向ベクトルが法線ベクトル $(f_x(a,b), f_y(a,b), -1)$ に垂直である

かどうかを調べればよいことになるであろう．いま，この空間曲線を xy 平面に正射影して得られる曲線の方程式を

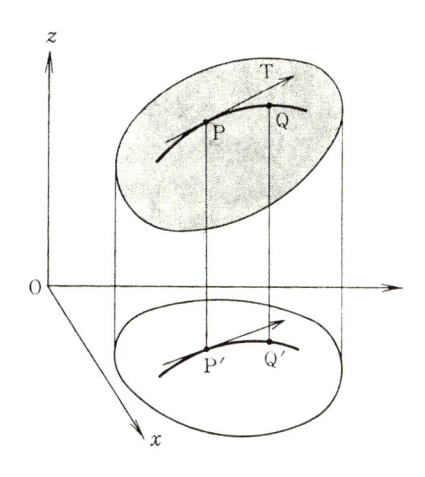

$$x=\varphi(t), \quad y=\psi(t) \tag{13}$$

とし，$a=\varphi(0), b=\psi(0)$ とする．そうすると，この空間曲線上の点の z 座標は

$$z=f(x,y)=f(\varphi(t),\psi(t))$$

である．点 (a,b,c) をPとし，点 $(x,y,z)=(\varphi(t),\psi(t),f(\varphi(t),\psi(t)))$ をQとする（図3）．ベクトル $\overrightarrow{PQ}$ は

$$(x-a, y-b, z-c)=(\varphi(t)-\varphi(0), \psi(t)-\psi(0), f(\varphi(t),\psi(t))-f(\varphi(0),\psi(0)))$$

で，ベクトル

$$\left(\frac{\varphi(t)-\varphi(0)}{t}, \frac{\psi(t)-\psi(0)}{t}, \frac{f(\varphi(t),\psi(t))-f(\varphi(0),\psi(0))}{t}\right) \tag{14}$$

に平行である．このベクトルの $t\to 0$ のときの極限が空間曲線の点 $P(a,b,c)$ での接線ベクトルである．ところで

$$\lim_{t\to 0}\frac{\varphi(t)-\varphi(0)}{t}=\varphi'(0), \quad \lim_{t\to 0}\frac{\psi(t)-\psi(0)}{t}=\psi'(0)$$

であるから，極限 $\displaystyle\lim_{t\to 0}\frac{f(\varphi(t),\psi(t))-f(\varphi(0),\psi(0))}{t}$ を調べればよい．定義により

$$\varphi(t)=\varphi(0)+t\varphi'(0)+o(t) \quad (t\to 0), \qquad \psi(t)=\psi(0)+t\psi'(0)+o(t) \quad (t\to 0)$$

となるから

$$f(\varphi(t),\psi(t))-f(\varphi(0),\psi(0))$$
$$=f(\varphi(0)+t\varphi'(0)+o(t),\ \psi(0)+t\psi'(0)+o(t))-f(\varphi(0),\psi(0))$$
$$=f_x(\varphi(0),\ \psi(0))(t\varphi'(0)+o(t))+f_y(\varphi(0),\ \psi(0))(t\psi'(0)+o(t))+o(t)$$
$$=f_x(\varphi(0),\psi(0))t\varphi'(0)+f_y(\varphi(0),\psi(0))t\psi'(0)+o(t) \qquad (t\to 0)$$

となるから

$$\lim_{t\to 0}\frac{f(\phi(t),\varphi(t))-f(\varphi(0),\psi(0))}{t}=f_x(\varphi(0),\psi(0))\varphi'(0)+f_y(\varphi(0),\psi(0))\psi'(0) \quad (15)$$

となる．問題の接線ベクトルは

$$(\varphi'(0),\psi'(0),f_x(a,b)\varphi'(0)+f_y(a,b)\psi'(0))$$

である．ところで，法線ベクトルは

$$(f_x(a,b),f_y(a,b),-1)$$

であるから，この接線ベクトルとこの法線ベクトルとの内積は0であることは明らかである．したがって，問題の接線ベクトルに垂直である．ゆえに，接平面は問題の空間曲線の接線を含むことになる．

——ちょっと気になることであるが，関係式(15)は2変数関数の場合の合成関数の微分公式からすぐわかるのに，わざわざ導き出してみせるのはどういうつもりか．また，話の中にやたらにベクトルが出てくるが，いったい微分積分をやっているのか，幾何をやっているのか区別がわからなくなるのであるが．

やたらに公式を使いまわさなくとも，2変数関数の全微分可能の条件からすぐ導き出せることを示すつもりでもある．それから，わたくしたちの当面の関心は「2変数関数の幾何」にあるので，微分積分 only とか幾何 only とかははるかに関心の外にあることを思い出してもらいたい．

4. 曲面の曲面積は内接多面体の表面積の極限とならない

——曲線弧の長さの定義の場合には，弧上に角点をもつ折線——おうざっぱないい方をするならば，弧に内接する折線——をとって，折線の長さの極限をもって曲線弧の長さと定義している．同じようにして，曲面の曲面積を内接する多面体——これもおうざっぱな表現であるが——の表面積の極限として定義することも考えられるはずである．ところが，そう定義した教科書を見たことがない．どうしたことか．

そういう疑念は無理のないことであろう．殊に，2変数関数の微分積分を1変数関数の微分積分と同じようにしてみてゆこうとする，わたくしたちの立場からすると，曲面の曲面積の定義を曲線弧の長さの定義に併合させて考えたいということは自然的であろう．ところが，19世紀後半のころ，シュワルツがそうはゆかないという次の反例をあげてしまったのである．[たと

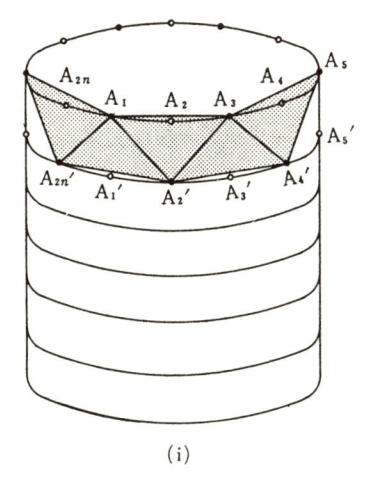

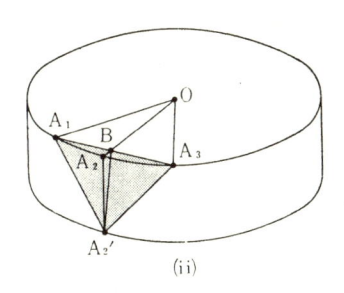

4. 曲面の曲面積は，内接多面体の表面積の極限とならない **233**

(i)　(ii)

図 4

えば，藤原松三郎，微分積分学 II，内田老鶴圃，昭和14年，295〜297ページ]

　半径 a の円を底線とし，高さが h である直円柱面の側面積を考えよう．この側面積は，この円柱面を底円(底線となる円)に垂直な母線に沿って切り開くと，横 $2\pi a$，たて h の長方形に展開することができるから，$2\pi ah$ に等しいことがわかるであろう．いま，高さ h を $2m$ 等分して，底円に平行な平面で $2m$ 個の小円柱面に分割する．次に，分割された切口の円の周を共通に $2n$ 等分する．共通に $2n$ 等分するとは，切口の各小円の分割点がすべて $2n$ 個の円柱面の共通母線上にあるようにという意味である．二つの隣り合っている上下の切口の小円の同一母線上の分割点をそれぞれ順次に

$$A_1, A_2, A_3, \cdots, A_{2n} \text{ および } A_1', A_2', A_3', \cdots, A_{2n}'$$

とするとき，たとえば，三角形を

$$A_1A_2'A_3,\ A_2'A_3A_4',\ A_3A_4'A_5,\ \cdots,\ A_{2n}'A_1A_2'$$

のようにつくる．このような三角形からなる多面体は円柱面に内接する多面体である（このような多面体にわりに似た実物としては，むかしからあるちょうちんを思い出してみるとよいであろう）．

　三角形 $A_1A_2'A_3$ の面積を計算するために，上の円の中心をOとし，半径 OA_2 と弦 A_1A_3 との交点をBとすると，$OA_2 \perp A_1A_3$ かつBは弦 A_1A_3 の中点である．$A_2'A_1 = A_2'A_3$ となるから，三角形 $A_1A_2'A_3$ は二等辺三角形であって，したがって，$A_2'B \perp A_1A_3$．このことから三角形 $A_1A_2'A_3$ の面積は

$$\triangle A_1A_2'A_3 = \frac{1}{2} A_1A_3 \cdot A_2'B = A_1B \cdot A_2'B$$

となる．ところで，$A_1B \perp OB$ となるから

$$A_1B = OA_1 \sin \angle A_1OA_2 = a \sin \frac{2\pi}{2n} = a \sin \frac{\pi}{n}$$

また，$OA_2 \perp A_2A_2'$ となるから

$$A_2'B = \sqrt{A_2A_2'^2 + A_2B^2} = \sqrt{A_2A_2'^2 + (OA_2 - OB)^2}$$

$$= \sqrt{\left(\frac{h}{2m}\right)^2 + (a - a\cos\angle A_1OA_2)^2} = \sqrt{\left(\frac{h}{2m}\right)^2 + a^2\left(1 - \cos\frac{\pi}{n}\right)^2}$$

$$= \sqrt{\frac{h^2}{4m^2} + 4a^2 \sin^4 \frac{\pi}{2n}}$$

となり，三角形 $A_1A_2'A_3$ の面積は

$$\triangle A_1A_2'A_3 = a \sin \frac{\pi}{n} \sqrt{\frac{h^2}{4m^2} + 4a^2 \sin^4 \frac{\pi}{2n}}$$

である．したがって，内接多面体は $4mn$ 個の合同な三角形からなるから，この面積は

$$S_{mn} = 2na \sin \frac{\pi}{n} \sqrt{h^2 + 16a^2m^2 \sin^4 \frac{\pi}{2n}}$$

である．ここで，m, n を限りなく大きくしてゆくのであるが，いま，$k = m/n^2$ を一定にして，m, n を限りなく大きくすることを考えてみよう．そうすると

$$S_{mn} = 2an \sin \frac{\pi}{n} \sqrt{h^2 + a^2 \left(2n \sin \frac{\pi}{2n}\right)^4 k^2}$$

となり

$$\lim_{n \to \infty} n \sin \frac{\pi}{n} = \lim_{n \to \infty} \pi \cdot \frac{\sin(\pi/n)}{\pi/n} = \pi$$

となるから

$$\lim_{n \to \infty} S_{mn} = 2a\pi \sqrt{h^2 + \pi^4 a^2 k^2} \tag{16}$$

となる．

ところで，(16) の右辺は k の値のとり方によっては，$2\pi ah$ より大きいどんな値にでもなりうるものである．それでは円柱面の側面積は内接多面体の面積の極限として定義されないことが明らかにされたわけである．

5. 曲線弧の長さの定義と曲面の曲面積の定義の統合

——反例についてはよくわかったが，曲線弧の長さが内接の折線の長さの極限として定義されたのに，どうして曲面の曲面積が内接の多面体の表面積の極限として定義されないのか．どのような根拠が内在しているのか．

曲面の曲面積が曲線弧の長さと同じように取り扱えると考えるのは，曲線弧の場合からの漠然とした惰性やあらっぽい感じに思考を委ねているからといえるであろう．それはとてもわた

5. 曲線弧の長さの定義と曲面の曲面積の定義の統合 235

くしたちのいうところの素朴な直観に基づくものといえる代物ではない. 数学での定義は研究者の任意の選択に任されるという考え方もある. これもたしかに数学としては意義のある観点であろう. しかし，現実的な応用に接触する場面では，その選択にもなんらかの根拠が要請されねばならないであろう.

曲線弧の長さが内接の折線の長さの極限として定義されるのは，曲線弧が内接の折線によっていくらでも近似されるからであるというであろう. そして，同じように曲面が内接の多面体によっていくらでも近似されると考えたいのであろう. いかにも，閉曲線によって囲まれた平面部分の面積や閉曲面によって囲まれた立体部分の体積の場合ならば，このような「近似」のアイデアは「幸にも」有効であったのである. それだからとて，曲線弧の長さや曲面の曲面積の場合にも，同じような「近似」のアイデアを適用してもよいと考えることは，一応 反省・検討 すべきである. 曲線弧の長さや曲面の曲面積のような曲線弧や曲面に固有な計量や特質が内接の折線や内接の多面体の計量や特質によっていくらでも近似されるということは，はたして立証しうるものかまたは容易に数学的に保証しうるものか，ということはなおざりにしてよいものではないであろう.

——問題は，曲線弧の長さや曲面の曲面積の定義のためには，どのような「近似」を採り入れたらよいかということになるが，もっと具体的に説明してほしいところである.

それには，わたくしたちの「2変数関数の幾何」という観念を思い出してもらわねばならない. 1変数関数の場合，点aでの微分係数 $f'(a)$ の定義から，関数fのグラフの点 $(a, f(a))$ での近傍では，グラフは点 $(a, f(a))$ での接線によって近似されることが導かれる. このことから，曲線弧の長さを，曲線弧の微小部分の代わりに，近似の接線部分をとって，これら接線部分の長さの和の極限として定義すべきことは別のところで詳説しておいた. 2変数関数の場合，点 (a, b) での全微分可能の 定義から，関数 f のグラフ $\{(x, y, z); (x, y) \in D, z=f(x, y)\}$ の

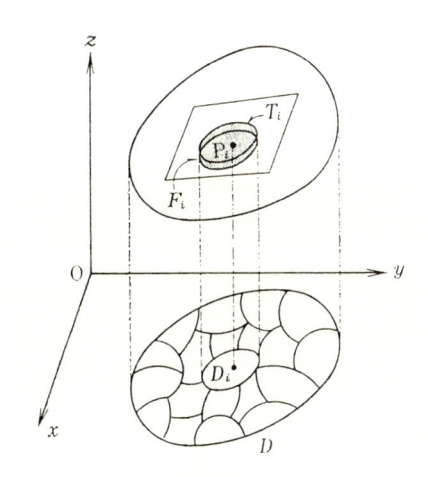

図5

点 $(a, b, f(a, b))$ での近傍では，グラフは点 $(a, b, f(a, b))$ での接平面によって近似されることを知っている．このことから，グラフの曲面を，グラフの微小部分の代わりに，近似の接平面部分をとって，これら接平面部分の面積の和の極限として定義することは自然のことであろう．話をもっと具体的にしよう．グラフを微小部分に分割するために，関数 f の定義域 D を有限個の有界閉領域 $D_1, D_2, \cdots, D_n$ に分割する．この分割は重積分の定義の場合とまったく同じである．D_i に対応するグラフの部分 $\{(x, y, z) ; (x, y) \in D_i, z = f(x, y)\}$ を F_i で表わすと，$F_1, F_2, \cdots, F_n$ がグラフの分割である．F_i 上の任意の点 P_i での接平面の D_i に対応する部分を T_i とし，その面積を $|T_i|$ で表わす．分割を限りなく細かにしてゆくときの和 $\sum_{i=1}^{n} |T_i|$ の極限

$$\lim \sum_{i=1}^{n} |T_i| \tag{17}$$

をもってグラフの曲面積を定義することになる．さらに，接平面部分 T_i が xy 平面となす正の角の小さいほうを γ_i とすると，T_i の面積 $|T_i|$ と D_i の面積 $|D_i|$ との間には，関係式

$$|T_i| = \frac{1}{\cos \gamma_i} |D_i|$$

が成り立つことが導かれる．そうすると，グラフの曲面積は

$$\lim \sum_{i=1}^{n} \frac{1}{\cos \gamma_i} |D_i| \tag{18}$$

によって与えられる．これから先はどの教科書にもあることである．

26 線積分

線積分はたいていの微分積分の教科書には述べられているが，初学者にとっては，なんとなくよそ者にはいりこまれたような感じがしてならないようである．

1. 線積分はなんのために導入されたか

——線積分というものはなんとなくなじめないものである．**グリーン**(G. Green) **の定理**の公式

$$\int_C (P\,dx + Q\,dy) = \iint_D \left(\frac{\partial Q}{\partial x} - \frac{\partial P}{\partial y}\right) dx\,dy \tag{1}$$

で，左辺の積分に二つの積分変数 dx と dy とが同居しているのはどういう意味なのか．また，どうしてこのようなものを導入するようになったのか．この点については，教科書はいっこうにふれていない．

なじめないというのも無理からぬことであろう．数学の書物というものは，とかく整理された形のものからはじめたがるものである．整理された形のものについて定義し，そして演えきしてゆくと，すっきりしていて，簡潔に事がすむというわけである．大学の講義もそうなりがちであるが，そのために初学者にとってはなじめないものになってしまうわけである．線積分はもともと物理的問題の必要から考えられたものであろうから，話を物理的問題にまで引きもどしてみなければならないであろう．

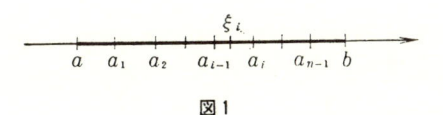

図1

簡単な例示からはじめよう．一直線上にある連続体の物体の広がりの区間を $[a, b]$ とする（図1）．この物体の各点 x での密度を $f(x)$ とするとき，この連続体の質量を考えてみることにする．それには，区間 $[a, b]$ を分点

$$a(=a_0) < a_1 < a_2 < \cdots < a_{n-1} < (a_n =)b \tag{2}$$

によって分割し，この分割を記号 Δ で表わす．この分割で得られた各小区間 $[a_{i-1}, a_i]$ に点 ξ_i をとり，和

$$S(\Delta) = \sum_{i=1}^{n} f(\xi_i)(a_i - a_{i-1}) \tag{3}$$

をつくる．分割 Δ を限りなく細かにしてゆくときの和 $S(\Delta)$ の極限によって連続体の質量が与えられる．そして，この極限が定積分

$$\int_a^b f(x)\, dx \tag{4}$$

であることは周知のとおりである．

次には，連続体が平面曲線となっている場合の質量を考えることにしよう．このときの曲線を C で表わし，端点を A, B とする．曲線 C 上に順次に点

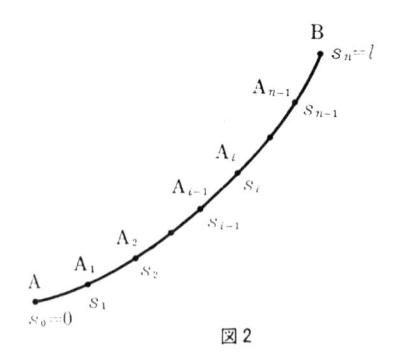

図 2

$$A(=A_0),\ A_1,\ A_2,\ \cdots,\ A_{n-1},\ (A_n=)B \tag{5}$$

をとって，曲線 C を分割し，この分割を記号 Δ で表わす．端点 A から曲線 C 上の任意の点までの長さを記号 s で表わし，特に，点 $A_0, A_1, A_2, \cdots, A_{n-1}, (A_n=)B$ までの長さをそれぞれ

$$s_0(=0),\ s_1,\ s_2,\ \cdots,\ s_{n-1},\ (s_n=)l \tag{6}$$

で表わす．曲線上の点 (x, y) での連続体の密度を $f(x, y)$ で表わす．分点 (5) によって分割された各小曲線弧 $A_{i-1}A_i$ 上に点 (ξ_i, η_i) をとり，和

$$S(\Delta) = \sum_{i=1}^{n} f(\xi_i, \eta_i)(s_i - s_{i-1}) \tag{7}$$

をつくり，分割 Δ を限りなく細かにしてゆくときの和 $S(\Delta)$ の極限によって連続体の質量が与えられる．このときの極限を関数 $f(x, y)$ の曲線 C に沿っての**線積分**といい，記号

$$\int_C f(x, y)\, ds \tag{8}$$

で表わすことにする．ここで，$f(x,y)$ は密度と限らず，他の物理量であってもよい．このように定義するならば，線積分という呼び名も中味のある実体を思い浮べさせるにふさわしいであろう．

2. いくつもの線積分のあるわけは

——(8)を線積分とよぶことは理解できるけれども，最初にあげたグリーンの定理の公式(1)の左辺の線積分とは余りにも似合わないもので，まったくの別物という印象が与えられるのである．どうしたものか．

それには，公式(1)の左辺の線積分の定義を述べることにしよう．曲線 C の端点 A, B の x 座標をそれぞれ a, b とし，分割 $\varDelta$ の分点

$$A(=A_0), A_1, A_2, \cdots, A_{n-1}, (A_n=)B \tag{5}$$

の x 座標をそれぞれ

$$a(=a_0), a_1, a_2, \cdots, a_{n-1}, (a_n=)b \tag{9}$$

とする．分点(5)によって分割された各小曲線弧 $A_{i-1}A_i$ 上に点 (ξ_i, η_i) をとり，和

$$S_x(\varDelta) = \sum_{i=1}^{n} f(\xi_i, \eta_i)(a_i - a_{i-1}) \tag{10}$$

をつくり，分割 $\varDelta$ を限りなく細かにしてゆくときの和 $S_x(\varDelta)$ の極限 $\lim S_x(\varDelta)$ をもって，関数 f の曲線 C に沿っての x に関する線積分といい，記号

$$\int_C f(x, y)\, dx \tag{11}$$

で表わす．同じようにして，端点 A, B の y 座標をそれぞれ c, d とし，分割 $\varDelta$ の分点(5)の y 座標をそれぞれ

$$c(=c_0), c_1, c_2, \cdots, c_{n-1}, (c_n=)d \tag{12}$$

とする．同じようにして，和

$$S_y(\varDelta) = \sum_{i=1}^{n} f(\xi_i, \eta_i)(c_i - c_{i-1}) \tag{13}$$

をつくり，分割 $\varDelta$ を限りなく細かにしてゆくときの和 $S_y(\varDelta)$ の極限 $\lim S_y(\varDelta)$ をもって，関数 f の曲線 C に沿っての y に関する線積分といい，記号

$$\int_C f(x, y)\, dy \tag{14}$$

で表わす．表現の多少のちがいはあるけれど，これがふつうの教科書にある線積分の定義であろう．

——個々の定義は理解しにくいことはないけれども，いくつもの線積分の定義をあげられると，混乱をおこしてしまって困るのであるが…

そのことについては，最初に定義した線積分(8)にすべてが統合されることをみてゆくことにしよう．曲線 C 上の点の座標 (x, y) は曲線の端点Aからの長さ s の関数となるから，x, y は

$$x=\varphi(s), \quad y=\psi(s), \quad 0\leq s\leq l \tag{15}$$

のように表わされる．そうすると，分割 Δ の分点 A_i の x 座標, y 座標の a_i, b_i は

$$a_i=\varphi(s_i), \quad b_i=\psi(s_i), \quad i=0,1,2,\cdots,n \tag{16}$$

のように表わされる．したがって

$$a_i-a_{i-1}=\varphi(s_i)-\varphi(s_{i-1})=\varphi'(\tau_i)(s_i-s_{i-1}), \quad s_{i-1}<\tau_i<s_i \tag{17}$$

となる．このことから和 $S_x(\Delta)$ は

$$S_x(\Delta)=\sum_{i=1}^{n} f(\xi_i,\eta_i)\varphi'(\tau_i)(s_i-s_{i-1})$$

となる．ところで，小曲線弧 $A_{i-1}A_i$ 上の点 (ξ_i,η_i) は任意であるから

$$\xi_i=\varphi(\tau_i), \quad \eta_i=\psi(\tau_i)$$

のようにとることができる．したがって，和 $S_x(\Delta)$ は

$$S_x(\Delta)=\sum_{i=1}^{n} f(\varphi(\tau_i),\psi(\tau_i))\varphi'(\tau_i)(s_i-s_{i-1}), \quad s_{i-1}<\tau_i<s_i \tag{18}$$

となり，分割 Δ を限りなく細かくしてゆくときの $S_x(\Delta)$ の極限

$$\lim S_x(\Delta)=\lim \sum_{i=1}^{n} f(\varphi(\tau_i),\psi(\tau_i))\varphi'(\tau_i)(s_i-s_{i-1})$$

は

$$\int_0^l f(\varphi(s),\psi(s))\varphi'(s)\,ds=\int_C f(x,y)\frac{dx}{ds}\,ds$$

となる．このことによって，関数 f の曲線 C に沿っての x に関する線積分は

$$\int_C f(x,y)\,dx=\int_C f(x,y)\frac{dx}{ds}\,ds \tag{19}$$

のように表わされて，関数 $f\dfrac{dx}{ds}$ の曲線 C に沿っての線積分——最初に定義した線積分(8)——として表わされる．同じようにして，関数 f の曲線 C に沿っての y に関する線積分は

$$\int_C f(x,y)\,dx=\int_C f(x,y)\frac{dy}{ds}\,ds \tag{20}$$

のように，関数 $f\dfrac{dy}{ds}$ の曲線 C に沿っての線積分として表わされる．

ここで結論できることは，関数 f の曲線 C に沿っての線積分を(8)のように定義し，それから関数 f の曲線 C に沿っての x および y に関する線積分を(19)および(20)によって定義することができるということである．このような定義の立場をとる著者もいるわけである．

3. 線積分するときの曲線 C の向きは

——多くの教科書では，関数 f の曲線 C に沿っての x に関する線積分(11)および y に関する

線積分(14)は，Cの反対向きにとると符号が変わるとあるが，線積分(8)についても同じことがらが成り立つものか．

このことを調べてみるには，曲線Cを分割するとき，分点を

$$B(=B_0), B_1, B_2, \cdots, B_{n-1}, (B_n=)A \tag{5'}$$

のように名づけてみることにし，端点Bからの点 $B(=B_0), B_1, B_2, \cdots, B_{n-1}, (B_n=)A$ までの長さをそれぞれ

$$s_0(=0), s_1, s_2, \cdots, s_{n-1}, (s_n=l) \tag{6'}$$

で表わす．分点(5')によって分割された各小曲線弧 $B_{j-1}B_j$ 上に点 (ξ_j, η_j) をとり，和

$$S'(\Delta) = \sum_{j=1}^{n} f(\xi_j, \eta_j)(s_j - s_{j-1}) \tag{7'}$$

をつくると，これは実質的には(7)にまったく一致する．したがって，分割Δを限りなく細かくしてゆくときのその(7')の極限は(7)の極限に一致する．このことによって，同一の線積分に帰着することがわかる．

ここで，後の話のつごうのために，曲線Cについての記号の規約を設けることする．曲線Cを端点Aから端点Bへとって考えるとき，これを記号Cで表わし，曲線Cを端点Bから端点Aへとって考えるとき，これを**C**の**反対向き**であるといい，記号 $-C$ で表わすことにしよう．そこで，和(7)および和(7')の極限としての線積分をそれぞれ記号

$$\int_C f(x, y)\, ds \quad \text{および} \quad \int_{-C} f(x, y)\, ds$$

で表わすことにすると，上に得られたことがらは

$$\int_C f(x, y)\, ds = \int_{-C} f(x, y)\, ds \tag{21}$$

で表わされる．

——この関係式はしごくあたりまえの，とりとめもない (trivial) ことではないか．

いかにも trivial であるといえるかもしれない．しかし，これも trivial でないことがらを引きだすためのものである．関数fの曲線Cに沿っての——端点AからBへの——線積分については，すでに知られたように，関係式

$$\int_C f(x, y)\, dx = \int_C f(x, y) \frac{dx}{ds}\, ds \tag{19}$$

が成り立っている．次に，関数 $-C$ に沿っての——端点Bから端点Aへの——線積分については，同じように，関係式

$$\int_{-C} f(x, y)\, dx = \int_{-C} f(x, y) \frac{dx}{ds}\, ds \tag{22}$$

が成り立つ．こう書いてみると，関係式(19)の右辺と関係式(22)の右辺とは，関係式(21)によって，等しいと結論されかねないであろう．しかし，よく調べてみると，x, y は両者に共通で

あっても，端点からの長さ s は共通ではありえないことに気づくであろう．端点Aからの長さを s で表わすとして，端点Bからの長さを $\hat{s}$ で表わすとすると，関係式(22)は

$$\int_{-C} f(x, y) \, dx = \int_{-C} f(x, y) \frac{dx}{d\hat{s}} \, d\hat{s} \tag{22'}$$

のように表わされる．ところで，$\hat{s} = l - s$ という関係により，関係式

$$\frac{dx}{d\hat{s}} = \frac{dx}{ds} \frac{ds}{d\hat{s}} = -\frac{dx}{ds}$$

が成り立つから，関係式(22')は

$$\int_{-C} f(x, y) \, dx = -\int_{-C} f(x, y) \frac{dx}{ds} \, d\hat{s} \tag{22''}$$

となる．こうしてみると，関係式(19)の右辺の積分の被積分関数と関係式(22'')の右辺の積分の被積分関数は一致するから，両者の積分は等しくなる(関係式(21)の各辺の積分の ds は $d\hat{s}$ に書き改めてみたらよい)．ここで，関係式

$$\int_{-C} f(x, y) \, dx = -\int_{C} f(x, y) \, dx \tag{23}$$

が得られる．同じようにして，y に関しての線積分についても，同じ形式の関係式

$$\int_{-C} f(x, y) \, dy = -\int_{C} f(x, y) \, dy \tag{24}$$

が成り立つことが導かれるであろう．

4. グリーンの定理の公式(1)に対する違和感

——話がもとにもどることになるが，グリーンの定理の公式(1)に現われている二つの関数 P, Q は互には関係がない．この公式の証明は，二つの独立な公式

$$\int_{C} P \, dx = -\iint_{D} \frac{\partial P}{\partial y} \, dx \, dy \tag{25}$$

$$\int_{C} Q \, dy = \iint_{D} \frac{\partial Q}{\partial x} \, dx \, dy \tag{26}$$

の証明から成り立っている．公式(1)をかかげる代わりに，公式(25)および(26)をかかげないのは，どうしたわけなのかいっこうに納得がゆかない．

納得がゆかないということは同感である．初学者が必ず出会う違和感の一つである．この点に関しては，数学書はなにも教えてくれないし，また，大学の講義の多くも同じことであろう．このようなことは，線積分の定義を x に関する線積分(11)および y に関する線積分(14)の定義からはじまる流儀からくる必然の結果というよりほかはないことかもしれない．

そこで，わたくしたちとしては，二つの公式

$$\int_{C} f(x, y) \, dx = \int_{C} f(x, y) \frac{dx}{ds} \, ds \tag{19}$$

4. グリーンの定理の公式(1)に対する違和感

$$\int_C f(x,y)\,dy = \int_C f(x,y)\frac{dy}{ds}\,ds \tag{20}$$

を引き合いに出して調べてみることにしよう．ここで，$\dfrac{dx}{ds}, \dfrac{dy}{ds}$ については，関係式

$$\left(\frac{dx}{ds}\right)^2 + \left(\frac{dy}{ds}\right)^2 = 1 \tag{27}$$

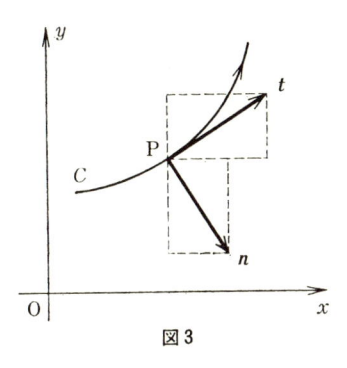

図 3

が成り立つもので，曲線 C 上の点 $P(x,y)$ での単位接線ベクトル $\boldsymbol{t}$ の成分に等しい（ベクトル $\boldsymbol{t}$ の向きは s の増加する向きにとる）．したがって，$\boldsymbol{t} = \left(\dfrac{dx}{ds}, \dfrac{dy}{ds}\right)$ となる．点 P での単位法線ベクトル $\boldsymbol{n} = (n_1, n_2)$ は，組 $(\boldsymbol{n}, \boldsymbol{t})$ が座標軸の組 (x, y) と同じ向き関係をもつようにとるものとする（図3）．そうすると，関係式

$$n_1 = \frac{dy}{ds}, \quad n_2 = -\frac{dx}{ds} \tag{28}$$

が成り立つことが導かれるであろう．このことから，関係式 (19), (20) は

$$\int_C f(x,y)\,dx = -\int_C f(x,y) n_2\,ds \tag{19'}$$

$$\int_C f(x,y)\,dy = \int_C f(x,y) n_1\,ds \tag{20'}$$

に変形される．

ここで，グリーンの定理の公式(1)にもどることになるのであるが，領域 D が閉曲線 C によって囲まれているとするとき，C の長さを測る向きが領域 D を左側にみる向きにとられる場合，C は **正の向き** であるといい，このときの C を記号 $\underset{\sim}{C}$ で表わす（図4）．C の正の向きの反対を C の **負の向き** といい，このときの C を $\underset{\sim}{C}$ で表わす．公式(1)での関数 P, Q を改めてそれぞれ記号 P_2, P_1 で表わすと，公式(26)および(25)は，関係式 (19') および (20') により

$$\int_C P_1(x,y) n_1\,ds = \iint_D \frac{\partial P_1}{\partial x}(x,y)\,d(x,y) \tag{27}$$

$$\int_C P_2(x,y)n_2 \, ds = \iint_D \frac{\partial P_2}{\partial y}(x,y) \, d(x,y) \tag{28}$$

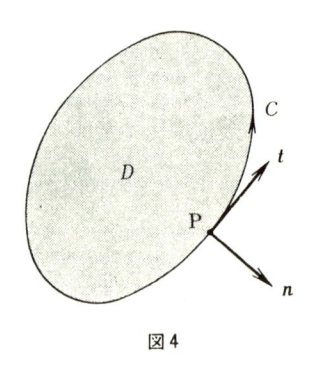

図4

のように書き改められる．このような書き改めに従うと，公式 (1) は，少しく簡略した表現をとると

$$\int_C (P_1 n_1 + P_2 n_2) \, ds = \iint_D \left(\frac{\partial P_1}{\partial x} + \frac{\partial P_2}{\partial y} \right) d(x,y) \tag{29}$$

のように書き改められる．ここで，さらに，P_1, P_2 を成分とするベクトル値関数を $\boldsymbol{P}$ とすると，すなわち，$\boldsymbol{P}=(P_1, P_2)$ とすると，公式 (29) は

$$\int_C \boldsymbol{P} \cdot \boldsymbol{n} \, ds = \iint_D \left(\frac{\partial P_1}{\partial x} + \frac{\partial P_2}{\partial y} \right) d(x,y) \tag{30}$$

のように書き改められる．ここで，左辺の積分の被積分関数はベクトル値関数 $\boldsymbol{P}$ と単位法線ベクトル $\boldsymbol{n}$ との内積で，右辺の積分の被積分関数はベクトル値関数 $\boldsymbol{P}$ の x 成分および y 成分のそれぞれ x および y についての導関数の和である．いずれにしても，左辺および右辺の積分の被積分関数は「一つ」のベクトル値関数 $\boldsymbol{P}$ に関するものである．

5. 微分積分のベクトル化には

　——公式 (30) を見ると，公式 (1) に対して抱いていたような違和感が失せてきたが，ただなんとなく話をはぐらかされたような感じがする．微分積分の話のつもりがいつのまにかベクトル解析の話に移り変ってしまったように思われてならない．

　微分積分の対象が実数値関数に限ると考えるという考え方に問題がある．半世紀前ごろには，ベクトルは一般の数学の対象となっていなかったので，公式 (30) はベクトル解析の問題であって，数学の問題でないと考えられていた．ところが，このごろでは，ベクトルは高等学校数学の教材にまでなっている．それどころではない，いつかは中学校数学にも形を変えて採り入れられるだろうと予測される．このようなわけで，ベクトルが微分積分の中にはいりこむことは

自然的なことであろう．公式(30)はもともとベクトル解析の公式であったろうけれど，微分積分の公式として採り入れてもいっこうさしつかえないであろう．

もし，公式(30)の形式の公式は微分積分の中に採り入れたくないとするならば，公式(1)を受容れることになるよりほかはないであろう．しかし，公式(1)の不自然さはすでに指摘されたとおりであって，つきつめると，すでにあげた二つの独立の公式

$$\int_C P \, dx = -\iint_D \frac{\partial P}{\partial x} \, dx \, dy \tag{25}$$

$$\int_C Q \, dy = \iint_D \frac{\partial Q}{\partial y} \, dx \, dy \tag{26}$$

をかかげることになるであろう．このことがらがすでにひっかかりであったわけである．このような考え方ではベクトルをやたらに成分に分解したり，複素数をすぐに実数部と虚数部に分解したりしたがるわけである．このような考え方自体は逆コースというべきものである．わたくしたちの行くべき方向は，バラバラの成分に分解して考えるというのでなく，バラバラと思われたものを有機的に統合して考えるという，いまの場合ならば，**ベクトル化**してゆくことにある．

ベクトル化の目で公式(30)をもう一度眺め直してみると，右辺の積分の被積分関数が気になることであろう．空間ベクトルに対するベクトル解析での発散という用語と記号 div を借用してみることにしよう．ベクトル値関数 $\boldsymbol{P}(x,y) = (P_1(x,y), P_2(x,y))$ について，x 成分 $P_1(x,y)$ の x に関する偏導関数 $\frac{\partial P_1}{\partial x}(x,y)$ と y 成分 $P_2(x,y)$ の y に関する偏導関数 $\frac{\partial P_2}{\partial y}(x,y)$ との和を $\boldsymbol{P}(x,y)$ の**発散**ということにして，記号 div $\boldsymbol{P}(x,y)$ で表わすことにしよう（div は divergence「発散」の略）．

$$\operatorname{div} \boldsymbol{P}(x,y) = \frac{\partial P_1}{\partial x}(x,y) + \frac{\partial P_2}{\partial y}(x,y) \tag{31}$$

実のところ，平面ベクトルの場合には，「発散」という用語と記号 div は，ごく特殊の著者のほかは，一般には用いられていないのであるが，わたくしたちの数学用語と数学記号として導入したい衝動に駆られるであろう．なぜならば，そうすると，公式(30)は次のように書き直されるであろう．

$$\int_C \boldsymbol{P} \cdot \boldsymbol{n} \, ds = \iint_D \operatorname{div} \boldsymbol{P} \, d(x,y) \tag{32}$$

——ちょっと気になることがある．記号(8)によって表わされる線積分に対しては，関係式(21)によると，$\underset{\frown}{C}$ に沿っての線積分も $\underset{\smile}{C}$ に沿っての線積分も変わりないから，関係式(30)および(32)の左辺の積分での $\underset{\frown}{C}$ の代わりに $\underset{\smile}{C}$ としても同じことであるとみてよいか．

それは早がてんである．関係式(21)は同一の被積分関数に関するものである．$\underset{\frown}{C}$ の場合は，図4で示されるように，単位法線ベクトル $\boldsymbol{n}$ は領域 D に対して外向きであるが，$\underset{\smile}{C}$ の場合は，

単位法線ベクトル n は D に対して内向きである（それぞれの場合に応じて**外法線**，**内法線** とよばれる）．したがって，$\underset{\sim}{C}$ の場合の $P \cdot n$ と $\underset{\sim}{C}$ の場合の $P \cdot n$ とは符号だけが異なっている．その結果，公式(30)および(32)はそれぞれ次のように変わってくる．

$$\int_{\underset{\sim}{C}} P \cdot n \ ds = -\iint_D \left(\frac{\partial P_1}{\partial x} + \frac{\partial P_2}{\partial y} \right) d(x, y) \tag{30'}$$

$$\int_{\underset{\sim}{C}} P \cdot n \ ds = -\iint_D \mathrm{div}\, P \ d(x, y) \tag{31'}$$

27 面積分

面積分もかなり多くの微分積分の教科書には述べられているが，これも線積分と同じように，微分積分ではなんとなく異分子のように感じられるらしい．

1. 面積分はなんのために導入されたか

——面積分は線積分以上にとりつきにくいものである．曲面 F 上の面積分として

$$\iint_F P\,dy\,dz, \quad \iint_F Q\,dz\,dx, \quad \iint_F R\,dx\,dy \tag{1}$$

があげられているが，これらの定義にはいるのに，ヤコビアン(関数行列式)が前置きされたり，$dy \wedge dz$ などの記号が十分説明されないままに出現したりするので，面積分の正体がつかみにくい．その上，少しわかりやすく書いた教科書では，面積分についてはなにも述べてられていない．そうしてみると，面積分というものは微分積分初歩の対象でなく，すすんだ解析学の対象ではないのかと思われるのであるが…

数学者とか数学教師という人たちは，とかく存在性の保証を前置きしないと，話をすすめたがらない性分なので，話はどうしてもくどくなってしまって，聞き手の頭の中にイメージ形成されたかどうかには無頓着で，自己満足に終わってしまうことが多いものである．これに対して，わたくしたちはつとめて素朴な直観を出発点にして考えてゆくことにしている．もちろん存在性の保証を無視しようというのではなく，イメージ形成がなによりも先決問題であって，その後での進んだコースでの存在証明を念頭においているのである．面積分の問題は，線積分の問題と同じように，力学的問題にはじまっているのであるから，純数学的に定義しようとする前に，力学的な具体的な事象を頭の中にえがきながら話をすすめるのが一番有効な道であろう．

xyz 空間でのなめらかな曲面 F で定義された関数 f は連続であるとする．曲面 F を

$$F_1, F_2, \cdots, F_i, \cdots, F_n \tag{2}$$

のように分割し，この分割を記号 Δ で表わすことにしよう．小部分 F_i の曲面積を $|F_i|$ で表わす．F_i 上に点 (ξ_i, η_i, ζ_i) をとり，和

$$S(\Delta) = \sum_{i=1}^{n} f(\xi_i, \eta_i, \zeta_i)|F_i| \tag{3}$$

図1

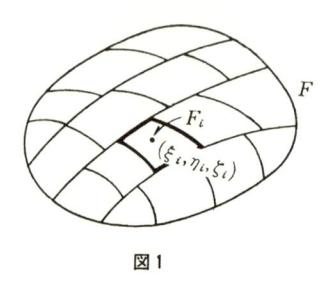

をつくる．分割 Δ を限りなく細かにしてゆくときの和 $S(\Delta)$ の極限を関数 f の曲面 F に沿っての**面積分**——曲面 F 上の面積分ということもある——といい，記号

$$\iint_F f(x, y, z)\, dS \tag{4}$$

で表わす．ここで，dS は曲面 F 上での曲面積の微分を表わす．具体的な意味づけとしては，F がごく薄い膜であって，$f(x, y, z)$ が F 上の点 (x, y, z) での膜の密度であるとき，膜 F の質量は面積分 (4) で与えられる．f が密度に限らず，ほかの物理的量であるとき，いろいろな物理量が面積分 (4) によって表わされることがある．この点，面積分 (4) は曲線 C に沿っての線積分 $\int_C f(x, y)\, ds$ とまったく同じ形式と意味合いを具えている．

記号の問題になるが，ふつうの 2 重積分

$$\iint_D f(x, y)\, dx\, dy \quad \text{または} \quad \iint_D f(x, y)\, d(x, y)$$

がただ一つの記号 $\int$ を使って

$$\int_D f(x, y)\, d(x, y) \tag{5}$$

のように表わされたことにならって，F に沿っての面積分は

$$\int_F f(x, y)\, dS \tag{6}$$

のようにも表わされる．むしろ，このほうが記号 (4) よりもモダンであって，積分の統合という観点からはすすめたい記号法である ((4) はまったく「伝習的」というよりはかはない)．

2. いろいろの面積分のあるわけは

——ところで，はじめにあげた面積分 (1) はいましがた示された面積分 (4) とは大へん異なった印象を与えるのであるが…

初学者がそのような印象を受けるということは無理からぬことであろう．それについて理解してもらうためには，おうざっぱな話ではあるが，少しくまわり道をすることにしよう．当面の説明のために，曲面 F は xy 平面の領域 D で定義された関数 F のグラフである，すなわち，

2. いろいろの面積分のあるわけは　249

図 2

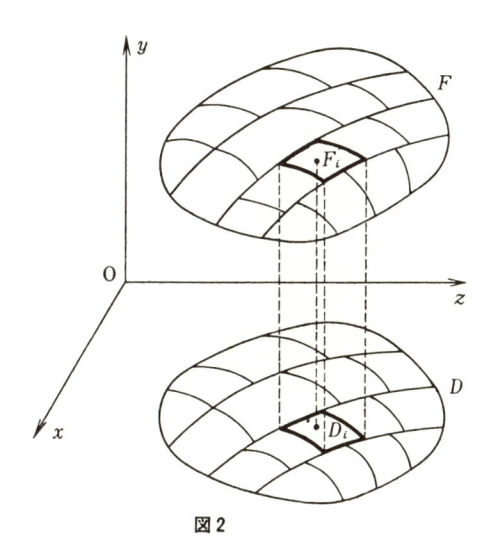

$F = \{(x, y, z) ; (x, y) \in D, z = F(x, y)\}$ としよう（図2）．そうすると，領域 D は曲面 F の xy 平面への正射影であって，この同じ正射影によって，F の分割された小部分

$$F_1, F_2, \cdots, F_i, \cdots, F_n \tag{2}$$

は D の部分領域

$$D_1, D_2, \cdots, D_i, \cdots, D_n \tag{7}$$

に移される．これは D の分割であるが，便宜のために，これをも同じ記号 $\varDelta$ で表わすことにしよう．部分領域 D_i の面積を $|D_i|$ で表わし，和

$$S(\varDelta) = \sum_{i=1}^{n} f(\xi_i, \eta_i, \zeta_i)|F_i| \tag{3}$$

の代わりに，和

$$S_{xy}(\varDelta) = \sum_{i=1}^{n} f(\xi_i, \eta_i, \zeta_i)|D_i| \tag{8}$$

をつくる．ここでも同じようにして，分割 $\varDelta$ を限りなく細かにしてゆくときの和 $S_{xy}(\varDelta)$ の極限を関数 f の曲面 F に沿っての **x, y に関する面積分**といい，記号

$$\iint_F f(x, y, z)\ dx\ dy \tag{9}$$

で表わす．

同じようにして，曲面 F を yz 平面および zx 平面に正射影することによって，**y, z に関する面積分**および **z, x に関する面積分**を定義して，それぞれ記号

$$\iint_F f(x, y, z)\ dy\ dz \tag{10}$$

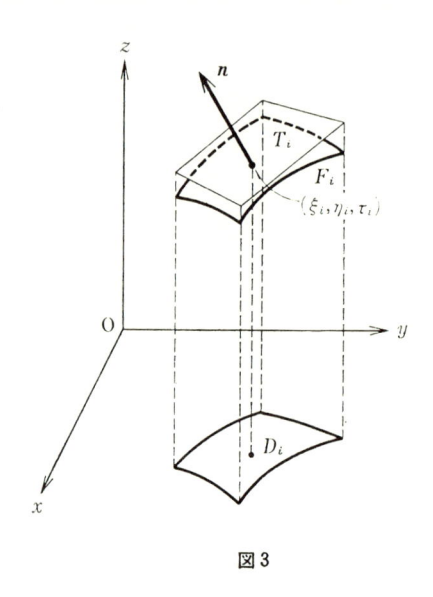

および
$$\iint_F f(x, y, z) \, dz \, dx \tag{11}$$
を定義する.

——三つの面積分 (9), (10), (11) のことはわかったが, これらと最初の面積分 (4) との関連を明らかにしてほしい.

まず, 面積分 (9) と面積分 (4) との関連を調べることにするが, それには和 $S_{xy}(\varDelta)$ と $S(\varDelta)$ を比較してみることにする. そこで見出される異なった点は $|D_i|$ と $|F_i|$ のちがいだけである. $|D_i|$ と $|F_i|$ との比較は簡単なものではないので, 代わりに点 $P_i(\xi_i, \eta_i, \zeta_i)$ での接平面上の D_i に対応する部分を T_i とする. いいかえると, 接平面の部分 T_i の xy 平面への正射影が D_i となることである. T_i の面積 $|T_i|$ と D_i の面積 $|D_i|$ の間には, 接平面と xy 平面とのなす角を γ_i とすると, 関係式
$$|D_i| = |T_i| \cos \gamma_i \tag{12}$$
が成り立つことが導かれるであろう. ところで, 角 γ_i は接平面の単位法線ベクトル $\boldsymbol{n}^{(i)}$ と z 軸とのなす角に等しい. また, $|F_i|$ と $|T_i|$ との差は, 分割 $\varDelta$ を限りなく細かにしてゆくとき, $|F_i|$ に対して高位の無限小になるとみられるから, (12) の代わりに
$$|D_i| = |F_i| \cos \gamma_i + o(|F_i|) \tag{13}$$
とすることができる. そうすると, 和 $S_{xy}(\varDelta)$ は
$$S_{xy}(\varDelta) = \sum_{i=1}^{n} f(\xi_i, \eta_i, \zeta_i) \cos \gamma_i |F_i| + \sum_{i=0}^{n} o(|F_i|) \tag{14}$$

となるから，分割 Δ を限りなく細かにしてゆくときの極限として，関係式

$$\iint_F f(x, y, z)\, dx\, dy = \iint_F f(x, y, z) \cos \gamma\, dS \tag{15}$$

が導かれるであろう．接平面が yz 平面および zx 平面とのなす角をそれぞれ α および β とすると，面積分(10), (11)と面積分(4)との間に，次の関係式が導かれるであろう．

$$\iint_F f(x, y, z)\, dy\, dz = \iint_F f(x, y, z) \cos \alpha\, dS \tag{16}$$

$$\iint_F f(x, y, z)\, dz\, dx = \iint_F f(x, y, z) \cos \beta\, dS \tag{17}$$

3. 面積分での曲面の向きつけは

——大すじのところはわかったのであるが，細かいことかもしれないけれど，もう少しつっこんでほしいところがある．関係式(12)のところではじめて現われる γ_i であるが，γ_i は接平面の単位法線ベクトル $\boldsymbol{n}^{(i)}$ と z 軸とのなす角とだけあるけれど，どの角を示しているのかはっきりしていない．これが，曲面積の公式を導く場合ならば，法線ベクトル $\boldsymbol{n}^{(i)}$ と z 軸とのなす角のうちの正の最小を γ_i とするとはっきり限定しているので少しも迷いがないのに，こんどはあいまいのように感じられるのであるが…

わざとあいまいにしたわけではない．実は，もっとつっこんでみなければならないことがある．曲面積の公式の場合には，法線と z 軸とのなす角というだけでよかったのであるが，単に法線というのでなくて法線ベクトルとしたところに意味がある．しかしまた，法線ベクトルとしたためのめんどうもおこってくる．接平面に垂直な単位ベクトルといっても，それはただ一つではなく，二つの互いに反対の向きのベクトルがあるのだから，そのいずれを指しているのかというところでとまどいしてしまうわけである．

ふつうに数学で平面とか曲面とかいうときは，表も裏も区別しない，いわば，表裏なしの平面とか曲面しか考えないことが多い．しかし，数学的な平面や曲面の原素材である物理的な平面や曲面にはなんらかの意味の **表・裏** が付随されている．たとえば，紙は数学的な平面（または平面部分）の原素材であるが，ふつうになめらかな側を「表」といい，ざらざらした側を「裏」とよんでいる．物理的問題に数学を適用しようとするならば，表裏を無視した平面や曲面しか考えないというのは，まったく非現実的な考え方である．これからの場面では，表裏のついた曲面や平面を考えることにしよう．曲面 F の両面に **表・裏** を名づけて，仮りにそれぞれ記号 F^+，F^- で表わすことにし，このときの曲面 F は **向きつけられた曲面** とよばれる．曲面 F 上の点 P では，F^+ の側での単位法線ベクトルと F^- の側での単位法線ベクトルとは向きを反対にしている（図4）．単位法線ベクトル $\boldsymbol{n} = (n_1, n_2, n_3)$ が x 軸，y 軸，z 軸（の正の向き）となす角をそれぞれ α, β, γ とするとき，$\cos \alpha = n_1$，$\cos \beta = n_2$，$\cos \gamma = n_3$ となる．

上のように向きつけられた曲面 F については，F^+，F^- のいずれをとるかに従って，単位

図4

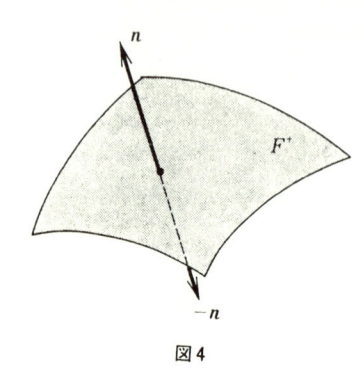

法線ベクトル n は確定してくることになる．このように見直してくると，三つの面積分 (15)，(16)，(17) は確定した意味をもつことになり，それぞれ次のようにも表わされる．すなわち，$n=(n_1, n_2, n_3)$ のとき

$$\iint_F f(x,y,z)\ dx\ dy = \iint_F f(x,y,z) n_3\ dS \tag{18}$$

$$\iint_F f(x,y,z)\ dy\ dz = \iint_F f(x,y,z) n_1\ dS \tag{19}$$

$$\iint_F f(x,y,z)\ dz\ dx = \iint_F f(x,y,z) n_2\ dS \tag{20}$$

——三つの面積分を (18)，(19)，(20) のように書き表わしてみて，いったいどんな効能があるのか．

たとえば，x, y に関する面積分 $\iint_F f(x,y,z)\ dx\ dy$ について，関係式 (15) または (18) が容易に導かれたのは，曲面 F が関数 $F: D \to \boldsymbol{R}$ によって $F = \{(x,y,z)\,;\,(x,y) \in D, z = F(x,y)\}$ のように表わされる簡単な場合だけである．F がもっと一般の曲面の場合には，多くの教科書にあるように，ヤコビアンや $dx \wedge dy$ などを採り入れるようなことになるわけであろう．そこで，わたくしたちとしては，まず最初の面積分 (4) を定義することにする．この場合には曲面 F は向きつけられている必要はないので大変簡単である．次に，向きつけられた曲面 F に対して，x, y に関する面積分を関係式 (18) によって定義することにしよう．そうすることによって，当初からヤコビヤンや記号 $dx \wedge dy$ を繰り入れる煩わしさから解放されることになるであろう．そしてまた，面積分を微分積分入門の対象とすることには不自然さが感じられないであろう．

4. 面積分の公式のベクトル化は

——面積分での違和感をぬぐい切れぬ点は，**ガウス** (C. F. Gauss) **の定理またはオストログラズスキー** (M. V. Ostrogradskiĭ) **の定理の公式**

$$\iint_F (P\,dy\,dz + Q\,dz\,dx + R\,dx\,dy) = \iiint_D \left(\frac{\partial P}{\partial x} + \frac{\partial Q}{\partial y} + \frac{\partial R}{\partial z}\right) dx\,dy\,dz \qquad (21)$$

で無関係な三つの関数 P, Q, R が現われていることである．これは三つの公式

$$\iint_F P\,dy\,dz = \iiint_D \frac{\partial P}{\partial x}\,dx\,dy\,dz \qquad (22)$$

$$\iint_F Q\,dz\,dx = \iiint_D \frac{\partial Q}{\partial y}\,dx\,dy\,dz \qquad (23)$$

$$\iint_F R\,dx\,dy = \iiint_D \frac{\partial R}{\partial z}\,dx\,dy\,dz \qquad (24)$$

に分解されてしまうではないか．これら三つ関係式を加え合わせて得られる関係式(21)の形で述べていることの真意がわかり兼ねるのである．

そのような違和感を抱くことは無理からぬことであろう．前にも述べたように，面積分はもともと物理的問題に関するものであるから，単なる抽象化しか考えられないような狭量な考え方では解決の道は見出されないであろう．物理的問題ならば，問題をベクトルの目で眺めるという考え方，すなわち，ベクトル化の考え方を採り入れるべきであろう．そこで，公式(21)の関数 P, Q, R をそれぞれ記号 P_1, P_2, P_3 で書き改めると，公式(21)は，関係式(18),(19),(20)によって

$$\iint_F (P_1 n_1 + P_2 n_2 + P_3 n_3)\,dS = \iiint_D \left(\frac{\partial P_1}{\partial x} + \frac{\partial P_2}{\partial y} + \frac{\partial P_3}{\partial z}\right) dx\,dy\,dz \qquad (25)$$

のように書き改められる．P_1, P_2, P_3 を成分とするベクトル値関数を $\boldsymbol{P}$ とすると，すなわち，$\boldsymbol{P} = (P_1, P_2, P_3)$ とすると，公式(21)の左辺は

$$\iint_F \boldsymbol{P} \cdot \boldsymbol{n}\,dS$$

となる．次に，ベクトル値関数 $\boldsymbol{P}$ の x 成分 P_1 の x に関する偏導関数 $\frac{\partial P_1}{\partial x}$, y 成分 P_2 の y に関する偏導関数 $\frac{\partial P_2}{\partial y}$, z 成分 P_3 の z に関する偏導関数 $\frac{\partial P_3}{\partial z}$ の和は，力学での用語であるが，**発散**とよばれて，記号 $\mathrm{div}\,\boldsymbol{P}$ で表わされる．この記号を用いると，公式(25)は

$$\iint_F \boldsymbol{P} \cdot \boldsymbol{n}\,dS = \iiint_D \mathrm{div}\,\boldsymbol{P}\,dx\,dy\,dz \qquad (26)$$

のように表わされる．

公式(26)は「一つ」のベクトル値関数 $\boldsymbol{P}$ に関するものである．これを成分表示に書き改めたものが，公式(25)であり，さらに，成分ごとに分解したものが関係式(22),(23),(24)であるわけである．このように成分に分解することがむしろ逆コースというものであろう．

——向きつけられた曲面の表・裏のつけ方については，いままでのところなんら具体的なことは述べられていなかったが，任意にしてもよいものか．特に，公式(26)の場合にも，任意に向きをつけてもよいものか．

曲面に向きつけをすることについての一般的なルールが規定されているわけではないから，

図 5

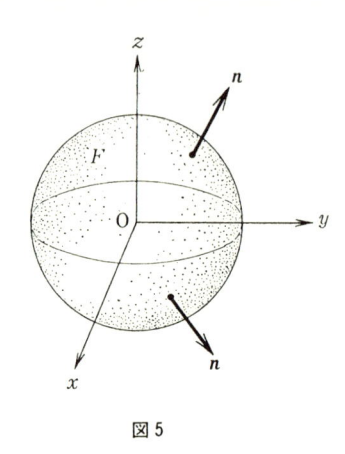

　一般的には任意と考えてよいであろう．ただ，公式(26)の場合には，領域Dは閉じた曲面Fによって囲まれた有界閉領域であって，領域Dの反対の側，すなわち，外側をもって曲面Fの「表」とし，Dのほうの側，すなわち，内側をもって曲面Fの「裏」とすることになっている．したがって，Fの表側にとって単位法線ベクトル$\boldsymbol{n}$は外側に向けられたベクトルで，しばしば**外法線**とよばれる．図5では，曲面Fが球面である場合には，外法線$\boldsymbol{n}$は，Fの上側のほうでは上向きで，Fの下側のほうでは下向きになっている．

　もし，仮りにFの内側を表としたいならば，単位法線ベクトル$\boldsymbol{n}$は内向きとなって，しばしば**内法線**とよばれる．$\boldsymbol{n}$を内法線とするときは，公式(26)の代わりに，公式

$$\iint \boldsymbol{P}\cdot\boldsymbol{n}\ dS = -\iiint \mathrm{div}\,\boldsymbol{P}\ dx\ dy\ dz \tag{26'}$$

が成り立つことになる．

5. ストークスの定理の公式のベクトル化は

　——xyz空間での曲面Fの縁が閉曲線Cであるとき，**ストークス**（G.G. Stokes）**の定理**の公式

$$\int_C (P\ dx + Q\ dy + R\ dz) = \iint_F \left\{\left(\frac{\partial R}{\partial y} - \frac{\partial Q}{\partial z}\right)\ dy\ dz + \left(\frac{\partial P}{\partial z} - \frac{\partial R}{\partial x}\right)\ dz\ dx \right. \\ \left. + \left(\frac{\partial Q}{\partial x} - \frac{\partial P}{\partial y}\right)\ dx\ dy\right\} \tag{27}$$

でも，ガウスの定理の公式(21)の場合と同じように，無関係な三つの関数P, Q, Rが現われている．これも三つの公式

$$\int_C P\,dx = \iint_F \left(\frac{\partial P}{\partial z}\,dz\,dx - \frac{\partial P}{\partial y}\,dx\,dy\right) \tag{28}$$

$$\int_C Q\,dy = \iint_F \left(\frac{\partial Q}{\partial x}\,dx\,dy - \frac{\partial Q}{\partial z}\,dy\,dz\right) \tag{29}$$

$$\int_C R\,dz = \iint_F \left(\frac{\partial R}{\partial y}\,dy\,dz - \frac{\partial R}{\partial x}\,dz\,dx\right) \tag{30}$$

に分解されるではないか．これはどのようにしてベクトル化されるものか．

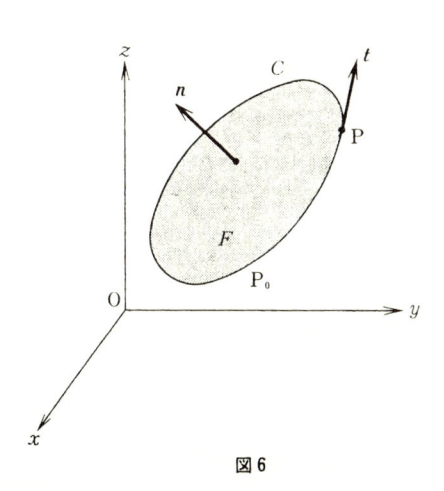

図6

これをベクトル化するには，まず，曲線Cの向きと曲面Fの向きの関係を規定しておかなければならない．Fの表の向きにとった単位法線ベクトル$\boldsymbol{n}$を進む方向とする右ねじがまわる向きにCの向きをとるものとする（図6）．C上の点Pの単位接線ベクトルを$\boldsymbol{t}=(t_1, t_2, t_3)$とし，$C$上の定点$P_0$から点$P$までの長さを$s$とする．このとき，関係式

$$\frac{dx}{ds}=t_1,\quad \frac{dy}{ds}=t_2,\quad \frac{dz}{ds}=t_3 \tag{31}$$

が成り立つ．Cに沿ってのxに関する積分$\int_C P\,dx$は，平面の場合と同じように

$$\int_C P\,dx = \int_C P\frac{dx}{ds}\,ds = \int_C P t_1\,ds$$

となり，同じようにして，y, zに関する線積分は

$$\int_C Q\,dy = \int_C Q t_2\,ds,\quad \int_C R\,dz = \int_C R t_3\,ds$$

となる．ここで，関数P, Q, Rをそれぞれ記号P_1, P_2, P_3で表わし，$\boldsymbol{P}=(P_1, P_2, P_3)$とすると，公式(27)の左辺は

$$\int_C (P_1 t_1 + P_2 t_2 + P_3 t_3)\ ds = \int_C \boldsymbol{P} \cdot \boldsymbol{t}\ ds$$

のように表わされる.

公式 (27) の右辺は,関係式 (18), (19), (20) により

$$\iint_F \left\{ \left(\frac{\partial P_3}{\partial y} - \frac{\partial P_2}{\partial z} \right) n_1 + \left(\frac{\partial P_1}{\partial z} - \frac{\partial P_3}{\partial x} \right) n_2 + \left(\frac{\partial P_2}{\partial x} - \frac{\partial P_1}{\partial y} \right) n_3 \right\}\ dS \qquad (32)$$

となる. ところで,ベクトル値関数 $\boldsymbol{P} = (P_1, P_2, P_3)$ に対して

$$\frac{\partial P_3}{\partial y} - \frac{\partial P_2}{\partial z},\quad \frac{\partial P_1}{\partial z} - \frac{\partial P_3}{\partial x},\quad \frac{\partial P_2}{\partial x} - \frac{\partial P_1}{\partial y}$$

を成分とするベクトル値関数をベクトル値関数 $\boldsymbol{P}$ の**回転**といい,記号 rot $\boldsymbol{P}$ で表わす (rot は rotation「回転」の略).

$$\operatorname{rot} \boldsymbol{P} = \left(\frac{\partial P_3}{\partial y} - \frac{\partial P_2}{\partial z},\ \frac{\partial P_1}{\partial z} - \frac{\partial P_3}{\partial x},\ \frac{\partial P_2}{\partial x} - \frac{\partial P_1}{\partial y} \right)$$

そうすると,積分 (32) は

$$\iint_F \operatorname{rot} \boldsymbol{P} \cdot \boldsymbol{n}\ dS$$

のように表わされる. したがって, 公式 (27) は

$$\int_C \boldsymbol{P} \cdot \boldsymbol{t}\ ds = \iint_F \operatorname{rot} \boldsymbol{P} \cdot \boldsymbol{n}\ dS \qquad (34)$$

のように表わされる.

要するに,力学問題のベクトル表現に従うと自然的であったものを,成分に分解した表現に変形したために,なんとなく違和感をひきおこしたにすぎない.ある意味では逆コースにすぎないともいえるであろう.

28 一般解の怪奇

1階微分方程式については，**一般解**と**特殊解**とがどの微分方程式入門の教科書にも述べられているが，少しく追求してゆくと，いろいろな問題点が露出されてくる．

1. 微分方程式の一般解の定義は

——微分方程式の一般解の定義はあいまいであるとか，問題があるとか，ということを耳にするのであるが，どういうことなのか．

微分方程式の「一般解」という用語は，英語の general solution の訳語であって，その微分方程式のすべての解を表わすという印象を与えるのであるが，そのいわんとする意味合いは一応は納得できるにしても，数学の定義としては解析的にも表現されていないので，困ることになるわけである．それで，大ていの教科書では，一つの母数（パラメーター）を含む解を「一般解」と定義して，記号

$$y = \varphi(x, C) \quad （Cは母数） \tag{1}$$

などによって表わしている．母数 C に特殊な値を与えた場合の解を「特殊解」という．たとえば，$C=1$ とするとき，解

$$y = \varphi(x, 1) \tag{2}$$

が「特殊解」というわけである．これで，一応数学的定義としては成り立つわけであろう．

ところで，後のほうで定義した「一般解」がすべての解を表わしているかどうかということは，定義そのものからは導き出されそうにもない．それについては，なによりも具体的な例示が明らかにしてくれるだろう．いま，微分方程式

$$\frac{dy}{dx} = y(y-1) \tag{3}$$

の「一般解」をふつうの教科書のやり方に従って求めてみることにしよう．$y \neq 0$, $y \neq 1$ として，(3) を変形して

$$\frac{1}{y(y-1)} \frac{dy}{dx} = 1 \tag{4}$$

とし，x について積分すると

$$\int \frac{1}{y(y-1)} dy = \int dx + C$$

となり，左辺の被積分関数を

$$\frac{1}{y(y-1)} = \frac{1}{y-1} - \frac{1}{y}$$

のように部分分数分解すると，積分の結果は

$$\log\left|\frac{y-1}{y}\right| = x + C \tag{5}$$

または

$$\left|\frac{y-1}{y}\right| = e^{x+C} = e^C e^x$$

となる．そこで，$\pm e^C$ を改めて C で表わすと

$$\frac{y-1}{y} = Ce^x$$

となり，さらに，y について「陽に」表わすと

$$y = \frac{1}{1-Ce^x} \quad (C \text{は定数}) \tag{6}$$

となる．これは母数 C を含む (3) の解である．したがって，これは (3) の「一般解」である．

ところで，二つの定値関数 $y=0$ および $y=1$ は明らかに関係式 (3) を満足するから，(3) の解である．さて，(6) で $C=0$ とおくと，$y=1$ となるから，定値関数 $y=1$ は微分方程式の「特殊解」である．ところが，定値関数 $y=0$ は (6) の C にどのような値を与えても得られない．そうすると，定値関数 $y=0$ は微分方程式 (3) の解ではあるが，「特殊解」ではないということになる．そしてまた，微分方程式 (3) の「一般解」(6) は微分方程式 (3) のすべての解を表わしているというわけにはいかない．これで，微分方程式の「一般解」が微分方程式のすべての解を表わしているという証明などを試みようとしなくてよかったということになるであろう．

2. 一般解はいくつもあることになるが

——そうすると，「一般解」という呼び名をやめて，ほかの適当な名でよんだらよいというわけか．

適当な呼び名というならば，「一母数解族」one-parameter family of solutions としたら実質を表わすことになるであろう．しかし，呼び名を変えてみたところで，問題の本質は変わらないであろう．微分方程式 (3) を解く途中の過程の関係式 (5) の両辺に -1 を掛けると

$$\log\left|\frac{y}{y-1}\right| = -x - C \tag{5'}$$

となり，したがって
$$\left|\frac{y}{y-1}\right| = e^{-x-C} = e^{-C}e^{-x}$$
となる．そこで，$\pm e^{-C}$ を改めて C で表わすと
$$\frac{y}{y-1} = Ce^{-x}$$
となり，これを y について「陽に」表わすと
$$y = \frac{-Ce^{-x}}{1 - Ce^{-x}} = \frac{C}{C - e^x} \quad (C は定数) \tag{6'}$$
が得られる．これは，一つの母数 C を含む解であるから，(3) の「一般解」である．

こんどは，(6') で $C=0$ とおくと，$y=0$ となるから，定値関数 $y=0$ は「特殊解」であるということができる．しかし，定値関数 $y=1$ は (6') で C にどのような値を与えても得られない．なぜならば，仮りに
$$\frac{C}{C - e^x} = 1$$
とおくと，$e^x = 0$ となって不合理であるから．そうすると，定値関数 $y=1$ は (3) の解ではあるけれど，「特殊解」であるというわけにはいかない．

一つの解が微分方程式の「特殊解」であったり，「特殊解」でなかったり，奇怪な現象というよりほかはない．ところで，「一般解」(6') は「一般解」(6) の C の代わりに $\frac{1}{C}$ でおきかえると得られるのであるけれど，「一般解」(6) と同値というわけにはゆかない．それでは，「一般解」がいくつも存在するともいわざるをえないであろう．

—— そうしてみると，微分方程式 (3) のすべての解を表わす解析的表現ということは不可能なものとみなければならないのか．

不可能というわけではない．それには，(6) と (6') との両者を含む表現を考えればよい．たとえば
$$y = \frac{C_2}{C_2 - C_1 e^x} \tag{7}$$
とすればよいであろう．ここで，C_1, C_2 は定数であるが，同時には 0 とはならないものとする．$C_2 = 1$ とすると，(6) が得られ，$C_1 = 1$ とすると，(6') が得られる．$C_2 = 0$ とすると，定値関数 $y=0$ が得られ，$C_1 = 0$ とすると，定値関数 $y=1$ が得られる．こうしてみると，(7) は微分方程式 (3) のすべての解を表わすということになるであろう．

ところで，(7) は二つの母数 C_1, C_2 を含む解というわけにはいかない．なぜならば，(7) は比 $C_1 : C_2$ によって確定するものである．すなわち，$C_1 : C_2 = C_1' : C_2'$ となるときは，(7) は
$$y = \frac{C_2'}{C_2' - C_1' e^x} \tag{7'}$$

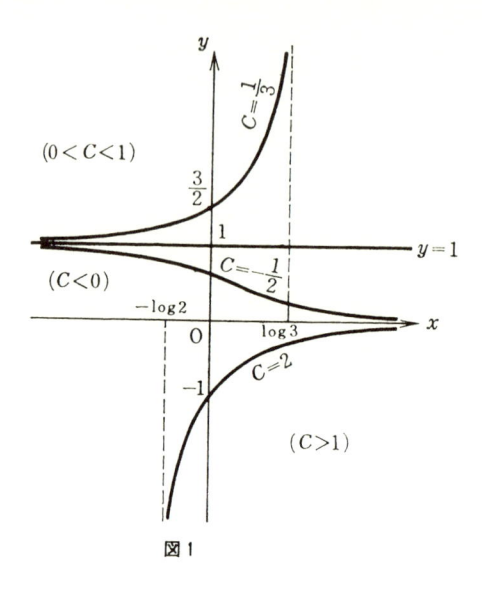

に一致してしまう．他方，$\dfrac{C_1}{C_2}$ を C とすると，(7) は (6) となり，$\dfrac{C_2}{C_1}$ を C とすると，(7) は (6′) となるわけであるが，前者の場合には $C_2 \neq 0$ という条件がつくし，後者の場合には $C_1 \neq 0$ という条件がつくわけである．(7) は (6) とも (6′) とも同値というわけではない．微分方程式のすべての解を表わすものを「一般解」としたいならば，(7) は (3) の「一般解」であるが，一つの母数を含む解を「一般解」としたいならば，(6) と (6′) はともに (3) の「一般解」であるが，(3) のすべての解を含むというわけにはいかない．

　(3) のような微分方程式はべつだんに特別なものでなく，ありふれたものである．もう一つの例をあげると，微分方程式

$$\frac{dy}{dx} = y(y^2 - 1) \tag{8}$$

の「一般解」をふつう教科書に従って求めると，求める過程のちがいによって

$$y = \pm \frac{1}{\sqrt{1 - Ce^{2x}}} \tag{9}$$

または

$$y = \pm \sqrt{\frac{C}{C - e^{2x}}} \tag{9′}$$

が得られるであろう．前者は解 $y=1$ および $y=-1$ を含むが，解 $y=0$ を含まないし，後者は解 $y=1$ および $y=-1$ を含まないし，$y=0$ 解をも含まないことは容易にわかるであろう．大へんめんどうなことである．

3. 1階の場合に二つの母数を含む解があるが

——まったくめんどうなことになっているようであるが，なんとかうまい説明なり解釈なりできないものであろうか．

個々の微分方程式についてそれぞれの解釈なり言い訳けをしていたのでは，とても追いつけなくなるであろう．それどころではない．ショッキングな別の例をお目にかけることにしよう．どの教科書にもあるのだが，微分方程式

$$\frac{dy}{dx} = -\frac{y}{x} \tag{10}$$

の「一般解」を求めてみることにしよう．ふつうの教科書に従って，$y \neq 0$ として変形すると

$$\frac{1}{y}\frac{dy}{dx} = -\frac{1}{x} \tag{11}$$

として，x について積分すると

$$\int \frac{1}{y}\frac{dy}{dx}\,dx = \int -\frac{dx}{x} + C$$

となり，これから

$$\log|y| = -\log|x| + C$$

または

$$\log|yx| = C$$

さらに

$$|yx| = e^C$$

となる．ここで，$\pm e^C$ を改めて C で表わすと

$$y = \frac{C}{x} \quad (C\text{は定数}) \tag{12}$$

となる．これは一つの母数 C を含む (10) の解である．したがって，(12) は (10) の「一般解」である．こんどの場合には，上の解き方で除外されていた解 $y=0$ は，(12) で $C=0$ とすると得られるので，「特殊解」であることはたしかである．

——それならば，なにも問題はないではないか．上の例をもち出してきて，なにを意味しようとするのか．

どうやら一つの魔術にかかっているらしいね．解く過程で除外されていた $y=0$ がやはり解であって，しかもそれが「一般解」(10) で $C=0$ として得られるということで，難を免かれた気持になってホッとしているのではないか．はたして(12)は微分方程式 (10) のすべての解を含んでいるということになるか．

いま，$C_1 \neq C_2$ として，関数 φ を

$$\varphi(x) = \frac{C_1}{x} \quad (x>0), \quad = \frac{C_2}{x} \quad (x<0) \tag{13}$$

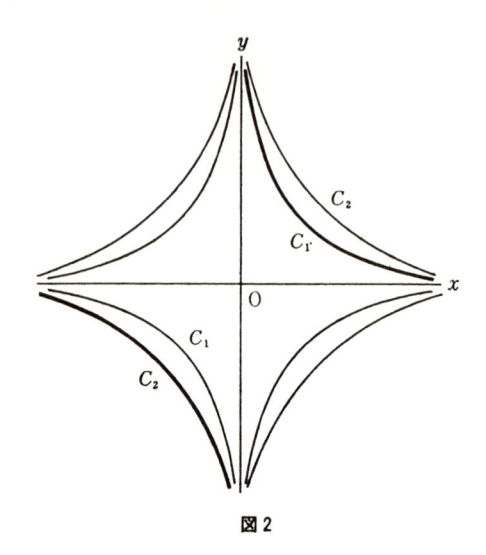

図2

によって定義しよう．これを微分すると

$$\varphi'(x) = -\frac{C_1}{x^2} \quad (x>0), \qquad = -\frac{C_2}{x^2} \quad (x<0)$$

となるから，φ は微分方程式 (10) を満足することは容易にわかるであろう．ところで，C_1, C_2 は任意の定数でよいから，φ は微分方程式 (10) の解で，二つの母数を含むものであって，(10) のすべての解を表わしている．そうすると，φ は微分方程式 (10) のすべての解を含んでいるという意味では「一般解」とよびがたいのであるが，二つの母数を含んでいるという意味では「一般解」とよぶわけにはいかないことであろう．

——(13)は単なる場合わけしているもので，二つの母数を含む関数とはみなしがたいようであるが．

それならば，**ヘビサイド** (O. Heaviside) **の関数** H を導入することにしよう．関数 H は

$$H(x) = 0 \quad (x \leq 0), \qquad = 1 \quad (x>0) \tag{14}$$

のように定義されている．そうすると，関数 φ は

$$\varphi(x) = H(x)\frac{C_1}{x} + H(-x)\frac{C_2}{x}$$

のように表わされて，これならば φ は二つの母数 C_1, C_2 を含む関数であることがもっとはっきりするであろう．

4. さらに困った解の異変

——微分方程式 (10) の「一般解」が異常であるように思われるのは，この微分方程式 (10)

4. さらに困った解の異変

では $x=0$ が除外されているためではないのか．

そう思うのも無理からぬこととも考えられるけれど，そのような憶測が正しくないことを例示しよう．一つの例として，微分方程式

$$\frac{dy}{dx}=3y^{2/3} \tag{15}$$

の解を考えてみよう．ここでも，ふつうの教科書に従って，$y \neq 0$ として (15) を変形して

$$\frac{1}{3}\frac{1}{y^{2/3}}\frac{dy}{dx}=1 \tag{16}$$

として，x について積分すると

$$\int \frac{1}{3}\frac{1}{y^{2/3}}\frac{dy}{dx}\,dx = \int dx + C$$

となり，実際に積分して，C の代わりに $-C$ と書くと

$$y^{3/1} = x-C$$

あるいは

$$y=(x-C)^3 \tag{17}$$

となる．これは一つの母数 C を含むから，(14) の「一般解」であるということができるであろう．こんども，除外された $y=0$ は明らかに (14) の解であるのに，「一般解」(17) には含まれない．

——この方程式の場合にも，解く過程を異にしたら，$y=0$ を含む別の「一般解」が得られることになるということを述べようとするつもりか．

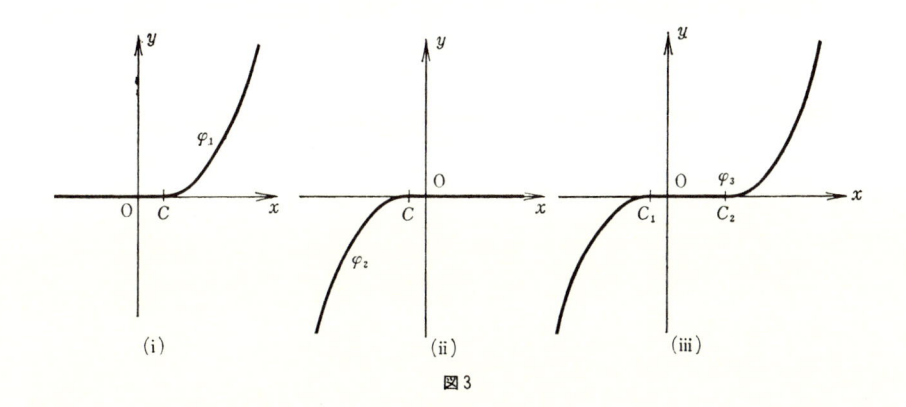

図3

(i) (ii) (iii)

そのようなことは期待されそうもないことである．それよりももっとショッキングな事態が展開されるのである．ということは，もっとたくさんの「一般解」があるということがみられるのである．

まず，関数 φ_1 が
$$\varphi_1(x)=0 \quad (x\leq C), \quad =(x-C)^3 \quad (x\geq C)$$
によって定義されるとき，φ_1 は微分方程式 (13) を満足することはいうまでもない．ただ，$x=C$ のところが気になるかもしれないが，左微分係数 $D_-\varphi_1(C)$ と右微分係数 $D_+\varphi_1(C)$ がともに 0 に等しいことは容易にわかることであるから，$x=C$ で φ_1 は微分可能で $\varphi_1'(C)=0$，したがって，$x=C$ でも微分方程式 (13) は成り立つことがわかるであろう．

次に，関数 φ_2 が
$$\varphi_2(x)=(x-C)^3 \quad (x\leq C), \quad =0 \quad (x\geq C)$$
によって定義されるとき，同じようにして，φ_2 も微分方程式 (13) を満足していることはわかるであろう．そうすると，φ_1 も φ_2 も一つの母数 C を含む (13) の解であるから，(17) と同じように微分方程式 (13) の「一般解」であるといってよいはずである．ところが，ふつうの教科書では，(17) をもって微分方程式 (13) の「一般解」としたら正しいとしているようである．φ_1 や φ_2 は (13) の「一般解」としては認められていないらしい．まったく理解できないことである．

さらに，$C_1<C_2$ に対して，関数 φ_3 が
$$\varphi_3(x)=(x-C_1)^3 \quad (x\leq C_1), \quad =0 \quad (C_1\leq x\leq C_2), \quad =(x-C_2)^3 \quad (x\geq C_2)$$
によって定義されているとき，φ_3 もまた微分方程式 (13) の解であることは容易にわかるであろう．ここで，C_1, C_2 は $C_1<C_2$ という条件だけで任意であってよいから，解 φ_3 は二つの母数 C_1, C_2 を含む解である．しかし，二つの母数を含んでいるというわけで，最初に述べた意味では「一般解」とよぶわけにはいかないであろう．「一般解」(17)，φ_1, φ_2 も解 φ_3 も微分方程式 (13) のすべての解を含むわけではない．微分方程式 (13) のすべての解を含むという意味では「一般解」はちょっとやそっとでは得られそうもない．

「一般解」についてもっと困ったことはいくらでもあげられる．意欲があるならば，たとえば

　　山中健，一般解と特異解，雑誌「数学セミナー」，日本評論社，1969年1月号

を参照されるとよい．

5. 問題点は求積法にもある

——「一般解」はまったく困ったものと思われることはわかったが，関連することとして，解く過程に問題となる点があるのかと気にかかるのであるが…

そのような懸念はもっともなことである．その点について少しく掘り下げてみることにしよう．微分方程式 (3) の「一般解」を求める場合には，$y\neq 0$ および $y-1\neq 0$ を仮定し，微分方程式 (10) の「一般解」を求める場合には，$y\neq 0$ を仮定し，微分方程式 (15) の「一般解」を求める場合にも，$y\neq 0$ を仮定している．ここで，仮定 $y\neq 0$ を少しく吟味してみることにしよう．$y\neq 0$ ということの意味ははっきりしているとみてよいものか．まず，$y\neq 0$ は決して

y は 0 とはならないことを意味であると解してみよう. 微分方程式 (10) の「一般解」

$$y=\frac{C}{x} \tag{12}$$

は, $C=0$ とならない限り, 決して 0 とはならないし, $y=0$ となることがあるならば, $C=0$ となって, y はつねに 0 となる. この場合には問題がないようである. 微分方程式 (3) の「一般解」

$$y=\frac{1}{1-Ce^x} \tag{6}$$

は決して 0 とはならないから, 問題はないであろう. もう一つの「一般解」

$$y=\frac{C}{C-e^x} \tag{6'}$$

も, 微分方程式 (3) の「一般解」(12) と同じように, 問題はないであろう.

ところが, 微分方程式 (15) の「一般解」

$$y=(x-C)^3 \tag{17}$$

は, $y\neq 0$ として求められたものであるが, 決して 0 とならないというわけではなくて, $x=C$ のとき $y=0$ となる. それだからとて, $x=C$ の場合が除外されるわけではない. したがって, この場合には, y はただ一個処の例外のもとで 0 とならないことになる. さらに, 別の「一般解」φ_2 は, $x>C$ のとき決して 0 とならないが, $x\leq C$ ではつねに 0 となる. また, もう一つの「一般解」φ_2 は, $x<C$ では決して 0 とはならないが, $x\geq C$ ではつねに 0 となる. さらにまた,「一般解」とよぶことをためらわれている解 φ_3 は, $x<C_1$ および $x>C_2$ では決して 0 とはならないが, $C_1\leq x\leq C_2$ ではつねに 0 となる. いずれの解にしても, 解はあるところでは 0 とならないが, 別のところでは 0 となるわけである.

上にみたように,「一般解」を求めるために, $y\neq 0$ と仮定したのは, 最初は y は決して 0 とならない意味であったのが, 後になってくると, $y=0$ となることもあるということに変わってくるのである. これでは, 首尾一貫しているというわけではなくなって, はなはだ確実性に欠けた推論であるといわざるをえない. このような問題点に対して, なんとか打開の道がないかと考える人もいるようである. たとえば, 微分方程式 (15) の「一般解」

$$y=(x-C)^3 \tag{17}$$

に対しては, まず, $y\neq 0$ という条件に合わせるために, 解 y を $x\neq C$ に対して考えればよいということになるらしい. 除外された点 $x=C$ に対しては, (17) を実際に微分すると

$$\left.\frac{dy}{dx}\right|_{x=C}=3(x-C)^2\Big|_{x=C}=0$$

となって, 微分方程式 (15) は $x=C$ に対しては

$$\left.\frac{dy}{dx}\right|_{x=C} = \left.3y^{2/3}\right|_{x=C} = 0$$

となるから,成り立つというわけになるらしい.このように,個々の場合についていちいち言い訳けをしているのでは大変であろうし,それでは数学の特色である **普遍性・一般性** が失われてくることになるであろう.

――つまるところ,いいたいことは上のような解き方にも問題があるということなのか.

まさにそのとおりである.上のような解き方は「求積法」とよばれているのであるが,「求積法」だけではどうにもならない問題点があるというわけである.

29　一般解を追放しよう

> 微分方程式の一般解は困ったものであるから，追放してしまいたいものである．ただ困るからとて，簡単に追放してもよいものであろうか．掘り下げて考えてみよう．

1. 微分方程式の一般解を追放したいけれど

——微分方程式の一般解については，とかく問題点が多いといわれているが，大学教官はどのように考えているのであろうか．

多くの大学教官は，いっこうに気にしないでいるか，それとも気づいても trivial なことであるかのように無視しているようである．しかし，なかには「一般解」について質問されて十分な解答を与えることができない，といってこぼしているような，学的良心をもっている人もいる．このように消極的でなく，もっと積極的になっているのは次の論述である．

　　山中健，一般解と特異解，雑誌「数学セミナー」，日本評論社，1969年1月号
そこには，「一般解」についてのさまざまな，理論的説明に困るような具体的な事実があげられてある．その上に，論述の終りのほうは次のように述べられている．

「いろいろ考えてみると，筆者は本当は『一般解，特異解などあいまいな術語は全部教科書から追放してしまった方がよい』と思う．」

——微分方程式の一般解は権威のある日本数学会編「数学辞典」（岩波書店）にも載っているのではないか．それを追放しようとするのは，大たんといおうか，乱暴ともいおうか，それこそ大へんな問題ではないか．

いかにも，日本数学会もその編著する「数学辞典」も権威のあるものであろう．「権威」のある人がいったり，「権威」のある書物に書かれてあったりするから，絶対に正しいと思うことは問題であろう．それはちょうど，疑いをおこすことなく，ひたすら信ずる，という「信仰」の世界である宗教ではないか．科学の世界では，最初は先輩の指導に従うものであっても，やがては疑うべきは徹底的に疑って，根源的な追求をすべきである．それは「権威」の世界ではなくて，真理の世界であるからである．

ところで，山中提案は次の数行を続けて終っている．

「しかし今までにこれらの言葉はあいまいなままに科学技術に携わる人たちの間にあまりにも普及してしまってあり，そういう人たちとこれから一緒に仕事をしてゆこうとする学生たちに，あまりに新式の教育だけをおしつけるのはいろいろトラブルのもとかと思う．どうしたら

よいか，大方のご教示を乞う次第である.」
　もっともな話であるが，これでは常識人の妥協に終って，一般解を追放したいという学問的な提案は腰くだけということになってしまう. といったからとて批難しているだけではない. なぜならば，腰くだけになる要因はほかにもっとあるからである. たとえば，会社・官庁の採用試験や学校の入学試験では，微分方程式などは手ごろな対象となるのであるが，出題したり採点したりする人は微分方程式の「一般解」を金科玉条と心得えているのであるから，「一般解」を抜きにした授業を受けた学生は大へんな不利を蒙る結果となるであろうと恐れられる. こう考えてくると，教授者の責任はますます重大であって，なかなか「一般解」追放に追従するわけにゆかなくなってくるわけである.
　——話が俗世間的・対策的なほうになってしまったが, 学問的良心に従ってゆくことが不利益を蒙る結果になるということは，なんとしても納得しがたいことであるが……
　納得しがたいということは無理からぬことであろう. ここに伝習の力がいかに大きいかということをまざまざと見せつけられるのである. 大学教官も，学生のとき微分方程式の「一般解」について教えこまれたので，それが絶対的なものであるかのように思っているだけである. 山中提案もよろめくだけで，処理のしようがなくて，悲鳴をあげざるをえないわけであろう.

2. 一般解を追放する根拠をさぐってみる

　——微分方程式の一般解はあいまいなものであるから，教科書から追放したいと思うけれど，現実的にはそれもできかねて，困ったものだというわけのようであるが，いったいどうしようというつもりか.
　どうしようということを答える前に考えなければならない問題がある. 微分方程式の「一般解」があいまいで困ったものであるから教科書から追放したいでは，ちょっと問題がある. あいまいで始末に困るからというだけで追放したいというのでは，おもしろくないから追い出したいということに通ずるようであるから，もっと考えてみなければならない.
　ここで，ちょっとしばらく，目を数学史に転じてみよう. ギリシヤの昔，ピタゴラス学派は，比のアイデアを根本的理念としているのに，正方形の対角線が辺に対する比をもたないものとして悩まされたものであった. 今日でこそ$\sqrt{2}$で表わすけれど，これは比 ratio をもたないもの irrational として考えられていたわけである. そのようなものはなんとしても受け容れがたいものとされていたわけである. 降って近世はじめの16世紀には，イタリアの**カルダノ**（H. Cardano）は2次方程式を解くために，虚数$\sqrt{-10}$を導入したのであるが，それは平方すると-10になる数であるというけれど，すべての数は平方すると正の数になるという当時の金科玉条からはなんとしてもえたいの知れないものであった. 19世紀のイギリスの電気工学者ヘビサイドは，非同次線形微分方程式を解くのに，微分演算記号$\frac{d}{dx}$をpで表わし，pについての整級数や$1/p$についての整級数に展開したり，いわゆる**ヘビサイドの演算子法**を展開した. さらに，20世紀のイギリスの量子物理学者**ディラック**（P.A.M. Dirac）は，$x \neq 0$では$f(x)=0$

となるが，無限積分が

$$\int_{-\infty}^{\infty} f(x)dx = 1 \tag{1}$$

となるような関数 $f(x)$ を導入したが，これがいわゆる**ディラックの関数**というわけである．以上はいずれも当時の数学通念からするとあいまいきわまるもの，または矛盾するものであったけれど，後世の数学の中に合理化されて生存権を確保しているのである．

——そうすると，微分方程式の「一般解」もあいまいだからといって，それだけで追放するのはよくないということをいうつもりのように受けとれるが．

そのようにだけ受けとられては，わたくしたちの意図からは外れそうである．問題の核心は，上に述べた数学史上のことがらが当時の数学通念としてはあいまいであったにもかかわらずに生き残ってきたのは，どうしてかということを見きわめることにある．これらのことがらはそれぞれ有用であったのである．すなわち，これらのことがらを導入することによって数学の領域が豊かになったのである．このような観点から微分方程式の「一般解」を見直してみよう．すなわち，「一般解」がどれだけ有用であるか，また「一般解」の導入によって微分方程式に関する知識がどれだけ豊かになったかを見直してみよう．

ところで，すでにみられたように，微分方程式によっては，いくつもの「一般解」が存在することもありながら，いずれの「一般解」もすべての解を含むということにならないこともある．それでは，「一般解」は「特殊解」を求めるのに万能というわけにゆかない．次に，微分方程式を利用する科学や技術方面ではどのようなものか．たとえば，微分方程式を最も多く利用する物理学の場合にみることにしよう．運動についていうと，独立変数として時刻 t をとり，質点の位置を x として，運動が微分方程式

$$\frac{dx}{dt} = f(t, x) \tag{2}$$

によって表わされるとする．いま，時刻 t が t_0 であるときの位置 x が x_0 となるような運動，すなわち，運動を表わす t の関数 $x = \varphi(t)$ を求めることが物理学の要求である．これがいわゆる**初期値問題**である．物理学で必要なのは微分方程式の初期値問題であって，「一般解」ではない．他の科学の場合にも同じことであろう．

応用の分野で「一般解」を求めることだけが関心事であったのは，「一般解」が微分方程式のすべての解を表わすという漠然とした考え方に基づくからである．それはなんらの根拠のないことである．こうしてみると，応用の分野では「一般解」は役にも立たないものであるから，「一般解」を追放してもいっこうさしつかえない．これで，「一般解」を追放する一つの根拠が得られたのである．

3. 一般解の導入を解剖してみる

——「一般解」が応用の方面で役に立たないからといっては，追放されてもいたしかたない

としても,「一般解」は理論的な合理化は全然見込のないものか.

そのような問に答える代わりに,ふつうの教科書で「一般解」がどのように「理論的に」説明または導入されているかを述べることにしよう. それには,独立変数 x の未知関数 $y=\varphi(x)$ に関する微分方程式

$$\frac{dy}{dx} = f(x, y) \tag{3}$$

について考えることにしよう. 点 $P_0(x_0, y_0)$ を通って傾き $f(x_0, y_0)$ の直線を引き, この直線上で x 座標が $x_1=x_0+h$ ($h>0$) となるような点を $P_1(x_1, y_1)$ とする. 次に, 点 P_1 を通って傾き $f(x_1, y_1)$ の直線を引き, この直線上で x 座標が $x_2=x_1+h$ となるような点を $P_2(x_2, y_2)$ とする. 以下同じようにして, 点 $P_3, P_4, \cdots$ が得られ, 折線 $P_0P_1P_2P_3\cdots$ が得られる(図1).

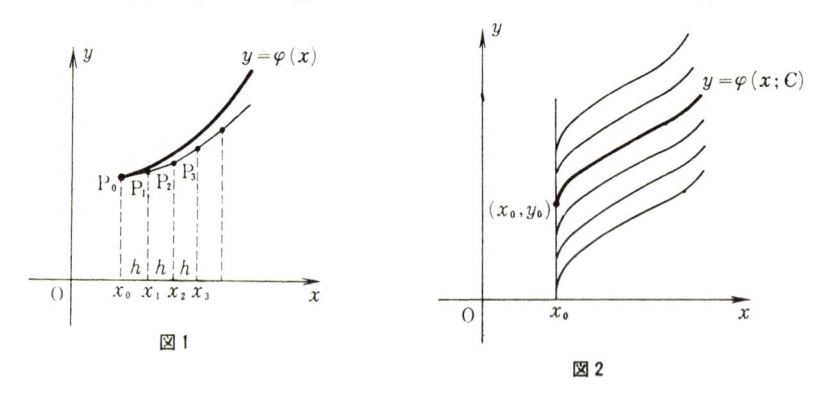

図1

図2

h を限りなく小さくしてゆくとき, 折線 $P_0P_1P_2P_3\cdots$ はある曲線に収束する. この極限の曲線を表わす関数を $y=\varphi(x)$ とするとき, この関数が微分方程式の解である. そして, $x=x_0$ のとき $y=\varphi(x_0)$ となるから, 解 $y=\varphi(x)$ は初期条件「$x=x_0$ のとき $y=y_0$」を満足する解である.

ここで, x_0 を固定しておいて, y_0 にいろいろな値を与えると, y_0 に対応する解が得られる. y_0 を C と書き改めると, これらの解は $y=\varphi(x;C)$ のように書き表わされる. このとき, C は「積分定数」とよばれ, または, 任意の値をとりうるという意味で「任意定数」ともよばれる. このように一つの任意定数——母数といってもよいであろう—— C を含む解 $y=\varphi(x;C)$ を微分方程式 (3) の「一般解」という.

以上がふつうの教科書に見られる「一般解」の説明または導入である. 現実の現象を表わす微分方程式を念頭におくならば当り前のことと思われるであろう. しかし, わたくしたちはある程度の数学的訓練を経ているのであるから, もう少し掘り下げてみることが望ましいであろう.

第1に, h を限りなく小さくしてゆくとき, 折線 $P_0P_1P_2P_3\cdots$ がある曲線に収束することは, 直観的・常識的にはそうありそうに思われるであろうけれど, ほかの場合とちがって数学的な

証明がほしいように思われるであろう．すなわち，解の**存在定理**がある適当な条件のもとで成り立つかどうかを考えたいであろう．

第2に，初期条件「$x=x_0$ のとき $y=y_0$」を満足する解 $y=\varphi(x)$ がただ一つであろうか，ということが気にかかるであろう．なぜならば，上のようにして折線 $P_0P_1P_2P_3\cdots$ の極限とし

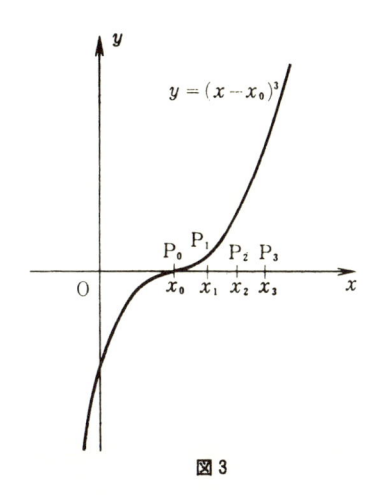

図3

て一つの解 $y=\varphi(x)$ が得られたほかに，別の手続きによって別の解が得られることがないだろうか，という懸念はしごく自然的であろう．たとえば，微分方程式

$$\frac{dy}{dx}=3y^{2/3} \tag{4}$$

について，初期条件「$x=x_0$ のとき $y=0$」を満足する解を考えてみよう．$f(x,y)=3y^{2/3}$ によって，$f(x_0,0)=0, f(x_1,0)=0, f(x_2,0)=0,\cdots$ となるから，折線 $P_0P_1P_2P_3\cdots$ は x 軸上にあることになり，その極限は定値関数 $y=0$ によって表わされる．ところが，この初期条件を満足する解としては，ほかに

$$y=(x-x_0)^3 \tag{5}$$

が得られることは，直接計算で確かめられるであろう．このように，与えられ初期条件を満足する解がただ一つであるということが保証されないとなると，上にやったように y_0 の代わりに C と書き改めて得られる解 $y=\varphi(x; C)$ をもって一つの母数 C を含む解ということは意味が失われるであろう．こうしてみると，「一般解」というアイデアは根無し草というよりほかはないであろう．

4. 微分方程式の定義域の明示を義務づけたい

——「一般解」に関連することであるが，たとえば，微分方程式

$$\frac{dy}{dx} = -\frac{y}{x} \tag{5}$$

のすべての解を含む解として,関数

$$\varphi(x) = \frac{C_1}{x} \quad (x>0), \quad = \frac{C_2}{x} \quad (x<0) \tag{6}$$

があげられるが,このように二つの母数を含む解はどのように考えられるのか.

これには致命的な問題点が介在しているのである.微分方程式

$$\frac{dy}{dx} = f(x, y) \tag{3}$$

というとき,右辺の f は与えられた関数であるから,その定義域が与えられているはずである.この定義域を微分方程式 (3) の**定義域**とよぶことにしよう.ところが,微分方程式

$$\frac{dy}{dx} = -\frac{y}{x} \tag{5}$$

というとき,ふつうの教科書では右辺の関数の定義域についてはノーコメントである.ノーコメントということは,記述を省略していると解せられるかもしれないが,微分方程式の場合は,定義域についての意識に欠けているとみるべきであろう.それなればこそ,上に述べたような,二つの母数を含む解という問題がおこるわけである.

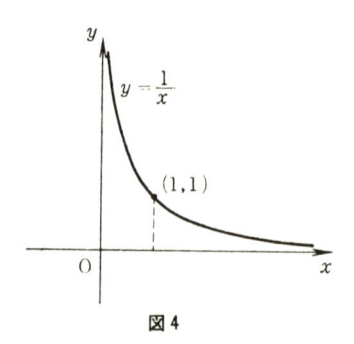

図 4

微分方程式 (5) について,定義域を強いて追求するならば,ふつうにはおそらく単に「$x \neq 0$」という答えが返ってくるであろう.これではあいまいな感じがするが,善意に解するならば

$$\{(x, y) \in \boldsymbol{R}; \ x>0 \ \text{または} \ x<0\} \tag{7}$$

同じことであるが

$$\{(x, y) \in \boldsymbol{R}^2; \ x>0\} \cup \{(x, y) \in \boldsymbol{R}^2; \ x<0\} \tag{7'}$$

という意味であろう.すなわち,微分方程式の定義域は y 軸の右側と y 軸の左側との和集合であるということになるであろう. 初期条件を「$x=1$ のとき $y=1$」とすると,微分方程式 (5) の解は

$$y = \frac{1}{x} \quad (x>0) \tag{8}$$

となるのである．$x<0$ の範囲ではどうなるかは，なんらの情報が得られないであろう．

具体的問題での微分方程式の解は連続かつ微分可能な関数で，そのグラフは連続したもので，二つ以上のバラバラな部分集合の和集合とはならない．上の場合のように，微分方程式 (5) の定義域を (7) または (7′) とすると，この定義域は二つのバラバラな部分集合

$$\{(x, y)\in \boldsymbol{R}^2;\ x>0\} \quad と \quad \{(x, y)\in \boldsymbol{R}^2;\ x<0\}$$

の和集合であって，どのような初期条件を与えても，解のグラフがこの二つのバラバラな部分集合の両方にまたがることはない．したがって，微分方程式 (5) の定義域を (7) または (7′) のようにとることは，初期条件を満足する解を問題にする限り，無用の一般化というべきであろう．

ここで，わたくしたちが到達した着想は，微分方程式の定義域は (7) または (7′) のようにバラバラな部分領域に分割されないこと，すなわち，トポロジーの用語を借用するならば，**連結**であることを要請したい．この要請は現実的問題についてはなんらさしつかえとはならないであろう．

そこで，わたくしたちは，定義域を明示することなしに，微分方程式

$$\frac{dy}{dx} = -\frac{y}{x} \tag{5}$$

ということは避けたい．話題の性格によっては，微分方程式

$$\frac{dy}{dx} = -\frac{y}{x} \quad (x>0) \tag{9}$$

または，微分方程式

$$\frac{dy}{dx} = -\frac{y}{x} \quad (x<0) \tag{10}$$

について語ることにしたい．ここに，右側の $(x>0)$，$(x<0)$ はそれぞれ定義域 $\{(x, y)\in \boldsymbol{R}^2;\ x>0\}$，$\{(x, y)\in \boldsymbol{R}^2; x<0\}$ の略式の表現である．また，話題の性格によっては，もっと制限された定義域での微分方程式，たとえば，微分方程式

$$\frac{dy}{dx} = -\frac{y}{x} \quad (0<x<2) \tag{11}$$

を語ることもあるであろう．要するに，話題提供者はどのような領域で定義された微分方程式について語っているかを明示すべきである．このようにすることによって，二つの母数を含む解などというパラドクシカルな話題から脱却することになるであろう．

5. 一般解を追放したあと始末は

——わたくしたちがいままで論じてきたことがらをわかり易くまとめてほしい．

要するに，微分方程式の「一般解」を追放したいという山中提案を支持するということである．追放したいというても心情的な理由からであってはいけない．はっきりした客観的な裏付

けがなければならない．　追放の第1の理由は,「一般解」の定義があいまいであり，理論的裏付けに欠けて，そのためにさまざまな混乱や矛盾などをひきおこしていることにある．追放の第2の理由は,「一般解」を採り入れているような教科書や講義では，微分方程式の定義域の意識が欠けているために，すでに述べた混乱や矛盾をひきおこしていることにある．追放の第3の理由は，応用の面では，与えられた初期条件を満足する解を求めることが問題なのであるから,「一般解」を追放してもいっこうにさしつかえないことである．つまりは，役にも立たない，そしていろいろとめんどうの思いのする「一般解」に執着していることは愚かしいことではないか．

——「一般解」追放の理由は十分納得できるにしても，ふつうの教科書や講義では，たとえば，微分方程式(5)について，初期条件「$x=1$ のとき $y=1$」を満足する解を求める場合,(5)の「一般解」

$$y = \frac{C}{x} \tag{12}$$

を求めて，それから初期条件「$x=1$ のとき $y=1$」を適用して

$$1 = C$$

となることから，解

$$y = \frac{1}{x} \tag{13}$$

を得ることになっていたのである．いま,「一般解」(12)を使っていけないとすると，解(13)を得る手段を失なってしまって，現実問題として途方にくれてしまうのであるが……

そのような「一般解」から「特殊解」を求めるという伝習的な考え方から速やかに脱却しなければいけない．初期条件「$x=1$ のとき $y=1$」から，まず，点$(1,1)$の近傍で考えればよいのであるから，$x>0, y>0$ としてよい．(5)を変形して

$$\frac{1}{y} \frac{dy}{dx} = -\frac{1}{x} \tag{14}$$

とし，1から x_0 まで積分すると

$$\int_1^{x_0} \frac{1}{y} \frac{dy}{dx} \, dx = -\int_1^{x_0} \frac{dx}{x} \tag{15}$$

となる．$x = x_0$ のとき $y = y_0$ とすると，左辺の積分は積分変数の変換の公式により

$$\int_0^{y_0} \frac{1}{y} \, dy$$

に等しいから，(15)は

$$\int_1^{y_0} \frac{dy}{y} = -\int_1^{x_0} \frac{dx}{x}$$

すなわち

$$\Big[\log y\Big]_1^{y_0} = \Big[-\log x\Big]_1^{x_0},$$
$$\log y_0 = -\log x_0 = \log(1/x_0)$$

これより
$$y_0 = \frac{1}{x_0}$$
したがって，(x_0, y_0) を一般の (x, y) に改めると，解
$$y = \frac{1}{x}$$
が得られる．

──「一般解」を追放してもよいということは納得できるようになったが，微分方程式入門書で「一般解」を追放してるものがあるだろうか．

微分方程式入門書にはいずれも「一般解」，「特殊解」は欠かさずに述べられている．わたくしたちは，山中提案を実行して

　　稲葉三男，常微分方程式（共立全書），共立出版，昭和48年

を公にしたのであるが，皮肉なことには，その売行きをわたくしたちの伝習的な前著

　　福原・稲葉，微分方程式通論，共立出版，昭和35年

の売行きと比較すると，あまり歓迎されていないようである．新しい理念の書物よりも，大学教官は伝習的な書物のほうがお好きなようである．なんということであろうか．

索　引

ア～オ

ε 近傍　23, 173
ε-δ 論法　19
n 回全微分可能　198
o 形式　96, 113
x に関する線積分　239
x,y に関する面積分　249
アポロニオス　79
エピサイクロイド　81
オイラー　6
オストログラズスキの定理　252
位相的　25
一様連続　141
1 変数実(数値)関数　115
1 変数ベクトル(値)関数　115
円環領域　176
表・裏　251

カ～コ

カルダノ　268
カルタン　95
ガウスの定理　252
ガンマ関数　158
コーシーの定理　100
コーシーの剰余形式　125
開円板　174
開区間　174
開集合　174
開領域　175
回転　256
拡張　11
関数　16
──行列　208
──値　16
加法性関係　56
外サイクロイド　81
外部領域　176
外法線　246, 254
基準型正規分布関数　158
境界　175
──点　177
近傍　23, 173
逆正弦関数　13
逆正接関数　15
逆余弦関数　14

極限　17
曲線　85
──の方程式　83
空間曲線　168
区分的になめらか　87
原始関数　126
限定記号　48
高位の無限小　55
広義の積分　147
勾配　186
誤差　55

サ～ソ

C^1 級　87
C^∞ 級　115
z,x に関する面積分　249
サイクロイド　7
シュワルツの例　170
シュトルツの意味で微分可能　185
ジョルダン　217
細分　140
3 回全微分可能　197
指数　70
──関数　72
──法則　70
自然底　74
下に凸　118
下に凹　118
実解析学　91
実数論　71
写像　8
──の像　8
──の値　8
終域　8
集合の像　24
収束　211, 214
縮小(制限)　11
初期値問題　269
瞬間速度　53
真理集合　46
重積分　132
従属変数　16
条件収束　160
剰余項　111, 114
定積分　139

正の向き　243
積分学　68
積分可能　139, 212, 215
積分形式　95, 111
積分定数　127
接線　86
──ベクトル　87
接平面　230
線形　56, 183
線積分　238
絶対収束　161
全称記号　47
全称命題　47
全微分可能　185
存在記号　48
存在定理　94, 271
存在命題　48
速度　53

タ～ト

θ 形式　95, 111
テーラーの定理　108
ディラック　268
──の関数　269
対数関数　72
多次元空間　91
楕円積分　137
第1次線形近似　56
第1平均値定理　111
値域　8
抽象空間　91
直径　205
底　72
定義域　8, 272
等速運動　53
特異積分　148, 215
特称記号　48
特称命題　48
導関数　62
同次関係　56
独立変数　16

ナ～ノ

ニュートン　199
なめらか　87, 164
内法線　246, 254
2回全微分可能　193
2回まで全微分可能　197
二重積分　203, 218

ハ～ホ

ハルナック　217
ハーディ　217
フビニの定理　224
プラトン　58
ヘビサイドの関数　262
ヘビサイドの演算子法　268
ベクトル化　245
ベクトル(値)関数　171
ベータ関数　157
ホブソン　217
ホワイトヘッド　44
発散　245, 253
半開円板　174
反対向き　241
媒介変数　7
媒介方程式　7
等しい　11
微係数　61
微分　59, 68
──する　61, 68
──学　68
──商　62
──法　68
──係数　52
──可能　185
符号関数　188
不定積分　126
負の向き　243
平均速度　53
平均変化率　52
平均値定理　89
平面曲線　168
閉領域　175
変化率　52
変数　16
偏微分可能　185
偏微分係数　184
方向微分係数　184
方向微分　190
法線　230
──ベクトル　230
補助円　84

マ～モ

マクローリンの定理　74, 108
マクローリンの展開　109
命題関数　46
面積分　248

向きつけられた曲面　251
無限小　55
無限積分　150, 212

ヤ～ヨ

ヤコビアン　208
有界閉領域　144
有界領域　175
有限増加(増分)の定理　94
有理数系　71

ラ～ロ

ライプニッツ　44
ラグランジュの剰余形式　125
ラッセル　44
ランダウのオー　55
リーマン積分　142
ルベック積分　217

ロッシュ-シュレミルヒの剰余形式　125
ロピタルの定理　99
ロールの定理　89
離心角　85
累乗　70
累乗根　70
累次積分　218
連続　178
──曲線　85
量記号　48
論理記号　45

ワ

y に関する線積分　239
y, z に関する面積分　249
ワイエルシュトラス　90
──の定理　91

〔著者紹介〕

稲 葉 三 男（いなばみつお）

東京帝国大学理学部数学科昭和5年卒業
熊本大学名誉教授
理学博士，数学(解析学)専攻
主要著書
数学発達史，三笠書房，昭和16年
微分方程式通論(福原満洲雄と共著)，共立出版，昭和34年
統計学通論(北川敏男と共著)，共立出版，昭和35年
実解析学入門，共立出版，昭和45年
行列，共立出版，昭和46年
常微分方程式(共立全書)，共立出版，昭和48年

新装版・微積分の根底をさぐる

2008年9月11日 新装版1刷発行	著 者 稲 葉 三 男
2016年1月25日 新装版2刷発行	発行者 富 田 淳
検印省略	印刷者 モリモト印刷㈱

発行所 京都市左京区鹿ケ谷西寺之前町1 〒606-8425 株式会社 現代数学社
電話(075)751-0727 http://www.gensu.co.jp/

ISBN978-4-7687-0335-9 C3041　　　落丁・乱丁はおとりかえします